国家示范性高职高专教改系列特色教材

高等数学

土建类

王德华　主编　王金平　副主编

江苏大学出版社
JIANGSU UNIVERSITY PRESS

镇　江

图书在版编目(CIP)数据

　高等数学：土建类/王德华主编.—镇江：江苏
大学出版社,2011.8(2015.8重印)
　ISBN 978-7-81130-243-1

　Ⅰ.①高… Ⅱ.①王… Ⅲ.①高等数学—高等职业教
育—教材 Ⅳ.①O13

　中国版本图书馆 CIP 数据核字(2011)第 168660 号

高等数学：土建类

主　　编/王德华
副 主 编/王金平
责任编辑/宋晓平　段学庆
出版发行/江苏大学出版社
地　　址/江苏省镇江市梦溪园巷 30 号(邮编：212003)
电　　话/0511-84446464(传真)
网　　址/http://press.ujs.edu.cn
排　　版/镇江文苑制版印刷有限责任公司
印　　刷/句容市排印厂
经　　销/江苏省新华书店
开　　本/787 mm×1 092 mm　1/16
印　　张/15.5
字　　数/377 千字
版　　次/2011 年 8 月第 1 版　2015 年 8 月第 3 次印刷
书　　号/ISBN 978-7-81130-243-1
定　　价/35.00 元

如有印装质量问题请与本社营销部联系(电话:0511-84440882)

前　言

　　高等数学是高职高专的重要基础课,也是职业教育体系中服务于专业教育的必修课。编者基于国家级示范性高职院校的教学经验和教改成果,针对高职高专教学的基础性与应用性特点,组织编写了面向应用型高职高专院校的《高等数学》。

　　本书为其中的土建类分册,包括函数的极限与连续,一元函数微分学,不定积分,定积分及其应用,线性代数,统计技术共六个基本知识模块。它以讲解应用数学在土建类专业课中的应用案例为切入点,本着够用为度、注重实效的原则,采用目标驱动的方式、模块化的知识结构和独特的编排体例,使学生通过学习可以具备与专业技能需求相适应的数学知识、与职业要求相适应的数学能力以及可持续发展的潜力,体现了编者不同于传统的数学教育思想。

　　目前,高职院校的学生学业水平参差不齐,教学课时及内容受到一定限制,这使高职院校的教学面临一定的困难。根据高职高专基础课程以应用为目的,以必需、够用为度的教学原则,我们在制订教学计划时,充分考虑高职高专学生的认知规律,根据不同层次、不同专业学生对数学知识的不同需求,循序渐进、由浅入深,适当增加学时,强化基础,解决知识衔接问题,提高学生概括问题能力、逻辑推理能力、自学能力、运算能力及综合运用能力。

　　本书内容体现了全新的"三书"教材模式,即:

　　(1)课前指导书。明确每节课的学习内容、目的要求、重点难点,设置与课堂内容密切相关的课前问题,要求学生通过各种途径主动查阅资料,参与小组讨论,完成课前指导书的任务并进行评价,以达到课前预习的目的。

　　(2)课堂任务书。合理组织每次课的教学内容,结合专业和实际生活相关问题进行案例设置,提高学生学习数学的兴趣和观察生活的能力;在例题后又设置相应的练习题,要求学生在教师的引导下当堂完成并进行评价,以达到课堂学习的目标。

　　(3)课后作业书。根据学习内容选取难度适当、题量适宜、具有一定思考性的习题,要求学生独立完成并进行评价,以达到课后复习的要求。

　　"三书"创新模式突破了"一生、一师、一教材"的传统模式,也是编者建设精品课程教材的积极尝试。

　　本教材在编写过程中得到了山东科技职业学院领导的关心、支持,在此深表谢意。

　　由于编者自身的水平有限,书中难免存在一些不足和缺点,诚恳期望广大读者提出宝贵的意见和建议,对此表示衷心的感谢!

编　者
2011 年 8 月

目录

第 **1** 模块

函数的极限与连续

【学习目标】

　　理解函数的概念、特性,掌握基本初等函数的图像性质;理解分段函数、反函数、复合函数等概念;了解生活中的常见函数;理解无穷小和无穷大的概念;掌握极限思想、极限概念、极限法则和求极限方法;理解函数连续性的概念、性质.

　　微积分学的研究对象是函数.函数是数学中的一个基本且重要的概念.直到公元1837 年,德国数学家狄利克雷(Dirichlet,1805—1859)才提出现今通用的函数定义,使函数关系更加明确,从而推动了数学的发展和应用.在高等数学中,极限是深入研究函数和解决各种问题的基本思想方法.函数连续性与函数极限密切相关,连续函数是高等数学中着重研究的一类函数.

　　本模块将首先从函数概念入手,在分别研究数列的极限与函数的极限的基础上,讨论极限的一些重要性质及其运算法则,函数的连续性,闭区间上连续函数的性质等.

日期： _____ 教师： _____

1.1 初等函数

学习内容：函数的定义与性质.
目的要求：熟练掌握函数的定义、定义域、对应法则，了解分段函数、显函数、隐函数、反函数、复合函数的概念，熟练掌握函数的单调性、有界性、奇偶性、周期性及 5 种基本初等函数的图像性质.
重点难点：判断函数的四大特性，初等函数性质的应用.

课前探讨

1. 现实生活中的函数举例(至少 3 个).
2. 阐述函数的定义.
3. 阐述定义域、值域、对应法则.
4. 阐述邻域、半径、去心邻域概念.
5. 阐述分段函数定义，分段函数应用.
6. 阐述显函数、隐函数定义.
7. 阐述反函数、复合函数的概念.
8. 阐述函数的四大特性(单调性、有界性、奇偶性、周期性).
9. 阐述 5 种基本初等函数的图像性质.

课堂讲习

案例 1 如右图所示，重力为 G 的物体置于地平面上，设有与水平方向成 α 角的拉力 F，使物体由静止开始移动，求物体开始移动时拉力 F 与角 α 之间的函数模型.

解 由物理知识可知，当水平拉力与摩擦力平衡时，物体开始移动，而摩擦力与正压力成正比. 设摩擦系数为 μ，故有

$$F\cos\alpha=\mu(G-F\sin\alpha),$$

即

$$F=\frac{\mu G}{\cos\alpha+\mu\sin\alpha}\ (0°<\alpha<90°).$$

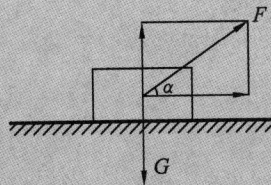

案例 2 某下水道的截面是矩形加半圆形(如下图所示)，截面积为 A，A 是一个常量，A 的大小

取决于预定的排水量. 设截面的周长为 s, 底宽为 x, 试建立 s 与 x 的函数模型.

解 设矩形高为 h, 根据等量关系有关系式

$$s = x + 2h + \frac{1}{2}\pi x. \tag{1}$$

显然, 在(1)式中有两个变量 x 及 h, 此外我们应把 s 表示成 x 的一元函数. 为此, 需把变量 h 也表示成与 x 有关的量.

根据题中所给限制条件——截面积为 A, 建立 x 与 h 的关系:

$$A = xh + \frac{1}{2}\pi\left(\frac{x}{2}\right)^2,$$

即

$$h = \frac{A}{x} - \frac{1}{8}\pi x. \tag{2}$$

将(2)式代入(1)式得

$$s = \left(1 + \frac{\pi}{4}\right)x + \frac{2A}{x} \quad (x > 0). \tag{3}$$

(3)式即为我们所要找的周长与底宽 x 的函数模型.

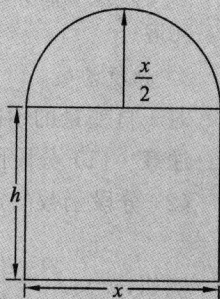

1.1.1 函数概念

1. 函数的定义

设 x 和 y 是两个变量, D 是一个给定的非空数集. 若对于每一个数 $x \in D$, 按照某一确定的对应法则 f, 总有唯一确定的数值 y 与之对应, 则称 y **是** x **的函数**, 记作

$$y = f(x), \quad x \in D.$$

其中, x 称为自变量, y 称为因变量; 数集 D 称为该函数的定义域, 是 x 的取值范围.

自变量取定义域内某一值时, 因变量的对应值叫做函数值. 对于给定的函数 $y = f(x)$, 当函数的定义域 D 确定后, 按照对应法则 f, 因变量的变化范围也随之确定. 函数值的集合叫做函数的**值域**. 所以**定义域和对应法则就是确定一个函数的两个要素**. 两个函数只有在它们的定义域和对应法则都相同时, 才是相同的.

函数的三种表示方法: 解析式、列表法、图像法.

运用数学工具解决实际问题时, 通常要先找出变量间的函数关系, 再用数学式进行表示, 最后进行分析和计算.

建立函数模型的具体步骤为:

(1) 分析问题中哪些是变量, 哪些是常量, 分别用字母表示.

(2) 根据所给条件, 运用数学、物理、经济及其他知识确定等量关系.

(3) 具体写出解析式 $y = f(x)$, 并指明其定义域.

2. 邻域的概念

邻域也是一个重要概念, 在以后的学习中会经常遇到. 所谓**点** a **的** δ **邻域**, 是指以 a 为中心的开区间 $(a - \delta, a + \delta)$. 也就是说, 设 $a, \delta(\delta > 0)$ 为两个实数, 则称满足不等式 $|x - a| < \delta$ 的实数全体为点 a 的 δ 邻域. 点 a 为该邻域的**中心**, δ 为该邻域的**半径**. 若把邻域 $(a - \delta, a + \delta)$ 的中心点 a 去掉, 称为点 a **的去心** δ **邻域**, 表示为 $(a - \delta, a) \bigcup (a, a + \delta)$ 或 $0 < |x - a| < \delta$.

为了方便,有时把开区间 $(a-\delta,a)$ 称为点 a 的左 δ 邻域,把开区间 $(a,a+\delta)$ 称为点 a 的右 δ 邻域.

3. 分段函数

对于自变量的不同取值范围,对应法则不相同的函数,称为分段函数.

注意 (1)分段函数是一个函数,而不是几个函数;

(2)分段函数的定义域是各段定义域的并集.

例如, $y=|x|=\begin{cases} x, & x\geqslant 0, \\ -x, & x<0, \end{cases}$ $f(x)=\begin{cases} 1, & 0<x\leqslant 5, \\ 0, & x=5, \\ -1, & -5<x<0 \end{cases}$ 都是分段函数.

4. 显函数和隐函数

若函数中的因变量 y 用自变量 x 的表达式直接表示出来,这样的函数称为**显函数**.

有些函数的表达方式却不是这样.例如方程 $x+y^3-1=0$ 表示一个函数,当 $x\in(-\infty,+\infty)$ 时, y 都有唯一确定的值与之对应.

一般地,若两个变量 x,y 的函数关系用方程 $F(x,y)=0$ 的形式来表示,即 x,y 的函数关系隐藏在方程里,这样的函数叫做**隐函数**.

有的隐函数,可以从方程 $F(x,y)=0$ 中解出 y,并化为显函数,但有的隐函数化为显函数比较困难,甚至是不可能的.例如由方程 $xy-e^{x+y}=0$ 确定的隐函数就不能化为显函数.

5. 反函数

设函数 $y=f(x),x\in D,y\in E$.若对于任意一个 $y\in E,D$ 中都有唯一的一个 x,使得 $f(x)=y$ 成立,这时 x 是以 E 为定义域的 y 的函数,称它为 $y=f(x)$ 的**反函数**,记作 $x=f^{-1}(y),y\in E$.

在函数 $x=f^{-1}(y)$ 中, y 是自变量, x 是因变量.但按照习惯,我们需对调函数 $x=f^{-1}(y)$ 中的字母 x,y,把它改写成 $y=f^{-1}(x),x\in E$.今后凡不特别说明,函数 $y=f(x)$ 的反函数都是这种改写过的 $y=f^{-1}(x),x\in E$ 形式.

函数 $y=f(x),x\in D$ 与 $y=f^{-1}(x),x\in E$ 互为反函数,它们的定义域与值域互换.

在同一直角坐标系下, $y=f(x),x\in D$ 与 $y=f^{-1}(x),x\in E$ 互为反函数,且他们的图形关于直 $y=x$ 对称.

例题 1 函数 $y=3x-2$ 与函数 $y=\dfrac{x+2}{3}$ 互为反函数,如图 1-1 所示;函数 $y=2^x$ 与函数 $y=\log_2 x$ 互为反函数,如图 1-2 所示.它们的图形都是关于直线 $y=x$ 对称的.

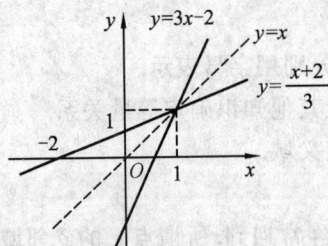

图 1-1

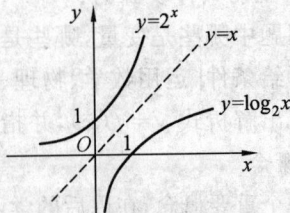

图 1-2

定理(反函数存在定理) 单调函数必有反函数,且单调增加(减少)函数的反函数也是单调增加(减少)函数.

求函数 $y=f(x)$ 的反函数可以按以下步骤进行：

(1) 从方程 $y=f(x)$ 中解出唯一的 x，并写成 $x=f^{-1}(y)$；

(2) 将 $x=f^{-1}(y)$ 中的字母 x,y 对调，得到函数 $y=f^{-1}(x)$，这就是所求的函数的反函数.

6. 复合函数

假设有两个函数 $y=f(u),u=\varphi(x)$，与 x 对应的 u 值能使 $y=f(u)$ 有定义，将 $u=\varphi(x)$ 代入 $y=f(u)$，得到函数 $y=f[\varphi(x)]$. 这个新函数 $y=f[\varphi(x)]$ 就是由 $y=f(u)$ 和 $u=\varphi(x)$ 经过复合而成的复合函数，u 称为中间变量.

例如，由 $y=f(u)=\sin u,u=\varphi(x)=x^2$ 可以复合成复合函数 $y=f[\varphi(x)]=\sin x^2$.

复合函数不仅可用两个函数复合而成，也可以由多个函数相继复合而成. 如由 $y=u^3$，$u=\ln v,v=\sin x$ 可以复合成复合函数 $y=[\ln(\sin x)]^3$.

例题 2 试求下列函数由简单函数的复合过程.

(1) $y=\ln\cos x$；(2) $y=\sin\sqrt{x+1}$；(3) $y=e^{\cos 2x}$.

解 (1) 令 $u=\cos x$，则 $y=\ln u$. 于是 $y=\ln\cos x$ 是由 $y=\ln u,u=\cos x$ 复合而成的.

(2) 令 $v=x+1,u=\sqrt{v}$，则 $y=\sin u$. 所以 $y=\sin\sqrt{x+1}$ 是由 $y=\sin u,u=\sqrt{v},v=x+1$ 复合而成的.

(3) 令 $v=2x,u=\cos v$，则 $y=e^u$. 所以 $y=e^{\cos 2x}$ 是由 $y=e^u,u=\cos v,v=2x$ 复合而成的.

注意 不是任何两个函数都能复合成复合函数. 由定义易知，只有当 $u=\varphi(x)$ 的值域与 $y=f(u)$ 的定义域的交集非空时，这两个函数才能复合成复合函数. 例如函数 $y=\ln u$ 和 $u=-x^2$ 就不能复合成一个复合函数. 因为 $u=-x^2$ 的值域为 $(-\infty,0]$，而 $y=\ln u$ 的定义域为 $(0,+\infty)$，显然 $(-\infty,0]\bigcap(0,+\infty)=\varnothing$，$y=\ln(-x^2)$ 无意义.

1.1.2 函数性质

1. 单调性

设有函数 $y=f(x),x\in(a,b)$，若对任意两点 $x_1,x_2\in(a,b)$，当 $x_1<x_2$ 时，总有 $f(x_1)<f(x_2)$，则称函数 $f(x)$ 在 (a,b) 上是**单调增加**的，区间 (a,b) 称为**单调增加区间**；当 $x_1<x_2$ 时，总有 $f(x_1)>f(x_2)$，则称函数 $f(x)$ 在 (a,b) 上是**单调减少**的，区间 (a,b) 称为**单调减少区间**.

单调增函数和单调减函数统称为**单调函数**，单调增加区间和单调减少区间统称为**单调区间**.

2. 有界性

设函数 $y=f(x),x\in D$，如果存在 $M>0$，使得对任意 $x\in D$，均有 $|f(x)|\leqslant M$ 成立，则称函数 $f(x)$ 在 D 内是有界的；如果这样的 M 不存在，则称函数 $f(x)$ 在 D 内是无界的.

例如 $y=\sin x$ 是有界函数，其中对任意的 $x\in(-\infty,+\infty)$，均有 $|\sin x|\leqslant 1$；而 $y=x^2$ 在 $(-\infty,+\infty)$ 上是无界函数，因为 $y=x^2$ 在 $(-\infty,+\infty)$ 上仅有下界.

3. 奇偶性

设函数 $y=f(x)$ 的定义域关于原点对称，如果对于定义域内任意的 x 都有 $f(-x)=-f(x)$，则称函数 $f(x)$ 为奇函数；如果对于定义域内的 x 都有 $f(-x)=f(x)$，则称函数 $f(x)$ 为偶函数. 奇函数的图像关于原点对称；偶函数的图像关于 y 轴对称. 如果函数 $f(x)$ 既不是奇函数也不是偶函数，则称 $f(x)$ 为非奇非偶函数.

例如，$y=\sin x$ 与 $y=x^3$ 在 $(-\infty,+\infty)$ 是奇函数；$y=\cos x$ 与 $y=x^2$ 在 $(-\infty,+\infty)$ 是偶函数.

4. 周期性

设函数 $y=f(x)$，$x\in D$，如果存在常数 $T\neq 0$，对任意 $x\in D$，$f(x+T)=f(x)$ 恒成立，则称函数 $y=f(x)$ 为周期函数；使上式成立的最小正数 T，称为函数 $y=f(x)$ 的最小正周期，简称周期.

例如，$y=\sin x$ 与 $y=\cos x$ 的周期 $T=2\pi$，$y=\tan x$ 与 $y=\cot x$ 的周期 $T=\pi$，正弦型曲线函数 $y=A\sin(\omega x+\varphi)$ 的周期为 $T=\dfrac{2\pi}{|\omega|}$.

狄利克雷函数 $y=D(x)=\begin{cases}1, & x \text{ 为有理数}\\ 0, & x \text{ 为无理数}\end{cases}$，是周期函数，但它没有最小正周期.

1.1.3 基本初等函数

幂函数、指数函数、对数函数、三角函数、反三角函数统称为**基本初等函数**.

基本初等函数及其图像、性质见表 1-1.

表 1-1 基本初等函数及其图像、性质

序号	函　数	图　像	性　质
1	幂函数 $y=x^a$，$a\in\mathbf{R}$		在第一象限，$a>0$ 时函数单调递增；$a<0$ 时函数单调递减. 共性：过点 $(1,1)$
2	指数函数 $y=a^x$ $(a>0$ 且 $a\neq 1)$		$a>1$ 时函数单调递增；$0<a<1$ 时函数单调递减. 共性：过 $(0,1)$ 点，以 x 轴为渐近线
3	对数函数 $y=\log_a x$ $(a>0$ 且 $a\neq 1)$		$a>1$ 时函数单调递增；$0<a<1$ 时函数单调递减. 共性：过 $(1,0)$ 点，以 y 轴为渐近线

序号	函 数		图 像	性 质
4	三角函数	正弦函数 $y=\sin x$		奇函数,周期 $T=2\pi$,有界 $\|\sin x\|\leqslant 1$
		余弦函数 $y=\cos x$		偶函数,周期 $T=2\pi$,有界 $\|\cos x\|\leqslant 1$
		正切函数 $y=\tan x$		奇函数,周期 $T=\pi$,无界
		余切函数 $y=\cot x$		奇函数,周期 $T=\pi$,无界
5	反三角函数	反正弦函数 $y=\arcsin x$		$x\in[-1,1]$,$y\in\left[-\dfrac{\pi}{2},\dfrac{\pi}{2}\right]$,奇函数,单调增加,有界
		反余弦函数 $y=\arccos x$		$x\in[-1,1]$,$y\in[0,\pi]$,单调递减,有界
		反正切函数 $y=\arctan x$		$x\in(-\infty,+\infty)$,$y\in\left(-\dfrac{\pi}{2},\dfrac{\pi}{2}\right)$,奇函数,单调递增,有界,$y=\pm\dfrac{\pi}{2}$ 为两条水平渐近线

续表

序号	函　数		图　像	性　质
5	反三角函数	反余切函数 $y = \text{arccot}\ x$		$x \in (-\infty, +\infty)$，$y \in (0, \pi)$，单调减少，有界，$y = 0$ 与 $y = \pi$ 为两条水平渐近线

1.1.4　初等函数

定义　由常数和基本初等函数经过有限次四则运算或有限次复合所构成的，并能用一个式子表示的函数，统称为初等函数.

初等函数的本质就是一个函数.为了研究需要，今后经常要将一个给定的初等函数看成由若干个简单函数经过四则运算或复合而成的形式.简单函数是指基本初等函数.

本课程研究的函数主要是初等函数.凡不是初等函数的函数，皆称为非初等函数.

日期：_____   教师：_____

1.2 数列的极限

学习内容：数列的极限

目的要求：掌握数列、数列极限、收敛(发散)数列的定义,熟练掌握数列极限的判断方法,数列极限的四则运算法则.

重点难点：数列极限的判断,数列极限的四则运算法则.

课前探讨

1. 求半径为 1 的圆的面积,以及以下图形的面积：

(1) 内接正四边形的面积,外切正四边形的面积；

(2) 内接正六边形的面积,外切正六边形的面积；

(3) 内接正八边形的面积,外切正八边形的面积.

2. 阐述数列的定义,并举例(至少 2 个).

3. 观察数列的变化趋势

(1) $\left\{\dfrac{1}{n}\right\}:1,\dfrac{1}{2},\dfrac{1}{3},\cdots,\dfrac{1}{n},\cdots$；

(2) $\{n^2\}:1,4,9,16,\cdots,n^2,\cdots$.

4. 阐述数列极限的定义,并举例(至少 2 个).

5. 阐述收敛数列的定义,并举例(至少 2 个).

6. 阐述发散数列的定义,并举例(至少 2 个).

7. 阐述数列极限的四则运算法则,并举例(每项至少 2 个).

8. 阐述无穷递缩等比数列的求和公式,并举例(至少 2 个).

课堂讲习

案例1 公元263年,我国古代数学家刘徽提出利用内接正多边形推算圆的面积.

设有一圆,首先作内接正六边形,它的面积记为 A_1；再作内接正十二边形,它的面积记为 A_2；再作内接正二十四变边形,它的面积记为 A_3；如此下去,每次边数加倍,一般把内接正 $6\times 2^{n-1}$ 边形的面积记为 A_n,这样得到一系列内接正多边形的面积：

$$A_1,A_2,A_3,\cdots,A_n,\cdots$$

内接正多边形的边数 n 越多,即正整数 n 无限增大(记为 $n \to \infty$,读作 n 趋向于无穷大)时,内接正多边形的面积也在不断增大,却无限接近于一个定值——圆的面积 A.

刘徽的割圆术还给我们一个重要启示:圆的周长最初是未知的,通过与未知有联系的一列数——圆内接正多边形的周长,在无限的过程中,化未知为已知.这一思想正是我们所要介绍的极限的基本思想.

案例2 春秋战国时期哲学家庄子在《庄子·天下篇》中对"截丈问题"有一段名言:"一尺之棰,日取其半,万世不竭."意思是说,一尺长的木棍,每天截取它的一半,这个过程将无穷无尽,其中也隐含了深刻的极限思想.

1.2.1 数列极限的概念

定义1 按照一定次序排列的一列数称为**数列**,记作 $\{y_n\}$,其中 y_n 称为数列的一般项或通项,n 为正整数,称为下标.例如:

(1) $\left\{\dfrac{1}{n}\right\}: 1, \dfrac{1}{2}, \dfrac{1}{3}, \cdots, \dfrac{1}{n}, \cdots$;

(2) $\left\{\dfrac{1+(-1)^{n-1}}{n}\right\}: 2, 0, \dfrac{2}{3}, 0, \dfrac{2}{5}, 0, \cdots, \dfrac{1+(-1)^{n-1}}{n}, \cdots$;

(3) $\{(-1)^n\}: -1, 1, -1, 1, \cdots, (-1)^n, \cdots$;

(4) $\{n^2\}: 1, 4, 9, 16, \cdots, n^2, \cdots$.

观察上述各数列,随着 n 取值的逐渐增大,$y_n = \dfrac{1}{n}$ 的取值越来越小,并逐渐逼近于零;对于 $y_n = \dfrac{1+(-1)^{n-1}}{n}$,当 n 取奇数值时,其值越来越小,并向零靠近,当 n 取偶数值时,其值均为零;$y_n = (-1)^n$ 的取值总是在 1 和 -1 之间跳跃;$y_n = n^2$ 的取值是越来越大.随着 n 值的增大,y_n 逐渐接近于某一个固定常数,就认为该数列的极限存在,否则就认为该数列没有极限,或者极限不存在.

定义2 设有数列 $\{y_n\}$,如果存在一个常数 A,当 n 无限增大时,y_n 无限地接近于 A,则称当 $n \to \infty$ 时数列 $\{y_n\}$ 以 A 为极限.记作

$$\lim_{n \to \infty} y_n = A \text{ 或 } y_n \to A (n \to \infty).$$

如果一个数列有极限,则称这个数列是收敛的,否则称这个数列是发散的.

上述数列中,(1),(2)两数列是收敛的,且 $\lim\limits_{n \to \infty} \dfrac{1}{n} = 0$,$\lim\limits_{n \to \infty} \dfrac{1+(-1)^{n-1}}{n} = 0$;(3),(4)两数列是发散的,即极限 $\lim\limits_{n \to \infty} (-1)^n$,$\lim\limits_{n \to \infty} n^2$ 不存在.极限 $\lim\limits_{n \to \infty} n^2$ 是趋于无穷大而不存在,也可记为 $\lim\limits_{n \to \infty} n^2 = \infty$.

1.2.2 收敛数列的性质

性质1(唯一性) 若数列 $\{y_n\}$ 收敛,则其极限值唯一.

性质2(有界性) 收敛数列必有界.

推论 无界数列必发散.

性质 3(存在性)　单调有界数列必有极限.

例题 1　讨论下列数列的极限情况.

(1) $y_n=(-1)^{n-1}\dfrac{1}{n}$;　　　　　　　　(2) $y_n=\sqrt{n+1}-\sqrt{n}$.

解　(1) 当 n 为奇数时，y_n 为正数，当 n 为偶数时，y_n 为负数. 当 n 越来越大时，$|y_n|$ 越来越小，当 $n\to\infty$ 时，y_n 与常数 0 无限接近，所以数列 $\{y_n\}$ 的极限是 0，即

$$\lim_{n\to\infty}y_n=\lim_{n\to\infty}(-1)^{n-1}\frac{1}{n}=0.$$

(2) 因为 $y_n=\sqrt{n+1}-\sqrt{n}=\dfrac{1}{\sqrt{n+1}+\sqrt{n}}$，由观察可知，当 $n\to\infty$ 时，分母 $\sqrt{n+1}+\sqrt{n}\to\infty$，

分子为常数 1，所以 $\dfrac{1}{\sqrt{n+1}+\sqrt{n}}\to 0$，即

$$\lim_{n\to\infty}(\sqrt{n+1}-\sqrt{n})=\lim_{n\to\infty}\frac{1}{\sqrt{n+1}+\sqrt{n}}=0.$$

1.2.3　数列极限的四则运算法则

根据极限的定义，可用观察的方法求出一些简单数列的极限，但对于比较复杂的数列，很难用观察法求极限，便需要研究数列极限的运算. 下面给出数列极限的四则运算法则.

设有数列 $\{x_n\}$，$\{y_n\}$，且 $\lim\limits_{n\to\infty}x_n=a$，$\lim\limits_{n\to\infty}y_n=b$，则

(1) $\lim\limits_{n\to\infty}(x_n\pm y_n)=\lim\limits_{n\to\infty}x_n\pm\lim\limits_{n\to\infty}y_n=a\pm b$;

(2) $\lim\limits_{n\to\infty}(x_n\cdot y_n)=\lim\limits_{n\to\infty}x_n\cdot\lim\limits_{n\to\infty}y_n=a\cdot b$;

(3) $\lim\limits_{n\to\infty}(C\cdot x_n)=C\cdot\lim\limits_{n\to\infty}x_n=C\cdot a$（$C$ 是常数）;

(4) $\lim\limits_{n\to\infty}\dfrac{x_n}{y_n}=\dfrac{\lim\limits_{n\to\infty}x_n}{\lim\limits_{n\to\infty}y_n}=\dfrac{a}{b}$（$b\neq 0$）.

注意　法则(1)，(2)可以推广到 3 个及 3 个以上有限个数列的极限情形.

例题 2　已知 $\lim\limits_{n\to\infty}x_n=2$，$\lim\limits_{n\to\infty}y_n=3$，求:

(1) $\lim\limits_{n\to\infty}(3x_ny_n)$;　　　(2) $\lim\limits_{n\to\infty}\dfrac{y_n}{5x_n}$;　　　(3) $\lim\limits_{n\to\infty}\left(3x_n-\dfrac{y_n}{5}\right)$.

解　(1) $\lim\limits_{n\to\infty}(3x_ny_n)=3\lim\limits_{n\to\infty}x_n\cdot\lim\limits_{n\to\infty}y_n=3\times 2\times 3=18.$

(2) $\lim\limits_{n\to\infty}\dfrac{y_n}{5x_n}=\dfrac{\lim\limits_{n\to\infty}y_n}{5\lim\limits_{n\to\infty}x_n}=\dfrac{3}{5\times 2}=\dfrac{3}{10}.$

(3) $\lim\limits_{n\to\infty}\left(3x_n-\dfrac{y_n}{5}\right)=3\lim\limits_{n\to\infty}x_n-\dfrac{\lim\limits_{n\to\infty}y_n}{5}=3\times 2-\dfrac{3}{5}=\dfrac{27}{5}.$

例题 3　求下列各极限:

(1) $\lim\limits_{n\to\infty}\left(2-\dfrac{1}{n^2}+\dfrac{2}{n^3}\right)$;　　　　　　　(2) $\lim\limits_{n\to\infty}\dfrac{3n^3-n+3}{2n+n^3}$.

解　(1) $\lim\limits_{n\to\infty}\left(2-\dfrac{1}{n^2}+\dfrac{2}{n^3}\right)=\lim\limits_{n\to\infty}2-\lim\limits_{n\to\infty}\dfrac{1}{n^2}+\lim\limits_{n\to\infty}\dfrac{2}{n^3}=2-0+0=2.$

(2) $\lim\limits_{n\to\infty}\dfrac{3n^3-n+3}{2n+n^3}=\lim\limits_{n\to\infty}\dfrac{3-\dfrac{1}{n^2}+\dfrac{2}{n^3}}{\dfrac{2}{n^2}+1}=\dfrac{\lim\limits_{n\to\infty}3-\lim\limits_{n\to\infty}\dfrac{1}{n^2}+\lim\limits_{n\to\infty}\dfrac{3}{n^3}}{\lim\limits_{n\to\infty}\dfrac{2}{n^2}+\lim\limits_{n\to\infty}1}=\dfrac{3-0+0}{0+1}=3.$

1.2.4 无穷递缩等比数列的求和公式

例题 4 求等比数列 $\dfrac{1}{2},\dfrac{1}{4},\dfrac{1}{8},\cdots,\dfrac{1}{2^n},\cdots$ 的前 n 项和,并求当 $n\to\infty$ 时数列的极限.

解 $S_n=\dfrac{1}{2}+\dfrac{1}{4}+\dfrac{1}{8}+\cdots+\dfrac{1}{2^n}=1-\dfrac{1}{2^n},$

$\lim\limits_{n\to\infty}S_n=\lim\limits_{n\to\infty}\left(1-\dfrac{1}{2^n}\right)=\lim\limits_{n\to\infty}1-\lim\limits_{n\to\infty}\dfrac{1}{2^n}=1-0=1.$

定义 3 一般地,等比数列 $a_1,a_1q,a_1q^2,\cdots,a_1q^{n-1},\cdots$,当 $|q|<1$ 时,称为无穷递缩等比数列.当 $n\to\infty$ 时,其前 n 项和 S_n 的极限叫做这个无穷递缩等比数列的和,并用符号 S 表示,因为 $S_n=\dfrac{a_1(1-q^n)}{1-q}$,所以 $S=\lim\limits_{n\to\infty}S_n=\lim\limits_{n\to\infty}\dfrac{a_1(1-q^n)}{1-q}=\lim\limits_{n\to\infty}\dfrac{a_1}{1-q}\cdot\lim\limits_{n\to\infty}(1-q^n)=\dfrac{a_1}{1-q}$,称公式 $S=\dfrac{a_1}{1-q}$ 为无穷递缩等比数列的求和公式.

例题 5(弹球模型) 一只球从 100 米的高空掉下,每次弹回的高度为上次高度的 $\dfrac{2}{3}$,这样下去,用球第 $1,2,3,\cdots,n$ 次弹回的高度来表示球的运动规律,则得数列

$$100,100\times\dfrac{2}{3},100\times\left(\dfrac{2}{3}\right)^2,\cdots,100\times\left(\dfrac{2}{3}\right)^{n-1},\cdots 或\left\{100\times\left(\dfrac{2}{3}\right)^{n-1}\right\},$$

试求在此运动过程中球所经过的总路程.

解

日期：_____   教师：_____

1.3　函数的极限

> **学习内容**：函数的极限.
>
> **目的要求**：掌握 $x \to \infty$，$x \to x_0$ 时函数极限的概念，左极限、右极限的概念；熟练掌握 $x \to \infty$，$x \to x_0$ 时，左、右极限的求解方法，掌握极限的性质.
>
> **重点难点**：$x \to \infty$，$x \to x_0$ 时函数极限，以及左、右极限的求解方法.

课前探讨

1. 阐述当 $x \to \infty$ 时，函数 $f(x)$ 的极限定义，并举例（至少 2 个）.
2. 阐述当 $x \to +\infty$ 时，函数 $f(x)$ 的极限定义，并举例（至少 2 个）.
3. 阐述当 $x \to -\infty$ 时，函数 $f(x)$ 的极限定义，并举例（至少 2 个）.
4. 阐述当 $x \to \infty$ 时，函数 $f(x)$ 以 A 为极限的充分必要条件.
5. 阐述当 $x \to x_0$ 时，函数 $f(x)$ 的极限定义，并举例（至少 2 个）.
6. 阐述当 $x \to x_0$ 时，函数 $f(x)$ 的左极限定义，并举例（至少 2 个）.
7. 阐述当 $x \to x_0$ 时，函数 $f(x)$ 的右极限定义，并举例（至少 2 个）.
8. 阐述极限 $\lim\limits_{x \to x_0} f(x)$ 存在且等于 A 的充分必要条件.
9. 阐述理解并记忆极限的性质.

课堂讲习

> **案例（自然保护区中动物数量的变化规律）**　在某一自然保护区中生长的一群野生动物，其群体数量 x 会随时间 t 逐渐增长，但随着时间的推移 $(t \to \infty)$，由于自然环境保护区内各种资源的限制，这一动物群体不可能无限地增大，它应达到某一饱和状态 $(x \to x_m)$，如右图所示. 饱和状态就是时间 $t \to \infty$ 时野生动物群的数量.

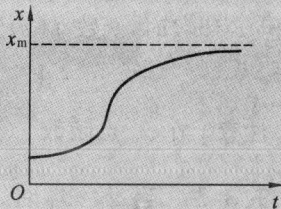

1.3.1　当 $x \to \infty$ 时，函数 $f(x)$ 的极限

定义 1　设函数 $y = f(x)$，如果存在一个常数 A，当 $|x|$ 无限增大时，函数 $f(x)$ 无限趋近于 A，则称当 $x \to \infty$ **时，函数 $f(x)$ 以 A 为极限**，记作

$$\lim_{x\to\infty}f(x)=A \text{ 或 } f(x)\to A(x\to\infty).$$

例题 1 讨论 $y=\dfrac{1}{x}$ 在 $x\to\infty$ 时的极限.

解 作出 $y=\dfrac{1}{x}$ 的图形(如图 1-3 所示),当 $|x|$ 无限增大时,

函数 $y=\dfrac{1}{x}$ 的值与 $A=0$ 无限接近,所以 $\lim\limits_{x\to\infty}\dfrac{1}{x}=0$.

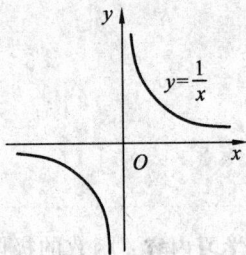

图 1-3

定义 2 设函数 $y=f(x)$,如果存在一个常数 A,当 $x\to+\infty$ $(x\to-\infty)$ 时,函数 $f(x)$ 无限趋近于 A,则称当 $x\to+\infty(x\to-\infty)$ 时,函数 $f(x)$ 以 A 为极限. 记作

$$\lim_{x\to+\infty}f(x)=A(\lim_{x\to-\infty}f(x)=A)$$

或

$$f(x)\to A(x\to+\infty)(f(x)\to A(x\to-\infty)).$$

注意: (1) 当 $x\to\infty$ 时,函数 $f(x)$ 以 A 为极限充分必要条件可表示为

$$\lim_{x\to\infty}f(x)=A\Leftrightarrow\lim_{x\to+\infty}f(x)=\lim_{x\to-\infty}f(x)=A;$$

(2) 当 $\lim\limits_{x\to+\infty}f(x)=A$,$\lim\limits_{x\to-\infty}f(x)=B$,且 $A\neq B$ 或 A,B 中至少有一个不存在时,则 $\lim\limits_{x\to\infty}f(x)$ 不存在.

例如,$\lim\limits_{x\to+\infty}\arctan x=\dfrac{\pi}{2}$,$\lim\limits_{x\to-\infty}\arctan x=-\dfrac{\pi}{2}$,所以 $\lim\limits_{x\to\infty}\arctan x$ 不存在.

1.3.2 当 $x\to x_0$ 时,函数 $f(x)$ 的极限

例题 2 考察函数 $f(x)=\dfrac{x^2-1}{x-1}$,当 $x\to1$ 时的变化情况.

解 当 $x=1$ 时,函数没有意义,而当 $x\neq1$ 时,$f(x)=\dfrac{x^2-1}{x-1}=x+1$,其图形如图 1-4 所示.

不难看出,当 $x\to1(x\neq1)$ 时,函数 $f(x)$ 无限趋近于 2,则称 $x\to1$ 时 $f(x)=\dfrac{x^2-1}{x-1}$ 以 2 为极限.

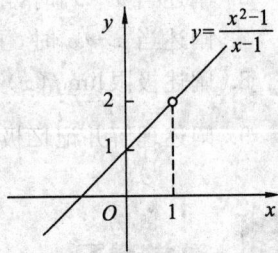

图 1-4

定义 3 设函数 $y=f(x)$ 在点 x_0 的某邻域内有定义(但在 x_0 点可以没有定义),如果存在一个常数 A,当 x 无限趋近于 x_0(但 $x\neq x_0$)时,函数 $f(x)$ 无限趋近于 A,则称当 $x\to x_0$ 时,函数 $f(x)$ 以 A 为极限,记作

$$\lim_{x\to x_0}f(x)=A \text{ 或 } f(x)\to A(x\to x_0).$$

注意 在 x_0 点函数 $f(x)$ 可以没有定义.

1.3.3 当 $x\to x_0$ 时,函数 $f(x)$ 的左、右极限

在上述 $x\to x_0$ 时,函数 $f(x)$ 以 A 为极限的讨论中,x 是以任意方式趋近于 x_0 的. 但在许多问题中,只能或只需考虑当 x 从大于 x_0(或小于 x_0)的方向趋于 x_0 时 $f(x)$ 的变化趋势. 例如,对于函数 $y=\sqrt{x}$,如果要考察其 x 趋近于 0 时的变化趋势,只能考虑 x 从 0 点的右侧 $(x>0)$ 趋近于 0 时的情形. 于是有必要引入左极限与右极限的概念.

定义 4 设函数 $y=f(x)$ 在点 x_0 的左邻域(或右邻域)有定义,如果存在一个常数 A,当 x 从 x_0 的左侧 $(x<x_0)$(或右侧 $(x>x_0)$)趋近于 x_0 时,函数 $f(x)$ 无限趋近于 A,则称 A 为函数 $f(x)$ 当 $x\to x_0$ 时的**左极限**(或**右极限**),记作

$$\lim_{x\to x_0^-} f(x)=A(\lim_{x\to x_0^+} f(x)=A) \text{ 或 } f(x_0-0)=A(f(x_0+0)=A).$$

函数 $f(x)$ 当 $x\to x_0$ 时的极限与它在 x_0 处的左右极限之间有如下关系.

定理 1 极限 $\lim\limits_{x\to x_0} f(x)$ 存在且等于 A 的充分必要条件是极限 $\lim\limits_{x\to x_0^-} f(x)$ 与 $\lim\limits_{x\to x_0^+} f(x)$ 都存在且等于 A,即

$$\lim_{x\to x_0} f(x)=A \Leftrightarrow \lim_{x\to x_0^-} f(x)=\lim_{x\to x_0^+} f(x)=A.$$

例题 3 设 $f(x)=\begin{cases} x, & x\leqslant 1, \\ 2x+1, & x>1, \end{cases}$ 试讨论极限 $\lim\limits_{x\to 1} f(x)$.

解 因为 $\lim\limits_{x\to 1^-} f(x)=\lim\limits_{x\to 1^-} x=1, \lim\limits_{x\to 1^+} f(x)=\lim\limits_{x\to 1^+}(2x+1)=3, \lim\limits_{x\to 1^-} f(x)\neq \lim\limits_{x\to 1^+} f(x)$,所以 $\lim\limits_{x\to 1} f(x)$ 不存在.

练习 1 函数 $f(x)=2^{\frac{1}{x}}$ 在 $x=0$ 处的极限是否存在?
解

1.3.4 函数极限的性质

性质 1(函数极限的唯一性) 若极限 $\lim\limits_{x\to x_0} f(x)$ 存在,则其极限值唯一.

性质 2(函数极限的局部有界性) 若极限 $\lim\limits_{x\to x_0} f(x)$ 存在,则函数 $f(x)$ 在 x_0 的某去心邻域内有界.

性质 3(函数极限的局部保号性) 若极限 $\lim\limits_{x\to x_0} f(x)=A$,且 $A>0$(或 $A<0$),则在 x_0 的某去心邻域内恒有 $f(x)>0$(或 $f(x)<0$).

推论 若极限 $\lim\limits_{x\to x_0} f(x)=A$,且 $f(x)\geqslant 0$(或 $f(x)\leqslant 0$),则在 x_0 的某去心邻域内恒有 $A\geqslant 0$(或 $A\leqslant 0$).

性质 4(夹逼定理) 若在 x_0 的某去心邻域内有,$f(x)\leqslant h(x)\leqslant g(x)$,且 $\lim\limits_{x\to x_0} f(x)=\lim\limits_{x\to x_0} g(x)=A$,则 $\lim\limits_{x\to x_0} h(x)=A$.

说明 上述性质当 $x\to\infty$ 时也成立.

练习 2(矩形波分析) 矩形波的函数表达式为

$$f(x)=\begin{cases} 0, & -\pi\leqslant x<0, \\ A, & 0\leqslant x<\pi. \end{cases}$$

求此函数在 $x=0$ 处的极限.
解

日期：_____   教师：_____

1.4 无穷小量与无穷大量

学习内容：无穷小量与无穷大量、无穷小量的比较.

目的要求：熟练掌握无穷小量与无穷大量的定义,熟练掌握无穷小量的运算法则与无穷小量的比较,重点掌握运用无穷小量的性质与比较来计算有关极限问题.

重点难点：无穷小量的性质与比较.

课前探讨

1. 现实生活中的无穷小量举例（至少 3 个）.

2. 阐述无穷小量的定义.

3. 阐述有关无穷小量应注意的问题.

4. 阐述无穷小量的性质.

5. 无穷小量性质的运用.

6. 阐述无穷大量的定义.

7. 无穷大量的举例（至少 2 个）.

8. 阐述无穷小量的比较方法.

9. 一些常见的等价无穷小,并举例（至少 5 个）.

课堂讲习

　　案例1（洗涤效果） 用洗衣机清洗衣物时,清洗次数越多,衣物上残留的污质就越少.当洗涤次数无限增大时,衣物上的污质量趋于零.

　　案例2（单摆运动） 单摆离开铅直位置的偏度可以用角 θ 来度量,这个角可规定当偏到一方（如右方）时为正,而偏到另一方（如左方）为负.如果让单摆自己摆,则由于机械摩擦力和空气阻力,振幅就不断地减少,在这个过程中,角 θ 就是一个无穷小量.

1.4.1 无穷小量

定义 1 极限为零的变量称为无穷小量,简称无穷小.

例如,因为 $\lim\limits_{x \to 0} 3x^2 = 0$,所以当 $x \to 0$ 时,变量 $y = 3x^2$ 为无穷小;

因为 $\lim\limits_{x\to\infty}\dfrac{1}{x^3}=0$，所以当 $x\to\infty$ 时，变量 $y=\dfrac{1}{x^3}$ 为无穷小；

因为 $\lim\limits_{n\to\infty}\dfrac{1}{n^2}=0$，所以当 $n\to\infty$ 时，变量 $y=\dfrac{1}{n^2}$ 为无穷小；

因为 $\lim\limits_{x\to1}(x^3-1)=0$，所以当 $x\to1$ 时，变量 $y=x^3-1$ 为无穷小.

注意 （1）一个变量是否为无穷小，除了与变量本身有关外，还与自变量的变化趋势有关.

如上例，变量 $y=x^3-1$，当 $x\to1$ 时为无穷小；而当 $x\to2$ 时，$y\to7$，极限是一个不为零的常数.因而，不能笼统地称某一变量为无穷小，必须明确指出变量在何种变化过程中是无穷小.

（2）按照定义，在实数中零也是无穷小，除此之外，即使绝对值很小的常数也不能认为是无穷小.

1.4.2　无穷大量

定义 2　在自变量的某一变化过程中，变量 y 的绝对值无限增大，则称变量 y 为在该变化过程中的无穷大量，简称无穷大，记作 $\lim y=\infty$ 或 $y\to\infty$.

例如，当 $x\to0$ 时，$\left|\dfrac{1}{x^3}\right|$ 无限增大，所以 $\dfrac{1}{x^3}$ 是 $x\to0$ 时的无穷大，即 $\lim\limits_{x\to0}\dfrac{1}{x^3}=\infty$.

注意 （1）无穷大是一个变量，不能称一个绝对值很大的常数为无穷大，因为再大的常数极限也是它本身.

（2）一个变量是否为无穷大，与其自变量的变化过程有关.与无穷小类似，不能笼统地说某一变量为无穷大，必须明确指出变量在何种变化过程中是无穷大.

从上面的例子中我们不难看出，在自变量的某种变化趋势下，无穷小与无穷大之间存在着非常密切的关系：**在同一变化过程中，无穷大的倒数是无穷小，非零的无穷小的倒数是无穷大.**

例题 1　求 $\lim\limits_{x\to3}\dfrac{4x}{x^2-9}$.

解　因 $\lim\limits_{x\to3}4x=12\neq0$，故 $\lim\limits_{x\to3}\dfrac{x^2-9}{4x}=0$.因此当 $x\to3$ 时，$\dfrac{x^2-9}{4x}$ 为无穷小.根据无穷小与无穷大的关系可知，当 $x\to3$ 时，$\dfrac{4x}{x^2-9}$ 为无穷大，所以 $\lim\limits_{x\to3}\dfrac{4x}{x^2-9}=\infty$.

1.4.3　无穷小的运算法则

由无穷小的定义可以推出无穷小的运算法则.

对同一变化过程中的无穷小与有界变量，有如下运算法则：

（1）两个无穷小的代数和仍是无穷小；

（2）无穷小与有界变量的乘积是无穷小；

（3）两个无穷小的乘积是无穷小.

例如，当 $x\to0$ 时，x 为无穷小，$\left|\sin\dfrac{1}{x}\right|\leqslant1$ 即 $\sin\dfrac{1}{x}$ 为有界函数，所以 $x\sin\dfrac{1}{x}$ 也是无穷小，即 $\lim\limits_{x\to0}x\sin\dfrac{1}{x}=0$.

练习1 求 $\lim\limits_{x\to\infty}\dfrac{\sin x}{x^2}$.

解

1.4.4 无穷小的比较

在同一变化过程中会有很多变量为无穷小. 例如,当 $x\to0$ 时,变量 $x,x^2,\sin x$ 都是无穷小. 但是它们趋近于零的速度是不同的. 因快慢是相对的,所以不同的无穷小趋近于零的速度可以通过它们的比值表现出来. 为了刻画这种快慢程度,需要引入无穷小阶的概念.

定义3 设 α 与 β 是同一变化过程中的无穷小.

(1) 如果 $\lim\dfrac{\beta}{\alpha}=0$,则称 β 是比 α 较高阶的无穷小,记作 $\beta=o(\alpha)$;

(2) 如果 $\lim\dfrac{\beta}{\alpha}=C\neq0$($C$ 为常数),则称 β 与 α 是同阶无穷小;特别地,当 $C=1$ 时,则称 β 与 α 是等价无穷小,记作 $\alpha\sim\beta$;

(3) 如果 $\lim\dfrac{\beta}{\alpha}=\infty$,则称 β 是比 α 较低阶的无穷小.

例如,因为 $\lim\limits_{x\to0}\dfrac{x^2}{x}=0$,所以当 $x\to0$ 时,x^2 是 x 较高阶的无穷小,即 $x^2=o(x)(x\to0)$;因为 $\lim\limits_{x\to0}\dfrac{2x}{x}=2$,所以当 $x\to0$ 时,$2x$ 与 x 是同阶无穷小;因为 $\lim\limits_{x\to0}\dfrac{\sin x}{x}=1$,所以当 $x\to0$ 时,$\sin x$ 与 x 是等价无穷小,即 $\sin x\sim x(x\to0)$.

在求极限时,如果分子、分母均为无穷小,则等价无穷小的替换定理可使问题简单化.

定理 在自变量的同一变化过程中,若 $\alpha,\alpha',\beta,\beta'$ 均为无穷小,且 $\alpha\sim\alpha',\beta\sim\beta',\lim\dfrac{\alpha'}{\beta'}$ 存在,则 $\lim\dfrac{\alpha}{\beta}$ 也存在,且有 $\lim\dfrac{\alpha}{\beta}=\lim\dfrac{\alpha'}{\beta'}$.

证 $\lim\dfrac{\alpha}{\beta}=\lim\left(\dfrac{\alpha}{\alpha'}\cdot\dfrac{\alpha'}{\beta'}\cdot\dfrac{\beta'}{\beta}\right)=\lim\dfrac{\alpha}{\alpha'}\cdot\lim\dfrac{\alpha'}{\beta'}\cdot\lim\dfrac{\beta'}{\beta}=\lim\dfrac{\alpha'}{\beta'}$.

定理得证.

常见的一些**等价无穷小**有:

当 $x\to0$ 时,$\sin x\sim x,\tan x\sim x,\arcsin x\sim x,\arctan x\sim x,1-\cos x\sim\dfrac{1}{2}x^2$,

$\mathrm{e}^x-1\sim x,\ln(1+x)\sim x,(1+x)^\alpha-1\sim\alpha x,\sqrt[n]{1+x}-1\sim\dfrac{1}{n}x,\sqrt{1+x}-\sqrt{1-x}\sim x$.

例题2 求 $\lim\limits_{x\to0}\dfrac{\sin x}{x^3+x}$.

解 当 $x\to0$ 时,$\sin x\sim x$,

所以
$$\lim_{x\to0}\frac{\sin x}{x^3+x}=\lim_{x\to0}\frac{x}{x^3+x}=\lim_{x\to0}\frac{1}{x^2+1}=1.$$

练习 2　求 $\lim\limits_{x \to 0} \dfrac{x^2 + 5x}{\sqrt{1+x} - 1}$.

解

注意　在计算极限时，对乘积或商中以因子形式出现的无穷小，可以用等价无穷小来替换；对于加、减运算一般情况下不使用，否则可能得出错误的结论.

例题 3　求 $\lim\limits_{x \to 0} \dfrac{\sin x - \tan x}{x \tan^2 x}$.

分析　当 $x \to 0$ 时，$\sin x \sim x$，$\tan x \sim x$. 如果在分子的减法运算中使用无穷小的等价代换，则有 $\lim\limits_{x \to 0} \dfrac{\sin x - \tan x}{x \tan^2 x} = \lim\limits_{x \to 0} \dfrac{x - x}{x \tan^2 x} = 0$.

这是错误的答案. 请写出正确的解法.

解

1.5 极限的运算

学习内容：极限的运算及两个重要极限

目的要求：熟练掌握极限的 3 种运算法则,并能运用四则运算法则求解数列及函数的极限;掌握用变量代换求解复合函数极限的方法;熟练掌握两个重要极限的表达形式,并且会灵活运用这两个极限来计算各种类型的极限.

重点难点：运用四则运算法则及两个重要极限求解函数和数列的极限.

课前探讨

1. 回顾无穷小与函数极限的关系.
2. 阐述极限的四则运算法则及其推论.
3. 阐述复合函数极限的运算法则.
4. 阐述极限运算法则的应用,并求 $\lim\limits_{x \to 1}(2x^2 - x)$.
5. 阐述复合函数极限的求法.
6. 阐述两个重要极限的公式及推广形式.

课堂讲习

案例(细菌培养) 已知在时刻 t(单位：min)容器中的细菌个数为 $y = 10^4 \times 2^{kt}$ (k 为常数)

(1) 若经过 30 min,细菌个数增加一倍,求 k 的值;

(2) 预测 $t \to +\infty$ 时容器中细菌的个数.

1.5.1 四则运算法则及推论

法则 1 如果 $\lim f(x) = A, \lim g(x) = B$, 则 $\lim[f(x) \pm g(x)]$ 存在,且有

$$\lim[f(x) \pm g(x)] = \lim f(x) \pm \lim g(x) = A \pm B.$$

证 由于

$$\lim f(x) = A, \quad \lim g(x) = B,$$

所以

$$f(x) = A + \alpha(x), g(x) = B + \beta(x),$$

其中 $\alpha(x), \beta(x)$ 均为同一变化趋势下的无穷小.

故

$$f(x) \pm g(x) = (A \pm B) + [\alpha(x) \pm \beta(x)],$$

所以

$$\lim[f(x) \pm g(x)] = A \pm B = \lim f(x) \pm \lim g(x).$$

推论 有限个有极限的变量之代数和的极限等于它们的极限的代数和.

法则 2 如果 $\lim f(x) = A$，$\lim g(x) = B$，则 $\lim[f(x) \cdot g(x)]$ 存在，且

$$\lim[f(x) \cdot g(x)] = \lim f(x) \cdot \lim g(x) = A \cdot B.$$

推论 1 有限个有极限的变量的乘积的极限等于它们的极限的乘积.

推论 2 如果 $\lim f(x)$ 存在，C 是常数，则 $\lim[Cf(x)] = C\lim f(x)$.

推论 3 如果 $\lim f(x)$ 存在，n 是正整数，则 $\lim[f(x)]^n = [\lim f(x)]^n$.

法则 3 如果 $\lim f(x) = A$，$\lim g(x) = B \neq 0$，且 $g(x) \neq 0$，则 $\lim \dfrac{f(x)}{g(x)}$ 存在，且

$$\lim \frac{f(x)}{g(x)} = \frac{\lim f(x)}{\lim g(x)} = \frac{A}{B}.$$

注意 （1）求函数和、差、积、商的极限时，必须在各自极限都存在的前提下进行.

（2）对于商的情形，要求分母的极限不等于零.

（3）极限的运算法则是对有限项而言的，对于无限项不能适用.

例题 1 求 $\lim\limits_{x \to 2} \dfrac{2x^2 + x - 5}{3x + 1}$.

解 $\lim\limits_{x \to 2} \dfrac{2x^2 + x - 5}{3x + 1} = \dfrac{\lim\limits_{x \to 2}(2x^2 + x - 5)}{\lim\limits_{x \to 2}(3x + 1)} = \dfrac{5}{7}$.

由此例可见，对于有理分式函数 $F(x) = \dfrac{p(x)}{q(x)}$，其中 $p(x)$，$q(x)$ 均为 x 的多项式，且 $\lim\limits_{x \to x_0} q(x) \neq 0$ 时，要求 $\lim\limits_{x \to x_0} F(x) = \lim\limits_{x \to x_0} \dfrac{p(x)}{q(x)}$，只需将 $x = x_0$ 代入即可.

例题 2 求 $\lim\limits_{x \to 1} \dfrac{x^2 + 2x - 3}{x^2 + x - 2}$.

解 $\lim\limits_{x \to 1} \dfrac{x^2 + 2x - 3}{x^2 + x - 2} = \lim\limits_{x \to 1} \dfrac{(x-1)(x+3)}{(x-1)(x+2)} = \lim\limits_{x \to 1} \dfrac{x+3}{x+2} = \dfrac{4}{3}$.

在求极限时，经常会遇到分子、分母的极限均为 0 的情形，我们把它记作"$\dfrac{0}{0}$"型. 对于这种类型的极限，通常采用的方法有：提取公因式法、因式分解法、分式有理化法，找出并消去分子、分母公共的零因子.

练习 1 求 $\lim\limits_{x \to 0} \dfrac{\sqrt{x^2 + 9} - 3}{x^2}$.

解

例题 3 求 $\lim\limits_{x \to \infty} \dfrac{3x + 2}{x^3 + 4x^2 - 2}$.

解 $\lim\limits_{x \to \infty} \dfrac{3x + 2}{x^3 + 4x^2 - 2} = \lim\limits_{x \to \infty} \dfrac{\dfrac{3}{x^2} + \dfrac{2}{x^3}}{1 + \dfrac{4}{x} - \dfrac{2}{x^3}} = 0.$

由本例题还可知 $\lim\limits_{x\to\infty}\dfrac{x^3+4x^2-2}{3x+2}=\infty$.

由上述两例可得出下述一般结论：

$$\lim_{x\to\infty}\frac{a_0x^m+a_1x^{m-1}+\cdots+a_m}{b_0x^n+b_1x^{n-1}+\cdots+b_n}=\begin{cases}\dfrac{a_0}{b_0}, & \text{当 } m=n \text{ 时,}\\[2mm] 0, & \text{当 } m<n \text{ 时,}\\[2mm] \infty, & \text{当 } m>n \text{ 时.}\end{cases}$$

其中 $a_0\neq0,b_0\neq0,m,n$ 均为非负整数.

例题 4　求 $\lim\limits_{x\to1}\left(\dfrac{2}{1-x^2}-\dfrac{1}{1-x}\right)$.

分析　当 $x\to1$ 时,两个分式的极限都不存在,属于"$\infty-\infty$"型.不能直接使用法则 1,须先通分,消去零因子,再求极限.

解　$\lim\limits_{x\to1}\left(\dfrac{2}{1-x^2}-\dfrac{1}{1-x}\right)=\lim\limits_{x\to1}\dfrac{2-(1+x)}{1-x^2}=\lim\limits_{x\to1}\dfrac{1}{1+x}=\dfrac{1}{2}$.

1.5.2　复合函数的极限运算法则

定理　设函数 $y=f[\varphi(x)]$ 是函数 $y=f(u)$ 与函数 $u=\varphi(x)$ 的复合而成. 若 $\lim\limits_{u\to u_0}f(u)=f(u_0)$, $\lim\limits_{x\to x_0}\varphi(x)=u_0$,则 $\lim\limits_{x\to x_0}f[\varphi(x)]=\lim\limits_{u\to u_0}f(u)$.

上式又可写为 $\lim\limits_{x\to x_0}f[\varphi(x)]=f[\lim\limits_{x\to x_0}\varphi(x)]$.

这个定理的意义在于：在一定条件下可以交换函数取值与计算极限的次序.

1.5.3　两个重要极限

1. $\lim\limits_{x\to0}\dfrac{\sin x}{x}=1$

推广形式：$\lim\limits_{x\to a}\dfrac{\sin\varphi(x)}{\varphi(x)}=1(\lim\varphi(x)=0)$,即在极限 $\lim\limits_{x\to a}\dfrac{\sin\varphi(x)}{\varphi(x)}$ 中,如果 $\varphi(x)$ 无穷小,就有 $\lim\limits_{x\to a}\dfrac{\sin\varphi(x)}{\varphi(x)}=1$.

例题 5　求 $\lim\limits_{x\to0}\dfrac{\sin kx}{x}$　$(k\neq0)$.

解　令 $kx=u$,因 $k\neq0$ 则当 $x\to0$ 时,$u\to0$,

所以　$\lim\limits_{x\to0}\dfrac{\sin kx}{x}=k\lim\limits_{x\to0}\dfrac{\sin kx}{kx}=k\lim\limits_{u\to0}\dfrac{\sin u}{u}=k$.

练习 2　求 $\lim\limits_{n\to\infty}n\sin\dfrac{2}{n}$.

解　令 $\dfrac{2}{n}=u$,则当 $n\to\infty$ 时,$u\to0$,

例题 6 求 $\lim\limits_{x\to 0}\dfrac{\tan x}{x}$.

解 $\lim\limits_{x\to 0}\dfrac{\tan x}{x}=\lim\limits_{x\to 0}\dfrac{\sin x}{x}\cdot\dfrac{1}{\cos x}=\lim\limits_{x\to 0}\dfrac{\sin x}{x}\cdot\lim\limits_{x\to 0}\dfrac{1}{\cos x}=1.$

练习 3 求 $\lim\limits_{x\to 0}\dfrac{\tan 2x}{\sin 3x}$.

解

一般地，极限 $\lim\limits_{x\to 0}\dfrac{x}{\sin x}=1$，$\lim\limits_{x\to 0}\dfrac{\tan x}{x}=1$，$\lim\limits_{x\to 0}\dfrac{x}{\tan x}=1$ 等亦可作为公式使用.

练习 4 求 $\lim\limits_{x\to 1}\dfrac{\sin(x-1)}{x^2-1}$.

解

2. $\lim\limits_{n\to\infty}\left(1+\dfrac{1}{n}\right)^n=\mathrm{e}$

e 是一个无理数，其值为 $\mathrm{e}=2.718\,281\,828\,459\,045\cdots$

推广形式：$\lim\limits_{x\to\infty}\left(1+\dfrac{1}{x}\right)^x=\mathrm{e}$，$\lim\limits_{x\to 0}(1+x)^{\frac{1}{x}}=\mathrm{e}$，$\lim\limits_{x\to a}[1+\varphi(x)]^{\frac{1}{\varphi(x)}}=\mathrm{e}\ (\lim\limits_{x\to a}\varphi(x)=0)$.

例题 7 求 $\lim\limits_{x\to\infty}\left(1+\dfrac{k}{x}\right)^x$ $(k\neq 0)$.

解 因为 $\left(1+\dfrac{k}{x}\right)^x=\left[\left(1+\dfrac{k}{x}\right)^{\frac{x}{k}}\right]^k$，设 $t=\dfrac{k}{x}$，当 $x\to\infty$ 时，$t\to 0$，

所以 $\lim\limits_{x\to\infty}\left(1+\dfrac{k}{x}\right)^x=\lim\limits_{x\to\infty}\left[\left(1+\dfrac{k}{x}\right)^{\frac{x}{k}}\right]^k=\lim\limits_{t\to 0}[(1+t)^{\frac{1}{t}}]^k=[\lim\limits_{t\to 0}(1+t)^{\frac{1}{t}}]^k=\mathrm{e}^k.$

练习 5 求 $\lim\limits_{x\to\infty}\left(1-\dfrac{2}{x}\right)^x$.

解

练习 6 求 $\lim\limits_{x\to 0}(1+2x)^{\frac{5}{x}}$.

解

日期：＿＿＿＿＿＿＿＿＿＿＿＿＿＿＿＿　　　教师：＿＿＿＿＿＿＿＿＿＿＿＿＿＿＿＿

1.6　函数的连续性(一)

学习内容：函数的连续性、间断点及其分类.

目的要求：掌握函数连续性概念，以及可去间断点、跳跃间断点、第二类间断点、区间上连续函数的定义；会判断一般函数在一点或区间上的连续性，间断点及其分类.

重点难点：函数的连续性概念及连续性和间断点的判断.

课前探讨

1. 回顾函数在 x_0 点的极限 $\lim\limits_{x \to x_0} f(x) = A$ 的定义，讨论 $f(x_0)$ 与 A 的关系.

2. 阐述函数在某点连续的定义(两个等价定义).

3. 函数在区间内连续的定义.

4. 函数的间断点及其分类.

5. 阐述判断函数的连续性及其间断点的方法.

课堂讲习

案例1(气温的连续变化)　一天中的气温 T 是时间 t 的函数 $T(t)$，T 随着 t 的变化而连续变化.事实上，当时间 t 的变化很微小时，气温 T 的变化也很微小，即当 $\Delta t \to 0$ 时，$\Delta T \to 0$.

案例2(电流的连续性)　导线中电流通常是连续变化的，但当电流增加到一定的程度，就会烧断保险丝，电流就突然为0，这时连续性被破坏而出现间断.

自然界中有许多现象，如人体高度变化、河水流动、植物生长等都是连续变化的.这种现象反映在函数关系上就是函数连续性.可以将上述例子理解为当自变量有一个微小变化时，函数值的变化也很微小.我们可以用极限给出函数连续性的概念.

若函数在 x_0 点的极限 $\lim\limits_{x \to x_0} f(x) = A$，这里 $f(x_0)$ 可以有 3 种情况：

(1) $f(x_0)$ 无定义，比如特殊极限 $\lim\limits_{x \to x_0} \dfrac{\sin(x - x_0)}{x - x_0} = 1$ (见图(a)).

(2) $f(x_0) \neq A$，比如 $f(x) = \begin{cases} x, & x \neq x_0, \\ x+1, & x = x_0, \end{cases}$ $\lim\limits_{x \to x_0} f(x) = x_0 \neq f(x_0)$ (见图(b)).

(3) $f(x_0) = A$ (见图(c)).

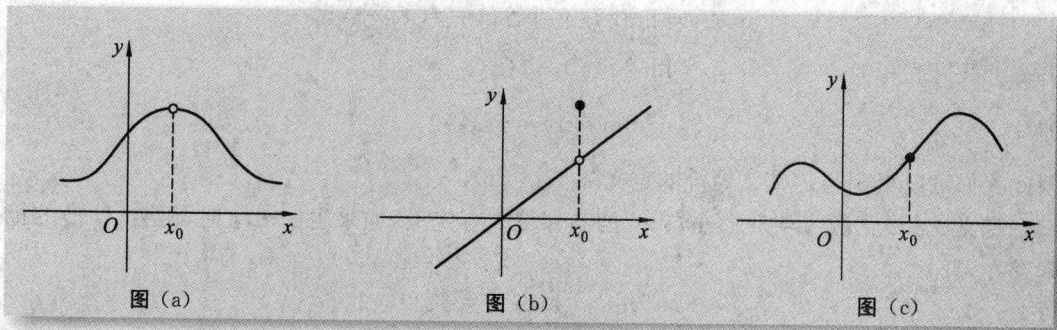

图（a）　　　　　　　图（b）　　　　　　　图（c）

1.6.1　函数的连续性

1. 改变量(或称增量)

定义 1　设变量 u 从它的初值 u_0 改变到终值 u_1，终值与初值之差 $u_1 - u_0$ 称为变量 u 的改变量，记作

$$\Delta u = u_1 - u_0.$$

注意　改变量 Δu 可以是正的、负的，也可以为零.

对函数 $y = f(x)$，当自变量 x 从 x_0 改变到 $x_0 + \Delta x$ 时，函数 $f(x)$ 相应地从 $f(x_0)$ 变到 $f(x_0 + \Delta x)$，称 $f(x_0 + \Delta x) - f(x_0)$ 为函数 $f(x)$ 在 x_0 处的相应改变量，记作 Δy，即

$$\Delta y = f(x_0 + \Delta x) - f(x_0).$$

2. 函数连续的概念

直观上看，一个函数是连续变化的，那么它的图形应该是一条连续不断的曲线，亦即可一笔画成. 先观察图 1-5 和图 1-6 两个函数的图像.

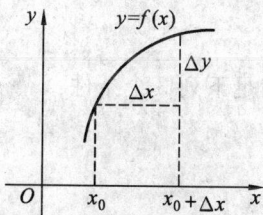

图 1-5

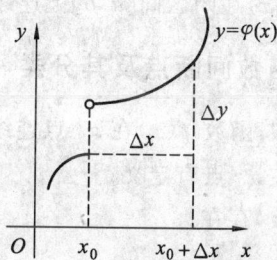

图 1-6

直观上，函数 $y = f(x)$ 在 x_0 点是连续的，而 $y = \varphi(x)$ 在 x_0 是间断的. 经分析，当自变量在 x_0 处的改变量 $\Delta x \to 0$ 时，函数 $y = f(x)$ 的改变量 $\Delta y = f(x_0 + \Delta x) - f(x_0)$ 也趋于零，而函数 $y = \varphi(x)$ 的改变量 $\Delta y = \varphi(x_0 + \Delta x) - \varphi(x_0)$ 不可能趋于零. 据此，给出函数在一点处连续的严格定义.

定义 2　设函数 $y = f(x)$ 在点 x_0 的某邻域内有定义，如果自变量 x 在 x_0 处取得的改变量 Δx 趋于零时，函数相应的改变量 Δy 也趋于零，即

$$\lim_{\Delta x \to 0} \Delta y = 0 \text{ 或 } \lim_{\Delta x \to 0} [f(x_0 + \Delta x) - f(x_0)] = 0,$$

则称函数 $y = f(x)$ 在点 x_0 处**连续**.

若令 $x = x_0 + \Delta x$，则 $\Delta x = x - x_0$. 易见，$\Delta x \to 0$ 时，$x \to x_0$. 所以

25

$$\lim_{\Delta x \to 0} \Delta y = \lim_{\Delta x \to 0} [f(x_0 + \Delta x) - f(x_0)] = 0,$$

上式可改写为
$$\lim_{x \to x_0} [f(x) - f(x_0)] = 0,$$

即
$$\lim_{x \to x_0} f(x) = f(x_0).$$

因此我们可以得到与定义 2 等价的定义.

定义 3 设函数 $y = f(x)$ 在点 x_0 的某邻域内有定义,如果当 $x \to x_0$ 时,函数 $f(x)$ 的极限存在,且

$$\lim_{x \to x_0} f(x) = f(x_0),$$

则称函数 $y = f(x)$ 在 x_0 处连续.

相应于左极限与右极限两个概念,我们有:

(1) 若 $\lim\limits_{x \to x_0^-} f(x) = f(x_0)$,则称函数 $y = f(x)$ 在 x_0 处**左连续**;

(2) 若 $\lim\limits_{x \to x_0^+} f(x) = f(x_0)$,则称函数 $y = f(x)$ 在 x_0 处**右连续**.

定理 函数 $y = f(x)$ 在点 x_0 处连续的充要条件是 $f(x)$ 在 x_0 点既左连续又右连续.

该定理常用来判定分段函数在分段点处的连续性.

例题 1 函数 $f(x) = \begin{cases} 1 - x, & x < 1, \\ x^2 - 1, & x \geqslant 1 \end{cases}$ 在 $x = 1$ 处是否连续?

解 因为 $\lim\limits_{x \to 1^-} f(x) = \lim\limits_{x \to 1^-} (1 - x) = 0$, $\lim\limits_{x \to 1^+} f(x) = \lim\limits_{x \to 1^+} (x^2 - 1) = 0$,而 $f(1) = 0$,所以, $f(x)$ 在 $x = 1$ 处连续.

定义 4 如果函数 $y = f(x)$ 在开区间 (a, b) 内每一点都连续,则称函数 $f(x)$ 在 (a, b) 内连续;如果函数 $y = f(x)$ 在开区间 (a, b) 内连续,且在左端点 a 处右连续,右端点 b 处左连续,则称函数 $f(x)$ 在闭区间 $[a, b]$ 上连续;使函数 $f(x)$ 连续的区间叫做函数的**连续区间**.

1.6.2 函数间断点及其分类

由定义 3 知,函数 $f(x)$ 在 x_0 点连续,必须同时满足下列 3 个条件:

(1) $f(x)$ 在 x_0 点有定义;

(2) $\lim\limits_{x \to x_0} f(x)$ 存在;

(3) $\lim\limits_{x \to x_0} f(x) = f(x_0)$.

上述 3 个条件中只要有一个不满足,则函数 $f(x)$ 在点 x_0 处不连续. 此时,称函数 $f(x)$ 在 x_0 点间断, x_0 点称为**间断点**.

下面举例说明函数间断点的几种常见类型.

例题 2 函数 $y = \dfrac{1}{x}$ 在 $x = 0$ 处无意义,所以 $x = 0$ 是函数 $y = \dfrac{1}{x}$ 的间断点. 因为 $\lim\limits_{x \to 0} \dfrac{1}{x} = \infty$,

我们称 $x = 0$ 为函数 $y = \dfrac{1}{x}$ 的**无穷间断点**(如图 1-7 所示).

例题 3 对于函数 $f(x) = \begin{cases} x - 2, & x < 0, \\ 0, & x = 0, \\ x + 2, & x > 0, \end{cases}$

因为
$$\lim_{x\to 0^-}f(x)=\lim_{x\to 0^-}(x-2)=-2,$$
$$\lim_{x\to 0^+}f(x)=\lim_{x\to 0^+}(x+2)=2,$$

显然 $\lim_{x\to 0^-}f(x)\neq\lim_{x\to 0^+}f(x)$，故 $\lim_{x\to 0}f(x)$ 不存在．所以 $x=0$ 为函数的间断点．因函数的图像在 $x=0$ 处产生了一个跳跃，我们称 $x=0$ 为该函数的**跳跃间断点**，如图 1-8 所示．

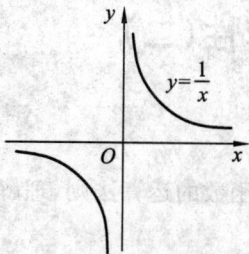

图 1-7

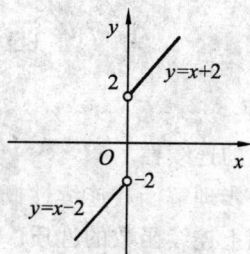

图 1-8

例题 4 函数 $f(x)=\dfrac{1-x^2}{1-x}$ 在 $x=1$ 处没有定义，所以 $x=1$ 是 $f(x)$ 的间断点．但

$$\lim_{x\to 1}f(x)=\lim_{x\to 1}\frac{1-x^2}{1-x}=\lim_{x\to 1}(1+x)=2.$$

如果补充 $f(1)=2$，则所给函数在 $x=1$ 处连续，所以称 $x=1$ 为该函数的**可去间断点**．

一般地，我们把间断点分为两类：

第一类间断点 设 x_0 为 $f(x)$ 的间断点，如果左极限 $\lim_{x\to x_0^-}f(x)$ 与右极限 $\lim_{x\to x_0^+}f(x)$ 均存在，则称 x_0 为函数 $f(x)$ 的第一类间断点．

其中，若 $\lim_{x\to x_0^-}f(x)=\lim_{x\to x_0^+}f(x)$，即极限 $\lim_{x\to x_0}f(x)$ 存在，则称间断点 x_0 为 $f(x)$ 的**可去间断点**；若 $\lim_{x\to x_0^-}f(x)\neq\lim_{x\to x_0^+}f(x)$，则称间断点 x_0 为 $f(x)$ 的**跳跃间断点**．

第二类间断点 若函数 $f(x)$ 在 x 点左极限 $\lim_{x\to x_0^-}f(x)$ 与右极限 $\lim_{x\to x_0^+}f(x)$ 至少有一个不存在，则称 x_0 为函数 $f(x)$ 的第二类间断点．

其中，若 $\lim_{x\to x_0}f(x)=\infty$（或 $\lim_{x\to x_0^+}f(x)=\infty$，$\lim_{x\to x_0^-}f(x)=\infty$），则称间断点 x_0 为 $f(x)$ 的**无穷间断点**．

日期：_____　　　　教师：_____

1.7　函数的连续性(二)

学习内容：函数的连续性.

目的要求：进一步理解函数连续性概念，掌握连续函数的运算法则，理解并学会应用闭区间上连续函数的性质.

重点难点：连续函数的运算法则，闭区间上连续函数的性质.

课前探讨

1. 复习函数在某点连续(两个等价定义)和区间连续的定义.
2. 阐述连续函数的四则运算法则.
3. 阐述复合函数、反函数、初等函数的连续性.
4. 阐述闭区间上连续函数的性质(四个定理：有界定理、最值定理、介值定理、零点存在定理).
5. 阐述连续函数性质的应用.

课堂讲习

> **案例**　证明方程 $e^{2x} - x^2 = 3$ 在 $(0,1)$ 内至少有一个实根.

1.7.1　连续函数的运算法则

定理1(四则运算法则)　如果函数 $f(x)$，$g(x)$ 在 x_0 点连续，那么 $f(x) \pm g(x)$，$f(x) \cdot g(x)$，$\dfrac{f(x)}{g(x)}(g(x_0) \neq 0)$ 在 x_0 处也连续.

由定理1容易得到：

(1) 多项式函数 $y = a_0 x^n + a_1 x^{n-1} + \cdots + a_{n-1} x + a_n$ 在 $(-\infty, +\infty)$ 内连续.

(2) 分式函数 $y = \dfrac{a_0 x^n + a_1 x^{n-1} + \cdots + a_{n-1} x + a_n}{b_0 x^m + b_1 x^{m-1} + \cdots + b_{m-1} x + b_m}$ 除分母为零的点外，在其他点都连续.

下面再给出连续函数的其他运算法则，这里均不证明.

定理2(复合函数的连续性)　如果函数 $u = g(x)$ 在 x_0 点连续，$g(x_0) = u_0$，且函数 $y = f(u)$ 在 u_0 点连续，则复合函数 $y = f[g(x)]$ 在 x_0 点连续，即

$$\lim_{x \to x_0} f[g(x)] = f[g(x_0)].$$

定理 3(反函数的连续性) 设函数 $y = f(x)$ 在某区间上连续，且单调增加(减少)，则它的反函数 $y = f^{-1}(x)$ 在对应的区间上连续且单调增加(减少).

定理 4(初等函数的连续性) 基本初等函数在其定义区间内部是连续的.

利用初等函数的连续性，可使极限运算简便化. 如果 x_0 是初等函数 $y = f(x)$ 定义区间内的点，则 $\lim\limits_{x \to x_0} f(x) = f(x_0)$，即把极限运算转化为函数值的计算.

注意 分段函数在其定义区间上不一定连续，但可以证明当且仅当分段函数在其分段点连续时，函数是连续的.

例题 1 设函数 $f(x) = \begin{cases} e^x, & x < 0 \\ a + x & x \geqslant 0, \end{cases}$ 问 a 为何值时，$f(x)$ 在其定义区间内连续?

解 若 $f(x)$ 在定义区间内连续，则 $f(x)$ 必在 $x = 0$ 处连续，因此必有

$$\lim_{x \to 0^-} f(x) = f(0) = \lim_{x \to 0^+} f(x).$$

而 $\quad \lim\limits_{x \to 0^-} f(x) = \lim\limits_{x \to 0^-} e^x = 1 , \quad \lim\limits_{x \to 0^+} f(x) = \lim\limits_{x \to 0^+} (a+x) = a = f(0),$

所以 $\quad a = 1.$

练习 讨论函数 $f(x) = \begin{cases} 2x, & 0 \leqslant x \leqslant 1 \\ 3 - x, & 1 < x \leqslant 3 \end{cases}$，在 $[0,3]$ 上的连续性.

解

1.7.2 闭区间上连续函数的性质

闭区间上的连续函数具有很多特殊性质，这些性质在理论和应用上都有重要意义. 这里仅给出结论，不予证明.

定理 5(有界性) 若函数 $f(x)$ 在闭区间 $[a,b]$ 上连续，则 $f(x)$ 在 $[a,b]$ 上有界(如图 1-9 所示).

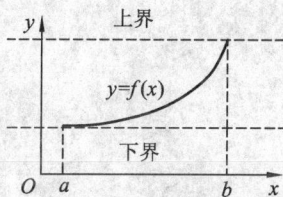

图 1-9

一般来讲，开区间上的连续函数不一定有界. 例如，$y = \dfrac{1}{x}$ 在 $(0,1)$ 内无界.

定理 6(最值定理) 若函数 $f(x)$ 在闭区间 $[a,b]$ 上连续，则 $f(x)$ 在 $[a,b]$ 上必能取得最大值和最小值. 也就是说，存在 x_1，$x_2 \in [a,b]$，使 $f(x_1) = m, f(x_2) = M$，且对任意的 $x \in [a,b]$，都有 $m \leqslant f(x) \leqslant M$(如图 1-10 所示).

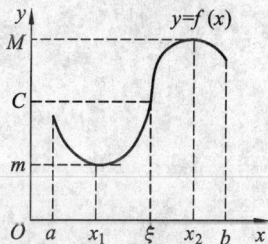

图 1-10

定理 6 说明：(1) 在闭区间上的连续函数一定能够取得最大值和最小值；(2) 尽管有最大值和最小值存在，但在哪点取得最值及其大小仍是未知的.

注意 开区间上的连续函数，不一定具有此性质.

定理 7(介值定理) 若函数 $f(x)$ 在闭区间 $[a,b]$ 上连续，M 和 m 分别为 $f(x)$ 在闭区间 $[a,b]$ 上的最大值和最小值，则对于任何介于 m 与 M 之间的数 C(即 $m < C < M$)，在 (a,b) 内

至少存在一点 ξ,使得 $f(\xi)=C$(如图 1-10 所示).

定理 8(零点存在定理) 若函数 $f(x)$ 在闭区间 $[a,b]$ 上连续,且 $f(a)\cdot f(b)<0$,则在 (a,b) 内至少存在一点 ξ,使得 $f(\xi)=0$(如图 1-11 所示).

零点存在定理说明,如果 $f(x)$ 在闭区间 $[a,b]$ 上满足条件,则方程 $f(x)=0$ 在 (a,b) 内至少存在一个实根. 因此,可以用零点存在定理证明一个方程的根的存在性及判断根的所在范围.

例题 2 证明方程 $x^5-5x+1=3$ 在 $(1,2)$ 内至少有一个实根.

证

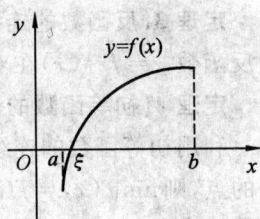

图 1-11

日期：＿＿＿＿＿＿＿＿＿＿＿＿＿＿＿＿　　　教师：＿＿＿＿＿＿＿＿＿＿＿＿＿＿＿＿

1.8　第 1 模块习题课

学习内容：函数的极限与连续
目的要求：熟练掌握本模块的函数、极限和连续的有关概念，会求各种情况下的极限，会判断函数在一点的连续，以及利用初等函数的连续求极限问题.
重点难点：极限求法及连续性概念.

课前探讨

1. 复习本模块学过的内容

2. 讨论以下问题：

(1) 无穷小与无穷大的关系.

(2) 在 $x \to 0$ 时，$1 - \cos x$ 与 $\frac{1}{2}x^2$ 是否为等价无穷小？

(3) $\lim\limits_{x \to \pi} \dfrac{\tan 3x}{\sin 2x} = \lim\limits_{x \to \pi} \dfrac{3x}{2x} = \dfrac{3}{2}$.

(4) 设 $f(x) = \begin{cases} \dfrac{\sin ax}{x}, & x < 0, \\ 1, & x = 0, \\ \dfrac{2\ln(1+x)}{x}, & x > 0 \end{cases}$ 在 $x = 0$ 处极限存在，则 $a = $ ＿＿＿＿＿＿.

(5) 函数 $f(x) = \dfrac{x^2 - 1}{x^2 - 2x - 3}$ 的间断点是＿＿＿＿＿＿，其中可去间断点是＿＿＿＿＿＿，无穷间断点是＿＿＿＿＿＿.

(6) 设 $f(x^2 + 1) = x^4 + 5x^2 + 3$ 则 $f(x^2 - 1) = $ ＿＿＿＿＿＿.

A. $x^4 - x^2 - 3$　　　　　　　　　　B. $x^4 + x^2 + 3$

C. $x^4 - x^2 + 3$　　　　　　　　　　D. $x^4 + x^2 - 3$

(7) $\lim\limits_{n \to \infty} \sqrt{n}(\sqrt{n+2} - \sqrt{n-3}) = $ ＿＿＿＿＿＿.

A. 0　　　　B. $+\infty$　　　　C. $\dfrac{5}{2}$　　　　D. 1

(8) 求 $\lim\limits_{x \to -2} \dfrac{x^2 - 4}{x + 2}$.

(9) 求 $\lim\limits_{x \to \infty} \left(\dfrac{x+1}{x-2}\right)^{x+1}$.

（10）求 $\lim\limits_{x\to\infty}\left(1+\dfrac{1}{x}\right)^{-x}$.

（11）已知 $f\left(\dfrac{1}{x}-1\right)=\dfrac{x}{2x-1}$，求 $f(x)$.

（12）证明方程 $e^{2x}-x^2=3$ 在 $(0,1)$ 内至少有一个实根.

内容精要

1. 函数

（1）函数 $y=f(x)$，$x\in D$. 定义域和对应法则是确定函数的两个要素.

（2）函数的一些特性：单调性、有界性、奇偶性、周期性.

（3）如果函数 $y=f(x)$ 的对应法则是一一对应的，则存在反函数 $y=f^{-1}(x)$.

（4）由 $y=f(u)$ 与 $u=\varphi(x)$ 可以复合成复合函数 $y=f[\varphi(x)]$.

（5）初等函数：由常数和基本初等函数经过有限次四则运算或有限次复合步骤所得到的，并能用一个式子表示的函数.

2. 极限概念

（1）数列极限：若 $\lim\limits_{n\to\infty}y_n=A$，称数列 $\{y_n\}$ 收敛，否则发散.

（2）函数极限：

① 当 $x\to\infty$ 时（x 的绝对值无限增大），$f(x)\to A$，则 $\lim\limits_{x\to\infty}f(x)=A$.

$$\lim\limits_{x\to\infty}f(x)=A\Leftrightarrow\lim\limits_{x\to+\infty}f(x)=\lim\limits_{x\to-\infty}f(x)=A.$$

② 当 $x\to x_0$ 时，$f(x)\to A$，则 $\lim\limits_{x\to x_0}f(x)=A$.

$$\lim\limits_{x\to x_0}f(x)=A\Leftrightarrow\lim\limits_{x\to x_0^-}f(x)=\lim\limits_{x\to x_0^+}f(x)=A.$$

（3）无穷小与无穷大.

若 $\lim y=0$，则称变量 y 为在这种变化趋势下的无穷小.

若 $\lim y=\infty$，则称变量 y 为在这种变化趋势下的无穷大.

在同一变化趋势下，无穷大的倒数是无穷小，非零的无穷小的倒数是无穷大.

$\lim f(x)=A\Leftrightarrow f(x)=A+\alpha(x)$，其中 $\lim\alpha(x)=0$.

3. 极限运算

（1）运算法则和推论.

在自变量的同变化过程中，设 $\lim f(x)=A$，$\lim g(x)=B$，则：

① $\lim[f(x)\pm g(x)]=\lim f(x)\pm\lim g(x)=A\pm B$，可推广到有限项；

② $\lim[f(x)\cdot g(x)]=\lim f(x)\cdot\lim g(x)=A\cdot B$，可推广到有限项；

③ $\lim[Cf(x)]=C\lim f(x)$，C 为常数；

④ $\lim[f(x)]^n=[\lim f(x)]^n$，$n$ 为正整数；

⑤ $\lim\dfrac{f(x)}{g(x)}=\dfrac{\lim f(x)}{\lim g(x)}=\dfrac{A}{B}$，$B\neq 0$.

有界变量与无穷小的乘积还是无穷小.

$$\lim\limits_{u\to u_0}f(u)=f(u_0),\quad \lim\limits_{x\to x_0}\varphi(x)=u_0\Rightarrow\lim\limits_{x\to x_0}f[\varphi(x)]=f\lim\limits_{x\to x_0}[\varphi(x)].$$

（2）求极限的常用方法.

① $\frac{0}{0}$ 型,通常采用的方法有:提取公因式法、因式分解法、分式有理化法.

② $\frac{\infty}{\infty}$ 型,用分子分母中的最高次幂项分别去除分子和分母的每一项(分母的极限存在且不为零),然后求极限.

有理分式的极限:

$$\lim_{x \to \infty} \frac{a_0 x^m + a_1 x^{m-1} + \cdots + a_m}{b_0 x^n + b_1 x^{n-1} + \cdots + b_n} = \begin{cases} \dfrac{a_0}{b_0}, & \text{当 } m=n \text{ 时}, \\ 0, & \text{当 } m<n \text{ 时}, \\ \infty, & \text{当 } m>n \text{ 时}. \end{cases}$$

(3) $\infty - \infty$ 型,要先通分,消去零因子,再求极限.

4. 重要极限与无穷小的比较

(1) 第一个重要极限: $\lim\limits_{x \to 0} \dfrac{\sin x}{x} = 1$.

属于上式变形的有 $\lim\limits_{x \to 0} \dfrac{x}{\sin x} = 1$, $\lim\limits_{x \to 0} \dfrac{\tan x}{x} = 1$, $\lim\limits_{x \to 0} \dfrac{x}{\tan x} = 1$, $\lim\limits_{x \to c} \dfrac{\sin \varphi(x)}{\varphi(x)} = 1$ ($x \to c$ 时, $\varphi(x) \to 0$).

(2) 第二个重要极限: $\lim\limits_{n \to \infty} \left(1 + \dfrac{1}{n}\right)^n = \mathrm{e}$.

属于上式变形的有 $\lim\limits_{x \to \infty} \left(1 + \dfrac{1}{x}\right)^x = \mathrm{e}$, $\lim\limits_{t \to 0} (1+t)^{\frac{1}{t}} = \mathrm{e}$,

$\lim\limits_{x \to c} [1 + \varphi(x)]^{\frac{1}{\varphi(x)}} = \mathrm{e}$ ($x \to c$ 时, $\varphi(x) \to 0$), $\lim\limits_{x \to a} \left(1 + \dfrac{1}{\varphi(x)}\right)^{\varphi(x)} = \mathrm{e}$ ($x \to a$ 时, $\varphi(x) \to \infty$).

(3) 无穷小的比较.

① $\lim \dfrac{\beta}{\alpha} = 0 \Rightarrow \beta = o(\alpha)$, β 是 α 较高阶无穷小;

② $\lim \dfrac{\beta}{\alpha} = C \neq 0$, β 与 α 是同阶无穷小, $C=1$ 时, β 与 α 是等价无穷小,记为 $\alpha \sim \beta$.

③ $\lim \dfrac{\beta}{\alpha} = \infty$, β 是 α 较低阶无穷小.

5. 连续

(1) 连续的定义式:

① $\lim\limits_{\Delta x \to 0} \Delta y = 0$ 或 $\lim\limits_{\Delta x \to 0} [f(x_0 + \Delta x) - f(x_0)] = 0$;

② $\lim\limits_{x \to x_0} f(x) = f(x_0)$.

间断点的分类(x_0 是间断点):

第一类间断点: $\lim\limits_{x \to x_0^-} f(x)$ 与 $\lim\limits_{x \to x_0^+} f(x)$ 都存在;

第二类间断点: $\lim\limits_{x \to x_0^-} f(x)$ 与 $\lim\limits_{x \to x_0^+} f(x)$ 至少有一个不存在.

(2) 一切初等函数在其定义区间内是连续的.

(3) 闭区间上连续函数具有最大值和最小值;有界;若端点函数值异号,则在开区间上至少有一点的函数值为零.

习题讲解

1. 判断题

(1) 单调减小数列一定没有极限.（　　）

(2) 若 $\lim\limits_{x \to x_0} f(x)$ 不存在,则 $y = f(x)$ 在 x_0 处无意义.（　　）

(3) 若 $\lim\limits_{x \to x_0^+} f(x) = \lim\limits_{x \to x_0^-} f(x) = A$,则 $\lim\limits_{x \to x_0} f(x) = A$.（　　）

(4) 无穷大实际上就是绝对值非常大的常数.（　　）

(5) 若 $\lim\limits_{x \to +\infty} f(x)$ 和 $\lim\limits_{x \to -\infty} f(x)$ 都存在,则 $\lim\limits_{x \to \infty} f(x)$ 存在.（　　）

(6) 初等函数在其定义区间内都是连续的.（　　）

(7) 若 $f(x)$ 为有界函数且 $\lim\limits_{x \to \infty} g(x) = 0$,则 $\lim\limits_{x \to \infty} [f(x) g(x)] = 0$.（　　）

2. 填空题

(1) 函数 $y = e^{\tan \frac{1}{x}}$ 是由 _____,_____,_____ 复合而成的.

(2) 函数 $f(x) = \dfrac{1}{\sqrt{x^2 - 3x + 2}}$ 的连续区间为 _____.

(3) $\lim\limits_{x \to 0} (1 - 2x)^{\frac{1}{x}} = $ _____.

(4) 设 $f(x) = \begin{cases} \dfrac{\sin ax}{x}, & x < 0, \\ 1, & x = 0, \\ \dfrac{2\ln(1+x)}{x}, & x > 0 \end{cases}$ 在 $x = 0$ 处极限存在,则 $a = $ _____.

(5) 若 $x \to 0$,无穷小 $(\sqrt{1+x} - \sqrt{1-x})$ 是无穷小 x 的 _____ 无穷小.

(6) 函数 $f(x) = \dfrac{x^2 - 1}{x^2 - 2x - 3}$ 的间断点是 _____,其中可去间断点是 _____,无穷间断点是 _____.

3. 选择题

(1) 数列 $0, 1, 2, 0, 1, 2, 0, 1, 2, \cdots$,_____.

A. 收敛于 0　　　　B. 收敛于 1　　　　C. 收敛于 2　　　　D. 发散

(2) 已知函数 $f(\sin x) = \cos 2x$,则 $f(x) = $ _____.

A. $1 - x^2$　　　　B. $1 - 2x^2$　　　　C. $1 + 2x^2$　　　　D. $2x^2 - 1$

(3) 设函数 $f(x) = \dfrac{|x+1|}{x+1}$,则 $\lim\limits_{x \to -1} f(x) = $ _____.

A. 0　　　　B. -1　　　　C. 1　　　　D. 不存在

(4) 当 $x \to x_0$ 时,α 和 $\beta (\beta \neq 0)$ 都是无穷小. 当 $x \to x_0$ 时,下列变量中可能不是无穷小的是 _____.

A. $\alpha + \beta$　　　　B. $\alpha - \beta$　　　　C. $\alpha \cdot \beta$　　　　D. $\dfrac{\alpha}{\beta}$

(5) 若 $\lim\limits_{x \to x_0^-} f(x) = A$,$\lim\limits_{x \to x_0^+} f(x) = A$,则 $f(x)$ 在点 x_0 处 _____.

A. 一定有定义　　　　　　　　　　　B. 一定有 $f(x_0) = A$

C. 一定有极限 　　　　　　　　D. 一定连续

(6) 若 $\lim\limits_{x \to \infty}\left(1+\dfrac{k}{x}\right)^{x}=\sqrt{e}$，则 $k=$ _____.

A. 2 　　　　　　　B. -2 　　　　　　C. $\dfrac{1}{2}$ 　　　　　　D. $-\dfrac{1}{2}$

4. 求下列极限

(1) $\lim\limits_{x \to 2}\dfrac{x^{2}-4}{x-2}$；

(2) $\lim\limits_{x \to \infty}\dfrac{2x^{2}-4}{3x^{2}-x-5}$；

(3) $\lim\limits_{x \to \infty}\left(1-\dfrac{1}{x}\right)^{2x}$；

(4) $\lim\limits_{x \to 1}\left(\dfrac{2}{x^{2}-1}-\dfrac{1}{x-1}\right)$；

(5) $\lim\limits_{x \to 0}x\sin\dfrac{1}{x}$；

(6) $\lim\limits_{x \to \infty}\left(1+\dfrac{1}{x}\right)^{x+1}$.

5. 计算题

(1) 已知 $f\left(\dfrac{1}{x}-1\right)=\dfrac{x}{2x-1}$，求 $f(x)$.

(2) 求函数 $f(x)=\dfrac{x^{2}+2x-3}{x^{2}-3x+2}$ 的间断点，并求 $\lim\limits_{x \to 1}f(x)$

（3）设函数 $f(x)=\begin{cases}\dfrac{\sin 2x}{x}, & x<0, \\ (x+k)^2, & x\geqslant 0,\end{cases}$ 问 k 为何值时，$\lim\limits_{x\to 0}f(x)$ 存在？

6. 证明题

证明方程 $e^{2x}-x^2=3$ 在 $(0,1)$ 内至少有一个实根.

学法建议

（1）本模块的重点是极限的求法及函数在一点的连续的概念，特别是求极限的方法灵活多样. 因此要掌握这部分知识，应多总结经验，多做练习.

（2）本模块概念较多，且互相联系，例如：收敛，有界，单调有界；发散，无界，无穷大；极限，无穷小，连续等. 只有明确它们之间的联系，才能对它们有深刻的理解，因此应注意弄清它们之间的实质关系.

（3）深刻理解函数在一点的连续概念，即极限值等于函数值才连续. 千万不要认为函数极限存在，则函数必连续. 此外，还应特别注意判断分段函数在分段点的连续性.

第2模块

一元函数微分学

【学习目标】

理解导数、微分的概念,掌握导数的求法;掌握罗尔定理和拉格朗日中值定理;掌握洛必达法则的应用;了解函数的渐近线和作图方法;会判断函数的单调性;会求函数的极值、凹凸区间及拐点.

导数与微分统称为微分学.导数的概念产生于以下两个实际问题的研究:一是求曲线的切线问题;二是求非匀速运动的速度.

本模块将从实际问题出发,引入导数与微分的概念,讨论其计算方法,并利用导数研究函数的单调性、极值、最值和曲线的一些性质及微分的应用.

日期：_____   教师：_____

2.1　导数及其运算法则

学习内容：导数及其运算法则.
目的要求：理解导数的定义,会求函数在某点的导数,掌握基本求导公式,会求函数的
　　　　　　导函数,理解导数的几何意义,了解可导与连续的关系.
重点难点：导数的概念,导数的运算.

课前探讨

1. 举出 3 个与变化率有关的例子.

2. 阐述函数在某点的导数与某区间的导数的定义.

3. 阐述左导数、右导数的概念.

4. 阐述可导的充分必要条件.

5. 阐述基本求导公式与运算法则.

6. 阐述导数的几何意义.

7. 写出曲线在某点的切线方程与法线方程.

8. 阐述可导与连续的关系.

课堂讲习

　　案例 1　设有一装满水的深为 18 cm,顶部直径为 12 cm 的正圆锥形漏斗,下面接一直径为 10 cm 的圆柱形水桶,水由漏斗流入桶内.当漏斗中水深为 12 cm,水面下降速度为 1 cm/s 时,求桶中水面上升的速度.

　　案例 2(汽车行驶瞬时速度)　若物体做匀速直线运动,则其速度为常量 $v=\dfrac{\Delta s}{\Delta t}$.例如,小王驱车到 80 km 外的一个小镇,共用了 2 h, $\bar{v}=\dfrac{\Delta s}{\Delta t}=\dfrac{80}{2}=40$ (km/h)为汽车行驶的平均速度,然而车速器显示的速度(瞬时速度)却在不停地变化,这是因为汽车在做变速运动,如何计算汽车行驶的瞬时速度呢?

　　案例 3(冷却速度)　当物体的温度高于周围介质的温度时,物体就不断冷却.若物体的温度 T 与时间 t 的函数关系为 $T=T(t)$,请表示出物体在 t 时刻的冷却速度.

2.1.1 导数的定义

定义 1 设函数 $y = f(x)$ 在点 x_0 的某邻域内有定义，当自变量 x 在 x_0 处取得增量 Δx 时，相应地，函数 y 取得增量 $\Delta y = f(x_0 + \Delta x) - f(x_0)$. 如果当 $\Delta x \to 0$ 时，比值 $\frac{\Delta y}{\Delta x}$ 极限存在，则称函数 $y = f(x)$ 在点 x_0 处**可导**，并称此极限值为函数 $f(x)$ 在 x_0 处的**导数**，记作

$$f'(x_0), \quad y'\Big|_{x=x_0}, \quad \frac{\mathrm{d}y}{\mathrm{d}x}\Big|_{x=x_0} \text{ 或 } \frac{\mathrm{d}f}{\mathrm{d}x}\Big|_{x=x_0},$$

即

$$f'(x_0) = \lim_{\Delta x \to 0} \frac{\Delta y}{\Delta x} = \lim_{\Delta x \to 0} \frac{f(x_0 + \Delta x) - f(x_0)}{\Delta x}.$$

如果 $\lim\limits_{\Delta x \to 0} \frac{\Delta y}{\Delta x}$ 不存在，则称 $f(x)$ 在 x_0 处**不可导**.

在上面定义中，若记 $x = x_0 + \Delta x$，则 $f'(x_0) = \lim\limits_{x \to x_0} \frac{f(x) - f(x_0)}{x - x_0}$.

定义 2 若函数 $y = f(x)$ 在开区间 I 内的每点都可导，就称函数 $f(x)$ **在开区间 I 内可导**. 这时，对于任意 $x \in I$，都对应着一个确定的导数值 $f'(x)$. 这样就构成了一个新的函数，这个函数称为函数 $f(x)$ 的**导函数**，记作 $f'(x), y', \frac{\mathrm{d}y}{\mathrm{d}x}$ 或 $\frac{\mathrm{d}f}{\mathrm{d}x}$.

由于导数本身是极限，而极限存在的充分必要条件是左、右极限存在且相等，因此 $f'(x_0)$ 存在的充分必要条件是左、右极限

$$f'_-(x_0) = \lim_{\Delta x \to 0^-} \frac{f(x_0 + \Delta x) - f(x_0)}{\Delta x} \text{ 及 } f'_+(x_0) = \lim_{\Delta x \to 0^+} \frac{f(x_0 + \Delta x) - f(x_0)}{\Delta x}$$

都存在且相等. 这两个极限分别称为函数 $f(x)$ 在点 x_0 的**左导数**和**右导数**，记作 $f'_-(x_0)$ 和 $f'_+(x_0)$. 上述等价关系可表示为

$$f'(x_0) \text{ 存在} \Leftrightarrow f'_-(x_0) = f'_+(x_0).$$

例题 1 求 $y = 2x^2$ 的导数 y'，并求 $y'\Big|_{x=2}$.

解 先求函数的导数.

对任意点 x，当自变量的改变量为 Δx 时，相应的 y 的改变量为

$$\Delta y = 2(x + \Delta x)^2 - 2x^2 = 4x\Delta x + 2(\Delta x)^2.$$

由导数的定义知

$$y' = \lim_{\Delta x \to 0} \frac{\Delta y}{\Delta x} = \lim_{\Delta x \to 0} \frac{4x\Delta x + 2(\Delta x)^2}{\Delta x} = \lim_{\Delta x \to 0} (4x + 2\Delta x) = 4x.$$

由导函数再求指定点的导数值 $y'\Big|_{x=2} = 4x\Big|_{x=2} = 8$.

练习 1 求 $y = C$（C 是常数）的导数.

解

2.1.2 基本初等函数的导数公式(公式中要求 $a>0, a\neq1$)

(1) $(C)'=0$；

(2) $(x^a)'=ax^{a-1}$；

(3) $(a^x)'=a^x\ln a$；

(4) $(e^x)'=e^x$；

(5) $(\log_a x)'=\dfrac{1}{x\ln a}$；

(6) $(\ln x)'=\dfrac{1}{x}$；

(7) $(\sin x)'=\cos x$；

(8) $(\cos x)'=-\sin x$；

(9) $(\tan x)'=\sec^2 x$；

(10) $(\cot x)'=-\csc^2 x$；

(11) $(\sec x)'=\sec x \cdot \tan x$；

(12) $(\csc x)'=-\csc x \cdot \cot x$；

(13) $(\arcsin x)'=\dfrac{1}{\sqrt{1-x^2}}$；

(14) $(\arccos x)'=-\dfrac{1}{\sqrt{1-x^2}}$；

(15) $(\arctan x)'=\dfrac{1}{1+x^2}$；

(16) $(\text{arccot } x)'=-\dfrac{1}{1+x^2}$.

2.1.3 导数的几何意义

函数 $y=f(x)$ 在点 x_0 的导数 $f'(x_0)$ 在几何上表示曲线 $y=f(x)$ 在 $M_0(x_0, f(x_0))$ 的切线 M_0T 的斜率(如图 2-1 所示)，由此可分别得到曲线在该点的切线方程和法线方程.

切线方程：$y-f(x_0)=f'(x_0)(x-x_0)$；

法线方程：$y-f(x_0)=-\dfrac{1}{f'(x_0)}(x-x_0)$，$f'(x_0)\neq0.$

若 $f'(x_0)=0$，则切线平行于 x 轴，法线平行于 y 轴.

例题 2 求曲线 $y=\cos x$ 在点 $\left(\dfrac{\pi}{3}, \dfrac{1}{2}\right)$ 处的切线方程和法线方程.

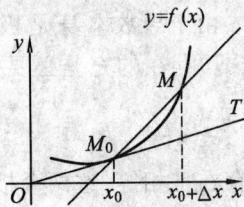

图 2-1

解 由 $(\cos x)'=-\sin x$ 知 $y'\big|_{x=\frac{\pi}{3}}=-\sin x\big|_{x=\frac{\pi}{3}}=-\dfrac{\sqrt{3}}{2}.$

故所求切线方程为 $\qquad y-\dfrac{1}{2}=-\dfrac{\sqrt{3}}{2}\left(x-\dfrac{\pi}{3}\right)$；

法线方程为 $\qquad y-\dfrac{1}{2}=\dfrac{2\sqrt{3}}{3}\left(x-\dfrac{\pi}{3}\right).$

2.1.4 可导与连续的关系

若函数 $y=f(x)$ 在点 x_0 可导，由导数定义知 $\lim\limits_{\Delta x\to0}\dfrac{\Delta y}{\Delta x}$ 存在，所以，$\lim\limits_{\Delta x\to0}\Delta y=\lim\limits_{\Delta x\to0}\left(\dfrac{\Delta y}{\Delta x}\cdot\Delta x\right)=0.$

若函数 $f(x)$ 在点 x_0 可导，则它在点 x_0 必连续，反之不一定成立. 也就是说，函数 $f(x)$ 在点 x_0 连续只是 $f(x)$ 在点 x_0 可导的必要而非充分条件.

例如，函数 $y=|x-1|$ 在 $x=1$ 处连续，但是不可导.

事实上，$\lim\limits_{\Delta x\to0}\dfrac{|0+\Delta x|-0}{\Delta x}=\lim\limits_{\Delta x\to0}\dfrac{|\Delta x|}{\Delta x}$，

当 $\Delta x < 0$ 时，$\lim\limits_{\Delta x \to 0^-} \dfrac{|\Delta x|}{\Delta x} = \lim\limits_{\Delta x \to 0^-} \dfrac{-\Delta x}{\Delta x} = -1$；

当 $\Delta x > 0$ 时，$\lim\limits_{\Delta x \to 0^+} \dfrac{|\Delta x|}{\Delta x} = \lim\limits_{\Delta x \to 0^+} \dfrac{\Delta x}{\Delta x} = 1$.

由于左右导数不相等，所以 $y = |x-1|$ 在 $x = 1$ 处不可导.

2.1.5 导数的运算法则

当求一些比较复杂的函数的导数时，我们还需要借助于导数的四则运算法则.

定理 设函数 $u = u(x), v = v(x)$ 都是可导函数，则

(1) $u(x) \pm v(x)$ 可导，且 $[u(x) \pm v(x)]' = u'(x) \pm v'(x)$.

(2) $u(x) \cdot v(x)$ 可导，且 $[u(x) \cdot v(x)]' = u'(x) v(x) + u(x) v'(x)$.

(3) 若 $v(x) \neq 0$，则 $\dfrac{u(x)}{v(x)}$ 可导，且 $\left[\dfrac{u(x)}{v(x)}\right]' = \dfrac{u'(x) v(x) - u(x) v'(x)}{v^2(x)}$.

这里只证明乘积的导数运算法则，其他法则可类似证明.

证 设函数 $y = u(x) \cdot v(x)$ 在点 x 取得改变量 Δx，相应的 y 的改变量

$$\begin{aligned}
\Delta y &= u(x + \Delta x) v(x + \Delta x) - u(x) v(x) \\
&= u(x + \Delta x) v(x + \Delta x) - u(x) v(x + \Delta x) + u(x) v(x + \Delta x) - u(x) v(x) \\
&= [u(x + \Delta x) - u(x)] v(x + \Delta x) + u(x)[v(x + \Delta x) - v(x)].
\end{aligned}$$

因为 $u = u(x), v = v(x)$ 都可导，且可导必连续，于是

$$y' = \lim_{\Delta x \to 0} \frac{\Delta y}{\Delta x} = \lim_{\Delta x \to 0} \frac{u(x + \Delta x) - u(x)}{\Delta x} \cdot \lim_{\Delta x \to 0} v(x + \Delta x) + u(x) \cdot \lim_{\Delta x \to 0} \frac{v(x + \Delta x) - v(x)}{\Delta x}$$

$$= u'(x) v(x) + u(x) v'(x).$$

加法、乘积法则可推广到有限个函数的情形.

例题 3 设有一装满水的深为 18 cm，顶部直径为 12 cm 的正圆锥形漏斗，下面接一直径为 10 cm 的圆柱形水桶，水由漏斗流入桶内. 当漏斗中水深为 12 cm，水面下降速度为 1 cm/s 时，求桶中水面上升的速度.

解 如图 2-2 所示，设在时刻 t 漏斗中水面的高度 $h = h(t)$，漏斗在高为 $h(t)$ 处的截面半径为 $r(t)$，桶中水面高度 $H = H(t)$.

(1) 建立变量 h 与 H 的关系.

由于在任意时刻 t，漏斗中的水与水桶中的水量之和应等于开始时装满漏斗的总水量，则

$$\frac{\pi}{3} r^2(t) h(t) + 5^2 \pi H(t) = 6^3 \pi.$$

又因 $\dfrac{r(t)}{6} = \dfrac{h(t)}{18}$，所以 $r(t) = \dfrac{1}{3} h(t)$，代入上式得

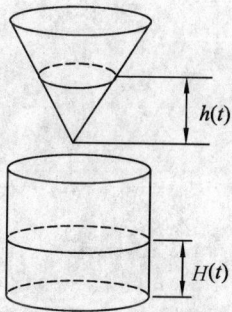

图 2-2

$$\left(\frac{\pi}{27}\right) h^3(t) + 25\pi H(t) = 6^3 \pi.$$

(2) $h'(t)$ 与 $H'(t)$ 之间的关系.

将上式两边对 t 求导得

$$\left(\frac{\pi}{9}\right) h^2(t) h'(t) + 25\pi H'(t) = 0,$$

所以 $H'(t)=-\dfrac{h^2(t)}{9\times25}h'(t).$

由已知,当 $h(t)=12$ cm 时, $h'(t)=-1$ cm/s,代入上式得

$$H'(t)=-\dfrac{12^2}{9\times25}\times(-1)=\dfrac{16}{25}\ \text{cm/s.}$$

因此,当漏斗中水深为 12 cm,水面下降速度为 1 cm/s 时,桶中水面上升速度为 $\dfrac{16}{25}$ cm/s.

练习 2 设 $f(x)=2x^3+3x-\ln 2$,求 $f'(x)$, $f'(2)$.
解

练习 3（制冷效果） 某电器厂在对冰箱制冷后断电测试其制冷效果, t h 后冰箱的温度为 $T=\dfrac{2t}{0.05t+1}-20$（单位:℃）.问冰箱温度 T 关于时间 t 的变化率是多少?
解

练习 4 有一圆锥形容器,高为 10 cm,底面半径为 4 cm,现以 5 cm³/s 的速度把水注入该容器,求在下列两种容器中当水深 5 cm 时水面上升的速度：① 圆锥顶点在上；② 圆锥顶点在下.
解

日期：_____   教师：_____

2.2 求导法则

> **学习内容**：求导法则.
> **目的要求**：掌握复合函数、隐函数、参数方程的求导法则，理解并掌握对数求导法及高阶导数的概念.
> **重点难点**：复合函数的求导法则.

课前探讨

1. 阐述复合函数及其复合过程，并举例（至少 2 个）.
2. 阐述复合函数求导法则.
3. 阐述隐函数求导法则.
4. 阐述参数方程求导法则.
5. 阐述对数求导法则.
6. 阐述高阶导数的概念.

课堂讲习

> **案例（放射物的衰减）** 放射性元素碳-14 的衰减由下式给出：$Q = \mathrm{e}^{-0.000\,12t}$，其中 Q 是 t 年后碳-14 存余的数量（单位：g）. 问碳-14 的衰减速度（单位：g/a）是多少？

2.2.1 复合函数求导法则

定理 1 设函数 $u = \varphi(x)$，$y = f(u)$ 都可导，则复合函数 $y = f[\varphi(x)]$ 可导，且

$$\frac{\mathrm{d}y}{\mathrm{d}x} = \frac{\mathrm{d}y}{\mathrm{d}u} \cdot \frac{\mathrm{d}u}{\mathrm{d}x},$$

或记作 $\{f[\varphi(x)]\}' = f'(u)\varphi'(x) = f'[\varphi(x)]\varphi'(x).$

证 设变量 x 有改变量 Δx，相应地，变量 u 有改变量 Δu，从而变量 y 有改变量 Δy. 由于函数 $u = \varphi(x)$ 可导，故必连续，即有 $\lim\limits_{\Delta x \to 0} \Delta u = 0.$

因 $\dfrac{\Delta y}{\Delta x} = \dfrac{\Delta y}{\Delta u} \cdot \dfrac{\Delta u}{\Delta x} \quad (\Delta u \neq 0),$

所以 $\lim\limits_{\Delta x \to 0} \dfrac{\Delta y}{\Delta x} = \lim\limits_{\Delta x \to 0}\left(\dfrac{\Delta y}{\Delta u} \cdot \dfrac{\Delta u}{\Delta x}\right) = \lim\limits_{\Delta x \to 0}\dfrac{\Delta y}{\Delta u} \cdot \lim\limits_{\Delta x \to 0}\dfrac{\Delta u}{\Delta x} = \lim\limits_{\Delta u \to 0}\dfrac{\Delta y}{\Delta u} \cdot \lim\limits_{\Delta x \to 0}\dfrac{\Delta u}{\Delta x},$

即 $$\dfrac{\mathrm{d}y}{\mathrm{d}x} = \dfrac{\mathrm{d}y}{\mathrm{d}u} \cdot \dfrac{\mathrm{d}u}{\mathrm{d}x}.$$

以上是在 $\Delta u \neq 0$ 时证明的. 当 $\Delta u = 0$ 时,可以证明上式仍然成立.

例题 1 设 $y = \mathrm{e}^{\sin x}$,求 y'.

解 设 $y = f(u) = \mathrm{e}^u$,$u = \varphi(x) = \sin x$,于是
$$y' = f'(u)\varphi'(x) = (\mathrm{e}^u)'(\sin x)' = \mathrm{e}^{\sin x} \cdot \cos x.$$

练习 1 $y = (3x^2 + 2x + 1)^4$,求 y'.

解

2.2.2 隐函数的导数

显函数 形如 $y = f(x)$ 的函数称为显函数. 例如 $y = \sin x$,$y = \ln x + \mathrm{e}^x$.

隐函数 由方程 $F(x, y) = 0$ 所确定的函数 $y(x)$ 称为隐函数. 例如,方程 $x + y^3 - 1 = 0$ 表示的函数为隐函数.

如果在方程 $F(x, y) = 0$ 中,当 x 取某区间内的任一值时,相应地,总有满足这方程的唯一的 y 值存在,那么就说方程 $F(x, y) = 0$ 在该区间内确定了一个隐函数 $y = y(x)$.

把一个隐函数化成显函数,叫做隐函数的**显化**. 隐函数的显化有时是有困难的,甚至是不可能的. 但在实际问题中,有时需要计算隐函数的导数. 因此,我们希望有一种方法,不管隐函数能否显化,都能直接由方程计算它所确定的隐函数的导数.

例题 2 求由方程 $\mathrm{e}^y + xy - \mathrm{e} = 0$ 所确定的隐函数 y 的导数.

解 把方程两边的每一项对 x 求导数得
$$(\mathrm{e}^y)' + (xy)' - (\mathrm{e})' = (0)',$$

即 $$\mathrm{e}^y y' + y + xy' = 0,$$

从而 $$y' = -\dfrac{y}{x + \mathrm{e}^y} \quad (x + \mathrm{e}^y \neq 0).$$

隐函数求导过程如下:

(1) 方程 $F(x, y) = 0$ 两边同时对 x 求导,把 $F(x, y)$ 中的 y 看成是 x 的函数,利用复合函数的求导法则计算;

(2) 解出 y'.

练习 2 求由方程 $y^5 + 2y - x - 3x^7 = 0$ 所确定的隐函数 $y = f(x)$ 在 $x = 0$ 处的导数 $y'\big|_{x=0}$.

解

2.2.3　对数求导法

这种方法是先在 $y=f(x)$ 的两边取对数，然后再求出 y 的导数．

设 $y=f(x)$，两边取对数，得 $\ln y=\ln f(x)$，

两边对 x 求导，得 $\dfrac{1}{y}y'=[\ln f(x)]'$，即 $y'=f(x)[\ln f(x)]'$．

对数求导法适用于求幂指函数 $y=[u(x)]^{v(x)}$ 的导数及多因子之积和商的导数．

例题 3　求 $y=x^{\sin x}(x>0)$ 的导数．

解法 1　两边取对数，得

$$\ln y=\sin x\cdot\ln x,$$

上式两边对 x 求导，得

$$\frac{1}{y}y'=\cos x\cdot\ln x+\sin x\cdot\frac{1}{x},$$

于是　　　　$y'=y\left(\cos x\cdot\ln x+\sin x\cdot\dfrac{1}{x}\right)=x^{\sin x}\left(\cos x\cdot\ln x+\dfrac{\sin x}{x}\right).$

解法 2　这种幂指函数的导数也可按下面的方法求解．

因为　　　　$y=x^{\sin x}=\mathrm{e}^{\sin x\cdot\ln x},$

所以　　　　$y'=\mathrm{e}^{\sin x\cdot\ln x}(\sin x\cdot\ln x)'=x^{\sin x}\left(\cos x\cdot\ln x+\dfrac{\sin x}{x}\right).$

例题 4　求函数 $y=\sqrt{\dfrac{(x-1)(x-2)}{(x-3)(x-4)}}$ 的导数．

解　先在两边取对数（假定 $x>4$），得

$$\ln y=\frac{1}{2}\big[\ln(x-1)+\ln(x-2)-\ln(x-3)-\ln(x-4)\big].$$

上式两边对 x 求导，得

$$\frac{1}{y}y'=\frac{1}{2}\left(\frac{1}{x-1}+\frac{1}{x-2}-\frac{1}{x-3}-\frac{1}{x-4}\right),$$

于是　　　　$y'=\dfrac{y}{2}\left(\dfrac{1}{x-1}+\dfrac{1}{x-2}-\dfrac{1}{x-3}-\dfrac{1}{x-4}\right).$

当 $x<1$ 时，$y=\sqrt{\dfrac{(1-x)(2-x)}{(3-x)(4-x)}}$；当 $2<x<3$ 时，$y=\sqrt{\dfrac{(x-1)(x-2)}{(3-x)(4-x)}}$．用同样方法可得与上面相同的结果．

注意　严格来说，本题应分 $x>4,x<1,2<x<3$ 三种情况讨论，但结果都是一样的．

2.2.4　参数方程的求导法则

定理 2　若函数 $y=f(x)$ 由参数方程 $\begin{cases}x=\varphi(t),\\y=\psi(t)\end{cases}$ 确定，其中 $\varphi(t)$ 与 $\psi(t)$ 可导且 $\psi'(t)\neq$

0，则函数 $y=f(x)$ 可导且 $\dfrac{\mathrm{d}y}{\mathrm{d}x}=\dfrac{\dfrac{\mathrm{d}y}{\mathrm{d}t}}{\dfrac{\mathrm{d}x}{\mathrm{d}t}}=\dfrac{\psi'(t)}{\varphi'(t)}.$

例题 5　求摆线 $\begin{cases} x=2(t-\sin t), \\ y=2(1-\cos t) \end{cases}$ 在 $t=\dfrac{\pi}{2}$ 处的切线方程.

解　摆线上 $t=\dfrac{\pi}{2}$ 的对应点是 $(\pi-2,2)$，又因为

$$\frac{\mathrm{d}y}{\mathrm{d}x}=\frac{2\sin t}{2(1-\cos t)}=\frac{\sin t}{1-\cos t},$$

所以
$$\frac{\mathrm{d}y}{\mathrm{d}x}\Big|_{t=\frac{\pi}{2}}=1,$$

从而所求切线方程为 $y-2=x-(\pi-2)$，即 $x-y-\pi+4=0$.

2.2.5　高阶导数

一般来说，函数 $y=f(x)$ 的导数 $y'=f'(x)$ 仍是 x 的函数，若导函数 $f'(x)$ 还可以对 x 求导数，则称 $f'(x)$ 的导数为函数 $y=f(x)$ 的**二阶导数**，记作

$$y'',\ f''(x),\ \frac{\mathrm{d}^2 y}{\mathrm{d}x^2}\ \text{或}\ \frac{\mathrm{d}^2 f}{\mathrm{d}x^2}.$$

这时也称函数 $y=f(x)$ 二阶可导. 按照导数的定义，函数 $f(x)$ 的二阶导数应表示为

$$f''(x)=\lim_{\Delta x\to 0}\frac{f'(x+\Delta x)-f'(x)}{\Delta x}.$$

函数 $y=f(x)$ 在某点 x_0 的二阶导数，记作

$$y''\Big|_{x=x_0},\ f''(x_0),\ \frac{\mathrm{d}^2 y}{\mathrm{d}x^2}\Big|_{x=x_0}\ \text{或}\ \frac{\mathrm{d}^2 f}{\mathrm{d}x^2}\Big|_{x=x_0}.$$

同样，函数 $y=f(x)$ 的二阶导数 $f''(x)$ 的导数称为函数 $f(x)$ 的**三阶导数**，记作

$$y''',\ f'''(x),\ \frac{\mathrm{d}^3 y}{\mathrm{d}x^3}\ \text{或}\ \frac{\mathrm{d}^3 f}{\mathrm{d}x^3}.$$

一般地，导数 $f^{(n-1)}(x)$ 的导数称为函数 $y=f(x)$ 的 n **阶导数**，记作

$$y^{(n)},\ f^{(n)}(x),\ \frac{\mathrm{d}^n y}{\mathrm{d}x^n}\ \text{或}\ \frac{\mathrm{d}^n f}{\mathrm{d}x^n}.$$

二阶及二阶以上的导数统称为高阶导数，函数 $f(x)$ 的导数 $f'(x)$ 则称为一阶导数. 根据高阶导数的定义可知，求函数的高阶导数只需对函数逐次地求导即可.

练习 3　设 $y=\mathrm{e}^{-x^2}$，求 y''，$y''\Big|_{x=0}$.

解

日期：_____   教师：_____

2.3   函数的微分

学习内容：函数的微分.

目的要求：熟练掌握微分的概念、微分的基本公式和运算法则，会求各类函数的微分，
会求由参数方程确定的函数的导数.

重点难点：微分的概念及运算.

课前探讨

1. 复习巩固基本初等函数的导数公式和运算法则.
2. 阐述具有极限的函数与无穷小的关系定理.
3. 阐述高阶无穷小的定义.
4. 阐述曲线上某一点处的切线方程的求法.
5. 阐述函数的微分与函数的改变量的区别.
6. 阐述导数与微分概念.
7. 为什么说一元函数可导是可微的充要条件？
8. 阐述微分的定义.
9. 阐述微分的基本公式与运算法则.
10. 阐述由参数方程确定的函数的求导法则.

课堂讲习

案例   如右图所示，一块正方形金属薄片受温度变化影响时，其边长由 x_0 增到 $x_0+\Delta x$，问此薄片的面积改变了多少？

解   设边长为 x，面积为 A，则 A 是 x 的函数：$A=x^2$. 薄片受温度变化影响时，面积改变量可以看成是当自变量 x 自 x_0 取得增量 Δx 时，函数 A 相应的增量 ΔA，即

$$\Delta A=(x_0+\Delta x)^2-x_0^2=2x_0\Delta x+(\Delta x)^2.$$

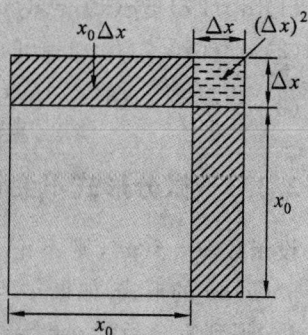

47

一般说来,计算函数 $y=f(x)$ 的改变量 Δy 的精确值较繁琐,所以往往需要计算它的近似值,找出简便的计算方法.

2.3.1 微分的概念

定义 1 设函数 $y=f(x)$ 在 x 处可导,称 $f'(x)\Delta x$ 为函数 $y=f(x)$ 在 x 处的**微分**,记作 $\mathrm{d}y$ 或 $\mathrm{d}f(x)$,即 $\mathrm{d}y=f'(x)\Delta x$ 或 $\mathrm{d}f(x)=f'(x)\Delta x$.

例题 1 求 $y=x$ 的微分.

解 $\mathrm{d}y=\mathrm{d}x=x'\cdot\Delta x=\Delta x.$

自变量 x 的微分 $\mathrm{d}x$ 就是自变量 x 的改变量 Δx,因此,函数的微分记作 $\mathrm{d}y=f'(x)\mathrm{d}x$,则有 $\dfrac{\mathrm{d}y}{\mathrm{d}x}=f'(x)$.

例题 2 求 $y=x^2$ 在 $x=1,\Delta x=0.1$ 时的改变量及微分.

解 $$\Delta y=(x+\Delta x)^2-x^2=1.1^2-1^2=0.21.$$
在点 $x=1$ 处, $$y'|_{x=1}=2x|_{x=1}=2,$$
所以 $$\mathrm{d}y=y'\Delta x=2\times0.1=0.2.$$

2.3.2 微分基本公式与运算法则

微分基本公式有(公式中要求 $a>0,a\neq1$):

(1) $\mathrm{d}C=0$(C 为常数);

(2) $\mathrm{d}(x^\alpha)=\alpha x^{\alpha-1}\mathrm{d}x$;

(3) $\mathrm{d}(a^x)=a^x\ln a\mathrm{d}x$;

(4) $\mathrm{d}(\mathrm{e}^x)=\mathrm{e}^x\mathrm{d}x$;

(5) $\mathrm{d}(\log_a x)=\dfrac{1}{x\ln a}\mathrm{d}x$;

(6) $\mathrm{d}(\ln x)=\dfrac{1}{x}\mathrm{d}x$;

(7) $\mathrm{d}(\sin x)=\cos x\mathrm{d}x$;

(8) $\mathrm{d}(\cos x)=-\sin x\mathrm{d}x$;

(9) $\mathrm{d}(\tan x)=\sec^2 x\mathrm{d}x$;

(10) $\mathrm{d}(\cot x)=-\csc^2 x\mathrm{d}x$;

(11) $\mathrm{d}(\sec x)=\sec x\cdot\tan x\mathrm{d}x$;

(12) $\mathrm{d}(\csc x)=-\csc x\cdot\cot x\mathrm{d}x$;

(13) $\mathrm{d}(\arcsin x)=\dfrac{1}{\sqrt{1-x^2}}\mathrm{d}x$;

(14) $\mathrm{d}(\arccos x)=-\dfrac{1}{\sqrt{1-x^2}}\mathrm{d}x$;

(15) $\mathrm{d}(\arctan x)=\dfrac{1}{1+x^2}\mathrm{d}x$;

(16) $\mathrm{d}(\operatorname{arccot} x)=-\dfrac{1}{1+x^2}\mathrm{d}x$.

运算法则有:

(1) $\mathrm{d}[f(x)\pm g(x)]=\mathrm{d}f(x)\pm\mathrm{d}g(x)$;

(2) $\mathrm{d}[f(x)\cdot g(x)]=g(x)\mathrm{d}f(x)+f(x)\mathrm{d}g(x)$;

(3) $\mathrm{d}\left[\dfrac{f(x)}{g(x)}\right]=\dfrac{g(x)\mathrm{d}f(x)-f(x)\mathrm{d}g(x)}{[g(x)]^2}$ ($g(x)\neq0$).

2.3.3 微分形式不变性

设函数 $y=f(u)$,则不论 u 是自变量还是中间变量,函数的微分 $\mathrm{d}y$ 总是可以写成 $\mathrm{d}y=f'(u)\mathrm{d}u$ 的形式.如果 u 是中间变量且 $u=\varphi(x)$ 可导,则有 $\mathrm{d}u=\varphi'(x)\mathrm{d}x$.由 $y=f(u)$ 与 $u=\varphi(x)$ 得到复合函数 $y=f[\varphi(x)]$ 的微分为 $\mathrm{d}y=f'[\varphi(x)]\varphi'(x)\mathrm{d}x=f'(u)\mathrm{d}u$.

例题 3 求下列函数的微分：

(1) $y = e^x \sin x$;　　　　　　(2) $y = \arctan x^2$.

解 (1) $dy = (e^x \sin x)' dx = (e^x \sin x + e^x \cos x) dx$.

(2) $dy = \dfrac{1}{1+(x^2)^2} dx^2 = \dfrac{2x}{1+x^4} dx$.

练习 1 求下列函数的微分：

(1) $y = \ln(1+e^x)$;　　　　　　(2) $y = f(\sin x)$.

解

2.3.4　微分用于近似计算

由微分的定义可知，当函数 $y = f(x)$ 在 x_0 点处可导，且 $|\Delta x|$ 很小时，有

$$\Delta y = f(x_0 + \Delta x) - f(x_0) \approx f'(x_0) \Delta x = dy \tag{1}$$

进而得
$$f(x_0 + \Delta x) \approx f(x_0) + f'(x_0) \Delta x. \tag{2}$$

记 $x = x_0 + \Delta x$，则

$$f(x) \approx f(x_0) + f'(x_0)(x - x_0). \tag{3}$$

在上述近似公式中，(1)式可以近似计算函数改变量，利用在点 x_0 的微分 $f'(x_0) \Delta x$ 近似计算函数在点 x_0 的改变量 Δy；(2)式是近似计算函数值，利用在点 x_0 的函数值 $f(x_0)$ 与其微分之和来近似计算函数在点 $x_0 + \Delta x$ 的函数值 $f(x_0 + \Delta x)$；(3)式是近似计算在点 x 的函数值 $f(x)$，这正是用 x 的线性函数 $f(x_0) + f'(x_0)(x - x_0)$ 来近似表示函数 $f(x)$.

例题 4 半径为 20 cm 的钢球加热后，半径增加了 0.05 cm，问此时体积大约增加了多少？

解 用 V, r 分别表示钢球的体积和半径，则 $V = \dfrac{4}{3} \pi r^3$. 因为增大的体积等于两个体积之差，所以问题就是求函数 $V = \dfrac{4}{3} \pi r^3$ 当 r 自 $r_0 = 20$ cm 取得 $\Delta r = 0.05$ cm 时的近似值.

由(1)式得
$$\Delta V \approx dV = 4 \pi r_0^2 \Delta r,$$
代入数值计算得

$$\Delta V \approx 4 \pi \times 20^2 \times 0.05 = 80 \pi \ (\text{cm}^3),$$

即该钢球体积大约增加了 80π cm^3.

例题 5 计算 $\sqrt{2}$ 的近似值.

解 $\sqrt{1.96} = 1.4$，令 $f(x) = \sqrt{x}$，$f'(x) = \dfrac{1}{2\sqrt{x}}$，取 $x_0 = 1.96$，则由(3)式得

$$\sqrt{2} = f(2) \approx f(1.96) + f'(1.96) \times (2 - 1.96) = 1.4 + \dfrac{1}{2 \times 1.4} \times 0.04 \approx 1.414.$$

练习 2 计算 $\sqrt[5]{1.02}$ 的近似值.

解

日期：_____ 　　教师：_____

2.4　微分中值定理

课前探讨

1. 阐述罗尔定理及其几何意义.

2. 阐述拉格朗日中值定理及其几何意义.

3. 阐述罗尔定理、拉格朗日中值定理的应用.

课堂讲习

导数是刻画函数在某一点处变化率的数学模型,它反映了函数在这一点处的局部变化性态,而函数的变化趋势以及图像特征是函数在某区间上的整体变化性态. 微分中值定理是在理论上给出函数在某区间的整体性质与该区间内部一点的导数之间的关系. 由于这些性质都与区间内部的某个中间值有关,因此被统称为中值定理.

1. 罗尔(Rolle)定理

定理 1(罗尔定理) 　若函数 $f(x)$ 满足条件:

(1) 在闭区间 $[a,b]$ 上连续;

(2) 在开区间 (a,b) 内可导;

(3) $f(a)=f(b)$,

则在 (a,b) 内至少存在一点 $\xi(a<\xi<b)$,使得 $f'(\xi)=0$.

罗尔定理的几何意义是:如果连续曲线除端点外处处都有不垂直于 x 轴的切线,且两端点处的纵坐标相等,那么其上至少有一条平行于 x 轴的水平切线(如图 2-3 所示).

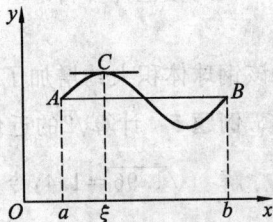

图 2-3

　例题 1　验证函数 $f(x)=x^2-3x-4$ 在区间 $[-1,4]$ 上是否满足罗尔定理的条件. 若满足,试求罗尔定理中 ξ 的值.

　解　因为 $f(x)=x^2-3x-4$ 在 $[-1,4]$ 上连续,且在 $(-1,4)$ 可导,又 $f(-1)=f(4)=0$,所以 $f(x)$ 在 $[-1,4]$ 上满足罗尔定理条件.

由于 $f'(x)=2x-3$，令 $f'(x)=2x-3=0$，解得 $x=\dfrac{3}{2}\in(-1,4)$，即 $\xi=\dfrac{3}{2}$.

练习 设 $f(x)=(x-1)(x-2)(x-3)(x-4)$，试论述方程 $f'(x)=0$ 根的个数，并求根所在的范围.

解

注意 罗尔定理的 3 个条件只是充分条件，不是必要条件. 也就是说，若满足定理中 3 个条件，结论一定是成立的；反之，若不满足定理的条件，结论仍然有可能成立.

例如 $y=f(x)=x^2-2x+2=(x-1)^2+1$ 在 $[0,3]$ 上连续，在 $(0,3)$ 可导，$f(0)=2\neq f(3)=5$，而 $f'(1)=0$.

在罗尔定理中，条件 $f(a)=f(b)$ 比较特殊，若把这个条件去掉并相应地改变结论，就得到了微分学中十分重要的拉格朗日中值定理.

2. 拉格朗日（Lagrange）中值定理

定理 2（拉格朗日中值定理） 若函数 $f(x)$ 满足条件：

(1) 在闭区间 $[a,b]$ 上连续；

(2) 在开区间 (a,b) 内可导，

则在 (a,b) 内至少存在一点 $\xi(a<\xi<b)$，使得

$$f'(\xi)=\frac{f(b)-f(a)}{b-a}.$$

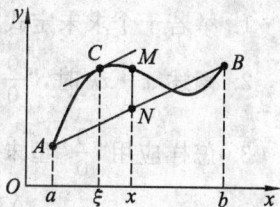

图 2-4

拉格朗日中值定理的几何意义：如果连续曲线除端点外处处都有不垂直于 x 轴的切线，那么其上至少有一条平行于连接两端点的直线的切线（如图 2-4 所示）.

推论 1 若函数 $f(x)$ 在区间 (a,b) 内可导，且 $f'(x)\equiv0$，则在 (a,b) 内，$f(x)$ 是一个常数.

证 在区间 (a,b) 内任取两点 $x_1,x_2(x_1<x_2)$，则 $f(x)$ 在 $[x_1,x_2]$ 上满足拉格朗日中值定理条件，所以有 $f(x_2)-f(x_1)=f'(\xi)(x_2-x_1)$ $(x_1<\xi<x_2)$.

又因 $f'(\xi)=0$，所以 $f(x_2)-f(x_1)=0$，即 $f(x_2)=f(x_1)$.

由 x_1,x_2 的任意性可知，函数 $f(x)$ 在区间 (a,b) 内是一个常数.

推论 2 若函数 $f(x),g(x)$ 在区间 (a,b) 可导，且对任意的 $x\in(a,b)$，有 $f'(x)\equiv g'(x)$，则在 (a,b) 内，$f(x)=g(x)+C$，其中 C 为常数.

证 由假设条件知，对任意的 $x\in(a,b)$，有 $[f(x)-g(x)]'=0$.

由推论 1，有 $f(x)-g(x)=C(C$ 为常数$)$，即 $f(x)=g(x)+C$.

例题 2 证明 $\arcsin x+\arccos x=\dfrac{\pi}{2},x\in(-1,1)$.

证 设函数 $f(x)=\arcsin x+\arccos x$. 则 $f(x)$ 在 $(-1,1)$ 内可导，且 $f'(x)=\dfrac{1}{\sqrt{1-x^2}}-\dfrac{1}{\sqrt{1-x^2}}=0$，由推论 1 知，$f(x)$ 在 $(-1,1)$ 内恒等于一个常数 C. 又 $x=0$ 时，$f(0)=\dfrac{\pi}{2}$，所以

$\arcsin x+\arccos x=\dfrac{\pi}{2}$.

日期：_____　　　　教师：_____

2.5　洛必达法则

学习内容：洛必达法则.
目的要求：理解洛必达法则的含义,能熟练应用洛必达法则求各种类型的未定式的极限.
重点难点：利用洛必达法则求未定式的极限.

课前探讨

1. 举若干个求未定式极限的例子.

2. 阐述 $x \to x_0$ 时,"$\dfrac{0}{0}$"型未定式的洛必达法则.

3. 怎样应用"$\dfrac{0}{0}$"型未定式的洛必达法则求极限?

4. 阐述 $x \to \infty$ 时,"$\dfrac{0}{0}$"型未定式的洛必达法则.

5. 阐述"$\dfrac{\infty}{\infty}$"型未定式的洛必达法则.

6. 阐述其他类型未定式都有哪些? 怎样求其极限?

课堂讲习

案例　求 $\lim\limits_{x \to 0} \dfrac{x - \sin x}{x^2}$.

在某一变化过程中,两个无穷小之比或两个无穷大之比的极限可能存在,也可能不存在,我们称这类极限为未定式,记为 $\dfrac{0}{0}$ 或 $\dfrac{\infty}{\infty}$.应用初等方法求这类极限常常比较困难,本节利用中值定理推出一种有效的求未定式极限的方法,即洛必达法则.

2.5.1　"$\dfrac{0}{0}$"型未定式的洛必达法则

定理 1　如果函数 $f(x)$ 及 $g(x)$ 满足:
(1) $\lim\limits_{x \to a} f(x) = \lim\limits_{x \to a} g(x) = 0$;
(2) 在点 a 的某去心邻域内可导,且 $g'(x) \neq 0$;

(3) $\lim\limits_{x\to a}\dfrac{f'(x)}{g'(x)}=A$（或$\infty$），

则必有
$$\lim\limits_{x\to a}\dfrac{f(x)}{g(x)}=\lim\limits_{x\to a}\dfrac{f'(x)}{g'(x)}=A（或\infty）.$$

这种在一定条件下通过分子、分母分别求导数再求极限来确定未定式极限值的方法，称为洛必达法则.

例题 1　求 $\lim\limits_{x\to 0}\dfrac{x-\sin x}{x^2}$.

解　$\lim\limits_{x\to 0}\dfrac{x-\sin x}{x^2}\stackrel{(\frac{0}{0})}{=}\lim\limits_{x\to 0}\dfrac{(x-\sin x)'}{(x^2)'}=\lim\limits_{x\to 0}\dfrac{1-\cos x}{2x}=\lim\limits_{x\to 0}\dfrac{(1-\cos x)'}{(2x)'}=\lim\limits_{x\to 0}\dfrac{\sin x}{2}=0.$

说明　使用一次洛必达法则后，如果 $\dfrac{f'(x)}{g'(x)}$ 仍是满足定理条件的未定式，则可继续使用洛必达法则.

练习 1　求 $\lim\limits_{x\to 2}\dfrac{x^2-16}{x-2}$.

解

可以证明，对于 $x\to\infty$ 时的未定式 $\dfrac{0}{0}$，也有相应的洛必达法则.

推论　如果函数 $f(x)$ 及 $g(x)$ 满足：

(1) $\lim\limits_{x\to\infty}f(x)=\lim\limits_{x\to\infty}g(x)=0$；

(2) 当 $|x|>N$ 时 $f'(x)$ 及 $g'(x)$ 都存在，且 $g'(x)\neq 0$；

(3) $\lim\limits_{x\to\infty}\dfrac{f'(x)}{g'(x)}=A$（或$\infty$），

那么
$$\lim\limits_{x\to\infty}\dfrac{f(x)}{g(x)}=\lim\limits_{x\to\infty}\dfrac{f'(x)}{g'(x)}=A（或\infty）.$$

例题 2　求 $\lim\limits_{x\to+\infty}\dfrac{\frac{\pi}{2}-\arctan x}{\frac{1}{x}}$.

解　$\lim\limits_{x\to+\infty}\dfrac{\frac{\pi}{2}-\arctan x}{\frac{1}{x}}=\lim\limits_{x\to+\infty}\dfrac{-\frac{1}{1+x^2}}{-\frac{1}{x^2}}=\lim\limits_{x\to+\infty}\dfrac{x^2}{1+x^2}=1.$

2.5.2 "$\dfrac{\infty}{\infty}$" 型未定式的洛必达法则

定理 2　如果函数 $f(x)$ 及 $g(x)$ 满足：

(1) $\lim\limits_{x\to a}f(x)=\lim\limits_{x\to a}g(x)=\infty$；

(2) 在点 a 的某去心邻域内可导，且 $g'(x)\neq 0$；

(3) $\lim\limits_{x\to a}\dfrac{f'(x)}{g'(x)}=A$（或$\infty$），

则必有
$$\lim_{x \to a} \frac{f(x)}{g(x)} = \lim_{x \to a} \frac{f'(x)}{g'(x)} = A(或\infty).$$

例题 3 求 $\lim\limits_{x \to +\infty} \dfrac{\ln(x+1)}{x^2}$.

解 $\lim\limits_{x \to +\infty} \dfrac{\ln(x+1)}{x^2} \stackrel{\left(\frac{\infty}{\infty}\right)}{=\!=\!=} \lim\limits_{x \to +\infty} \dfrac{\frac{1}{x+1}}{2x} = \lim\limits_{x \to +\infty} \dfrac{1}{2x(x+1)} = 0.$

练习 2 $\lim\limits_{x \to +\infty} \dfrac{x^2+1}{\mathrm{e}^x}$.

解

综上所述,利用洛必达法则求极限时应注意以下几点:

(1) 洛必达法则只适用于 $\dfrac{0}{0}$ 或 $\dfrac{\infty}{\infty}$ 型;

(2) 如果 $\dfrac{f'(x)}{g'(x)}$ 仍是满足定理条件的未定式,则可继续使用洛必达法则.

2.5.3 其他类型未定式($0 \cdot \infty, \infty - \infty, 0^0, 1^\infty, \infty^0$)的洛必达法则

例如,$\lim\limits_{x \to 0} \dfrac{\sin x}{x}\left(\dfrac{0}{0}型\right)$,$\lim\limits_{x \to +\infty} \dfrac{\ln x}{x^n}(n>0)\ \left(\dfrac{\infty}{\infty}型\right)$,$\lim\limits_{x \to 0^+} x^n \ln x(n>0)\ (0 \cdot \infty型)$,

$\lim\limits_{x \to \frac{\pi}{2}}(\sec x - \tan x)(\infty - \infty型)$,$\lim\limits_{x \to 0^+} x^x(0^0\ 型)$,$\lim\limits_{x \to \infty}\left(1 + \dfrac{1}{x}\right)^x(1^\infty\ 型)$,$\lim\limits_{x \to \infty}(x^2 + a^2)^{\frac{1}{x}}(\infty^0\ 型)$.

对于 $0 \cdot \infty, \infty - \infty$ 型未定式的求极限问题,可以经过适当的初等变换将它们转化为 $\dfrac{0}{0}$

或 $\dfrac{\infty}{\infty}$ 型未定式来计算.一般方法是:(1) $0 \cdot \infty$ 转化为 $\dfrac{0}{0}$ 或 $\dfrac{\infty}{\infty}$ 型;(2) $\infty - \infty$ 型用通分法.

例题 4 求 $\lim\limits_{x \to \infty} x(\mathrm{e}^{\frac{1}{x}} - 1)(x > 0)$.

解 $\lim\limits_{x \to \infty} x(\mathrm{e}^{\frac{1}{x}} - 1) \stackrel{(0 \cdot \infty)}{=\!=\!=} \lim\limits_{x \to \infty} \dfrac{\mathrm{e}^{\frac{1}{x}} - 1}{\frac{1}{x}} = \lim\limits_{x \to \infty} \dfrac{\mathrm{e}^{\frac{1}{x}}\left(\frac{1}{x}\right)'}{\left(\frac{1}{x}\right)'} = \mathrm{e}^0 = 1.$

练习 3 求 $\lim\limits_{x \to \frac{\pi}{2}}(\sec x - \tan x)$.

解

日期：_____   教师：_____

2.6 函数的单调性与极值

学习内容：函数的单调性与极值.

目的要求：熟练掌握函数单调性的判定定理,熟练判断各种函数的单调性,熟练掌握函数的极值概念,会利用极值的两个判定定理来求各种函数的极值.

重点难点：函数单调性的判断,求函数极值.

课前探讨

1. 回顾函数的单调性的定义.
2. 阐述函数单调性的判断方法.
3. 举例判断函数的单调性(至少 3 个).
4. 阐述函数极值的概念.
5. 阐述极大值与极小值、极值点、驻点的概念.
6. 阐述极值判定的必要条件.
7. 阐述极值判定的第一充分条件.
8. 阐述极值判定的第二充分条件.

课堂讲习

案例1(微波炉中食品的温度) 将一碗冷饭放进微波炉中,其温度 T 随着时间 t 的增加而升高.我们称函数 $T = f(t)(t \geqslant 0)$ 是单调增加的.

案例2(路程与速度的关系) 若做直线运动的物体的速度 $v(t) = \dfrac{\mathrm{d}s}{\mathrm{d}t} > 0$,则物体的运动时间越长,路程 $s(t)$ 越大,即 $s(t)$ 是单调增加的.由此可见,函数 $f(x)$ 的单调性与其导数 $f'(x)$ 的正负符号之间存在着必然的联系.

2.6.1 函数单调性的判断

从几何上可以看出,曲线的单调性与其上各点切线的斜率密切相关,如果 $y = f(x)$ 在 $[a,b]$ 上单调增加(单调减少),则其图形沿 x 轴正向上升(下降),这时,图 2-5(图 2-6)曲线上各点处的切线斜率是非负的(非正的),即 $y' = f'(x) \geqslant 0 (y' = f'(x) \leqslant 0)$.

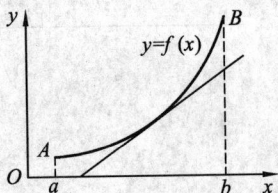

图 2-5

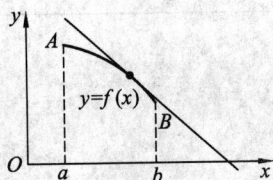

图 2-6

那么,能否用导数的符号来判定函数的单调性呢?

定理1(函数单调性的判定) 设函数 $y=f(x)$ 在 $[a,b]$ 上连续,在 (a,b) 内可导,

(1) 如果在 (a,b) 内 $f'(x)>0$,那么函数 $y=f(x)$ 在 $[a,b]$ 上单调增加;

(2) 如果在 (a,b) 内 $f'(x)<0$,那么函数 $y=f(x)$ 在 $[a,b]$ 上单调减少.

例题1 讨论函数 $f(x)=1-(x-2)^{\frac{2}{3}}$ 的单调性.

解 函数的定义域为 $(-\infty,+\infty)$. 当 $x\neq 2$ 时,$f'(x)=-\dfrac{2}{3}(x-2)^{-\frac{1}{3}}$;当 $x=2$ 时,$f'(x)$ 不存在.

以 2 为分点,将定义域 $(-\infty,+\infty)$ 分成两部分:$(-\infty,2)$,$(2,+\infty)$.

因为 $x<2$ 时,$f'(x)>0$,所以函数在 $(-\infty,2)$ 上单调增加;

因为 $x>2$ 时,$f'(x)<0$,所以函数在 $(2,+\infty)$ 上单调减少.

由该例可以看出,当函数 $y=f(x)$ 在 $[a,b]$ 内连续,在 (a,b) 内仅有个别点不可导时,这些点很有可能改变函数的单调性.

如果函数在定义区间上连续,除去有限个导数不存在的点外导数存在且连续,那么只要用方程 $f'(x)=0$ 的根及导数不存在的点来划分函数 $f(x)$ 的定义区间,就能保证 $f'(x)$ 在各个部分区间内保持固定的符号,因而函数 $f(x)$ 在每个部分区间上单调增加或减少.

由此我们可以总结出判别函数单调性的步骤:

(1) 确定函数的定义域;

(2) 求出使 $f'(x)=0$ 和 $f'(x)$ 不存在的点,并以这些点为分界点,将定义域分割成几个子区间.

(3) 确定 $f'(x)$ 在各个子区间内的符号,从而判定函数 $y=f(x)$ 的单调性.

一般地,如果 $f'(x)$ 在某区间内的有限个点处为零,在其余各点处均为正(或负)时,那么 $f(x)$ 在该区间上仍旧是单调增加(或单调减少)的.

例题2 证明:当 $x>1$ 时,$2\sqrt{x}>3-\dfrac{1}{x}$.

证 令 $f(x)=2\sqrt{x}-\left(3-\dfrac{1}{x}\right)$,则 $f'(x)=\dfrac{1}{\sqrt{x}}-\dfrac{1}{x^2}=\dfrac{1}{x^2}(x\sqrt{x}-1)$.

因为当 $x>1$ 时,$f'(x)>0$,所以 $f(x)$ 在 $(1,+\infty)$ 上单调增加,从而当 $x>1$ 时,$f(x)>f(1)$.

由于 $f(1)=0$,故 $f(x)>f(1)=0$,即

$$2\sqrt{x}-\left(3-\dfrac{1}{x}\right)>0,$$

也就是

$$2\sqrt{x}>3-\frac{1}{x}\ (x>1).$$

上例说明,运用函数的单调性证明代数不等式的关键在于合理地构造相应的辅助函数,并研究其在相应区间的单调性及在相应区间端点处的值.

2.6.2 函数的极值及其求法

1. 极值的定义

设函数 $f(x)$ 在区间 (a,b) 内有定义,$x_0\in(a,b)$. 如果在 x_0 的某一去心邻域内恒有:

(1) $f(x)<f(x_0)$,则称 $f(x_0)$ 是函数 $f(x)$ 的一个**极大值**,x_0 称为 $f(x)$ 的**极大值点**;

(2) $f(x)>f(x_0)$,则称 $f(x_0)$ 是函数 $f(x)$ 的一个**极小值**,x_0 称为 $f(x)$ 的**极小值点**.

函数的极大值与极小值统称为函数的极值,极大值点、极小值点统称为函数的极值点.

说明 函数的极值仅仅是在某一点的近旁而言的,它是局部性概念.在一个区间上,函数可能有几个极大值与几个极小值,甚至有的极小值可能大于某个极大值.从图 2-7 可看出,极小值 $f(x_6)$ 就大于极大值 $f(x_2)$.

极值与水平切线的关系:在函数取得极值处(该点可导),曲线上的切线是水平的.但对于曲线上有水平线的地方,函数在此不一定取得极值.例如在图 2-7 中,$f(x)$ 在 $x=x_3$ 处取不到极值.

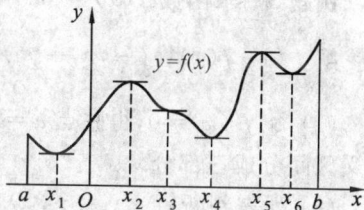

图 2-7

2. 极值的判别法

定理 2(必要条件) 设函数 $f(x)$ 在点 x_0 处可导,且在 x_0 处取得极值,那么函数在点 x_0 处的导数为零,即 $f'(x_0)=0$.

说明 (1) 定理 2 的几何解释是:可微函数的图形在极值点处有水平切线.

(2) 定理 2 的条件仅仅是取得极值的必要条件,但不是充分条件.

例如,$f(x)=x^3$ 在点 $x=0$ 处有 $f'(0)=0$,但 $x=0$ 并不是函数 $f(x)=x^3$ 的极值点.

使 $f'(x)$ 为零的点(即方程 $f'(x)=0$ 的实根)称为函数 $f(x)$ 的驻点.

由定理 2 可知:可导函数 $f(x)$ 的极值点必定是函数的驻点.但反过来,函数 $f(x)$ 的驻点却不一定是极值点.

定理 2 是对函数在点 x_0 处可导而言的,在导数不存在的点处,函数可能取得极值,也可能没有极值.例如,$y=x^{\frac{2}{3}}$ 有 $y'=\frac{2}{3}x^{-\frac{1}{3}}$,$y'\big|_{x=0}$ 不存在,但是在 $x=0$ 处函数却有极小值 $f(0)=0$,如图 2-8 所示.

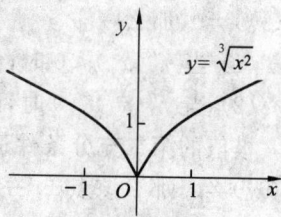

图 2-8

由此可知,函数的极值点必在函数的驻点或连续不可导的点中取得.但是,驻点或导数不存在的点不一定是函数的极值点.下面介绍函数取得极值的充分条件,给出函数求极值的具体方法.

定理 3(极值的第一充分条件) 设函数 $f(x)$ 在点 x_0 的某一邻域内可导,

(1) 当 $x<x_0$ 时,$f'(x)>0$,而当 $x>x_0$ 时,$f'(x)<0$,那么函数 $f(x)$ 在 x_0 处取得极大值;

(2) 当 $x<x_0$ 时,$f'(x)<0$,而当 $x>x_0$ 时,$f'(x)>0$,那么函数 $f(x)$ 在 x_0 处取得极小值;

(3) 当 x 渐增地经过 x_0 时,$f'(x)$ 不变号,那么函数 $f(x)$ 在 x_0 处没有极值.

证 (1) 因为当 $x<x_0$ 时,$f'(x)>0$,所以在 x_0 的左邻域内函数单调增加.当 $x>x_0$ 时,$f'(x)<0$,函数在 x_0 的右邻域内单调减少,因而在 x_0 的邻域内总有 $f(x)<f(x_0)$,故函数 $f(x)$ 在 x_0 处取得极大值.

(2) 同理可证(2).

(3) 因为函数 $f(x)$ 在 x_0 的邻域内 $f'(x)$ 不变号,因此函数在 x_0 的左、右邻域内都是单调增加或单调减少,故函数 $f(x)$ 在 x_0 处没有极值.

综上所述,应用定理 3 求函数 $f(x)$ 极值点和极值的步骤如下:

(1) 求出函数的定义域及导数 $f'(x)$;

(2) 令 $f'(x)=0$,求出 $f(x)$ 的全部驻点和导数不存在的点;

(3) 列表判断(用上述各点将定义域分成若干个子区间,判定各子区间内 $f'(x)$ 的正、负,以便确定该点是否是极值点);

(4) 求出各极值点处的函数值,确定函数的所有极值点和极值.

例题 3 求函数 $f(x)=(x-4)\sqrt[3]{(x+1)^2}$ 的极值.

解 (1) $f(x)$ 在 $(-\infty,+\infty)$ 内连续,$f'(x)=\dfrac{5(x-1)}{3\sqrt[3]{x+1}}$.

(2) 令 $f'(x)=0$,得驻点 $x=1$;而当 $x=-1$ 时,$f'(x)$ 不存在.这两个点将函数 $f(x)$ 的定义区间分成三部分.

(3) 列表判断:

x	$(-\infty,-1)$	-1	$(-1,1)$	1	$(1,+\infty)$
$f'(x)$	$+$	不存在	$-$	0	$+$
$y=f(x)$ 的图形	↗	0	↘	$-3\sqrt[3]{4}$	↗

(4) 极大值为 $f(-1)=0$,极小值为 $f(1)=-3\sqrt[3]{4}$.

定理 4(极值的第二充分条件) 设函数 $f(x)$ 在点 x_0 处具有二阶导数,且 $f'(x_0)=0$,$f''(x_0)\neq0$,那么

(1) 当 $f''(x_0)<0$ 时,函数 $f(x)$ 在 x_0 处取得极大值;

(2) 当 $f''(x_0)>0$ 时,函数 $f(x)$ 在 x_0 处取得极小值.

极值的第二充分条件适用范围较小.它表明如果函数 $f(x)$ 在驻点 x_0 处的二阶导数 $f''(x_0)\neq0$,那么该点 x_0 一定是极值点,并且可以按二阶导数 $f''(x_0)$ 的符号来判定 $f(x_0)$ 是极大值还是极小值.但如果 $f''(x_0)=0$,定理 4 就不再适用了.

例题 4 求函数 $f(x)=(x^2-1)^3+1$ 的极值.

解 (1) $f'(x)=6x(x^2-1)^2$.

(2) 令 $f'(x)=0$,求得驻点 $x_1=-1,x_2=0,x_3=1$.

(3) $f''(x)=6(x^2-1)(5x^2-1)$.

(4) 因 $f''(0)=6>0$,所以 $f(x)$ 在 $x=0$ 处取得极小值,极小值为 $f(0)=0$.

(5) 因 $f''(-1)=f''(1)=0$,用定理 4 无法判别.但由定理 3 知,在 $x=-1$ 的左右邻域内 $f'(x)<0$,所以 $f(x)$ 在 $x=-1$ 处没有极值;同理,$f(x)$ 在 $x=1$ 处也没有极值.

日期：_____   教师：_____

2.7　函数的最值，曲线的凹凸性与拐点

学习内容：函数的最值，曲线的凹凸性与拐点．

目的要求：理解函数的最值、曲线的凹凸性与拐点的定义，熟练掌握函数的最值、曲线的凹凸性与拐点的求法．

重点难点：函数的最值、曲线的凹凸性及拐点的求法．

课前探讨

1. 列举生活中有关"产品最多"、"用料最省"、"成本最低"、"效率最高"等方面的实例（至少 2 个）．

2. 阐述极值与最值的关系．

3. 阐述闭区间 $[a, b]$ 上最大值和最小值的求法和步骤，并举例（至少 2 个）．

4. 凹凸曲线举例（至少 2 个）．

5. 阐述曲线的凹凸性、拐点的定义．

6. 阐述曲线凹凸性的判别法．

7. 阐述确定曲线的凹凸区间和拐点的步骤，并举例（至少 2 个）．

课堂讲习

案例　工厂铁路线上 AB 段的距离为 100 km. 工厂 C 距 A 处为 20 km，AC 垂直于 AB（如右图所示）. 为了运输需要，要在 AB 线上选定一点 D 向工厂修筑一条公路. 已知铁路每公里货运的运费与公路上每公里货运的运费之比为 3∶5. 为了使货物从供应站 B 运到工厂 C 的运费最省，问 D 点应选在何处？

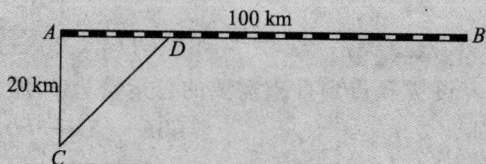

2.7.1　函数的最值

1. 极值与最值的关系

设函数 $f(x)$ 在闭区间 $[a, b]$ 上连续，则函数的最大值和最小值一定存在. 函数的最大值和最小值有可能在区间的端点取得，如果最大值不在区间的端点取得，则必在开区间 (a, b)

内取得.在这种情况下,最大值一定是函数的极大值.因此,函数在闭区间$[a,b]$上的最大值一定是函数的所有极大值和函数在区间端点的函数值中的最大者.同理,函数在闭区间$[a,b]$上的最小值一定是函数的所有极小值和函数在区间端点的函数值中的最小者.

2.闭区间$[a,b]$上函数$f(x)$最大值和最小值的求法和步骤

(1) 求出函数$f(x)$在(a,b)内的驻点和不可导点(它们可能是极值点)以及端点处的函数值;

(2) 比较这些函数值的大小,其中最大的和最小的就是函数$f(x)$的最大值和最小值.

例题 1 求函数$f(x)=2x^3+3x^2-12x+14$在$[-3,4]$上的最大值与最小值.

解 因为$f'(x)=6(x+2)(x-1)$,令$f'(x)=0$,解得$x_1=-2,x_2=1$.

又 $f(-3)=23,f(-2)=34,f(1)=7,f(4)=142$,

故函数的最大值和最小值分别为142和7.

注意 在解决实际问题时,以下结论会使所讨论的问题更方便.

(1) $f(x)$在$[a,b]$内单调增加(或减少),则$f(a)$(或$f(b)$)为最小值,$f(b)$(或$f(a)$)为最大值.

(2) 若函数在讨论的区间(有限或无限,开或闭)内仅有一个极值点,则当它是函数的极大值或极小值时,它就是该函数的最大值或最小值.

(3) 在实际问题中,由实际意义分析知确实存在最大值或最小值,且所讨论的问题在它所对应的区间内只有一个驻点x_0,那么不必讨论$f(x_0)$是否是极值,一般就可以断定$f(x_0)$是问题所需要的最大值或最小值.

例题 2 工厂铁路线上AB段的距离为100 km.工厂C距A处为20 km,AC垂直于AB(如图2-9所示).为了运输需要,要在AB线上选定一点D向工厂修筑一条公路.已知铁路每公里货运的运费与公路上每公里货运的运费之比为3:5.为了使货物从供应站B运到工厂C的运费最省,问D点应选在何处?

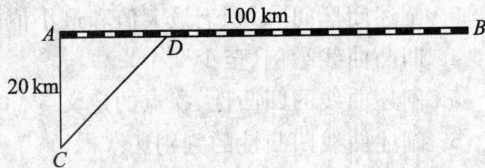

图 2-9

解 设$AD=x$ km,则

$$DB=100-x,$$

$$CD=\sqrt{20^2+x^2}=\sqrt{400+x^2}.$$

设从B点到C点需要的总运费为y,那么

$$y=5k \cdot CD+3k \cdot DB(k\text{ 是某个正数}),$$

即

$$y=5k\sqrt{400+x^2}+3k(100-x)(0\leqslant x\leqslant 100).$$

现在问题归结为:x在$[0,100]$内取何值时目标函数y的值最小.

先求y对x的导数:

$$y'=k\left(\frac{5x}{\sqrt{400+x^2}}-3\right).$$

解方程$y'=0$,得$x=15$ km.

由于$y\big|_{x=0}=400k,y\big|_{x=15}=380k,y\big|_{x=100}=500k\sqrt{1+\frac{1}{5^2}}$,其中以$y\big|_{x=15}=380k$为最

小,因此当 $AD=x=15$ km 时,总运费为最省.

2.7.2　曲线的凹凸性和拐点

在研究函数图形特性时,只知道它的上升和下降性质是不够的,还要研究曲线的弯曲方向问题.曲线的凹凸性就是讨论曲线的弯曲方向问题.例如,函数 $y=x^2$ 与 $y=\sqrt{x}$ 虽然它们在 $(0,+\infty)$ 内都是单调增加的,但图形却有显著的不同,$y=\sqrt{x}$ 是向下弯曲的(或凸的)的曲线,而 $y=x^2$ 是向上弯曲的(或凹的)的曲线.

定义 1　若曲线弧位于它每一点的切线的上方,则称此曲线弧是凹的;若曲线弧位于它每一点的切线的下方,则称此曲线弧是凸的.

设 $f(x)$ 在区间 I 上连续,如果对 I 上任意两点 x_1,x_2,恒有

$$f\left(\frac{x_1+x_2}{2}\right)<\frac{f(x_1)+f(x_2)}{2},$$

那么称 $f(x)$ 在 I 上的图形是凹的(或凹弧),如图 2-10a 所示;如果恒有

$$f\left(\frac{x_1+x_2}{2}\right)>\frac{f(x_1)+f(x_2)}{2},$$

那么称 $f(x)$ 在 I 上的图形是凸的(或凸弧),如图 2-10b 所示.

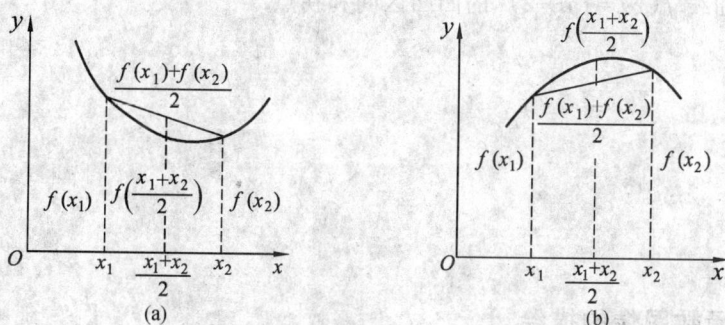

图 2-10

连续曲线 $y=f(x)$ 上凹弧与凸弧的分界点称为该曲线的拐点.

2.7.3　曲线凹凸的判定和拐点的求法

如何判别曲线在某一区间上的凹凸性呢? 若曲线是凸弧,则当 x 由小变大时,曲线的切线的斜率是递减的;若曲线是凹弧,则当 x 由小变大时,曲线的切线的斜率是递增的.从而我们可以根据函数的一阶导数是递增的还是递减的,或根据原函数的二阶导数是正的还是负的来判别曲线弧的凹凸性.

如果函数 $f(x)$ 在 I 内具有二阶导数,那么可以利用二阶导数的符号来判定曲线的凹凸性,这就是曲线凹凸性的判定定理.

定理(曲线凹凸性的判别法)　设 $f(x)$ 在区间 $[a,b]$ 内具有二阶导数 $f''(x)$,那么若在 (a,b) 内 $f''(x)>0$,则 $f(x)$ 在 $[a,b]$ 上的图形是凹的;若在 (a,b) 内 $f''(x)<0$,则 $f(x)$ 在 $[a,b]$ 上的图形是凸的.

确定曲线 $y=f(x)$ 的凹凸区间和拐点的步骤:

(1) 求出函数 $y=f(x)$ 的定义域；

(2) 求出定义域内满足 $f''(x)=0$ 的点和 $f''(x)$ 不存在的点；

(3) 以上各点把 $f(x),f'(x)$ 的定义域划分成若干子区间，观察各子区间上 $f''(x)$ 的符号，确定凹凸区间和拐点.

例题 3 求曲线 $f(x)=x^4-2x^3+1$ 的凹凸区间及拐点.

解 函数 $f(x)$ 的定义域为 $(-\infty,+\infty)$,

$$f'(x)=4x^3-6x^2,f''(x)=12x^2-12x=12x(x-1).$$

令 $f''(x)=0$,解得 $x=0,x=1$,用它把定义域分成 3 个部分区间：$(-\infty,0),(0,1)$,$(1,+\infty)$,列表讨论如下：

x	$(-\infty,0)$	0	$(0,1)$	1	$(1,+\infty)$
$f''(x)$	+	0	−	0	+
$f(x)$ 的图形	∪	拐点(0,1)	∩	拐点(1,0)	∪

由上面的讨论可知曲线 $f(x)$ 在区间 $(-\infty,0)$ 及 $(1,+\infty)$ 上是凹的,在区间 $(0,1)$ 上是凸的,曲线上有两个拐点 $(0,1)$ 和 $(1,0)$.

练习 求曲线 $f(x)=(x-2)^{\frac{5}{3}}$ 的凹凸区间和拐点.

解

2.7.4 函数图像的描绘

定义 2 如果曲线上的一点沿着曲线远离原点时,该点与某一定直线的距离趋于 0,则称此定直线为曲线的一条**渐近线**.

1. 水平渐近线

设曲线 $y=f(x)$ 的定义域为无穷区间,如果 $\lim\limits_{x\to\infty}f(x)=b$(或 $\lim\limits_{x\to+\infty}f(x)=b$ 或 $\lim\limits_{x\to-\infty}f(x)=b$),则直线 $y=b$ 是曲线 $y=f(x)$ 的一条水平渐近线.

例如,直线 $y=\dfrac{\pi}{2}$ 和 $y=-\dfrac{\pi}{2}$ 是曲线 $y=\arctan x$ 的水平渐近线.

2. 铅垂渐近线

若 $\lim\limits_{x\to x_0}f(x)=\infty$(或 $\lim\limits_{x\to x_0^+}f(x)=\infty,\lim\limits_{x\to x_0^-}f(x)=\infty$),则称直线 $x=x_0$ 为曲线 $y=f(x)$ 的铅垂渐近线.

例如,$x=2$ 是曲线 $y=\dfrac{1}{x-2}$ 的铅垂渐近线.

我们可以全面地研究函数的性态并画出其图形,具体步骤如下：

(1) 确定函数的定义域,讨论函数的奇偶性、周期性；

（2）求出函数的一阶导数 $f'(x)$ 和二阶导数 $f''(x)$；

（3）求出方程 $f'(x)=0$ 和 $f''(x)=0$ 在定义域内的全部实根，并求使 $f'(x)$ 和 $f''(x)$ 不存在的点，并用这些点将函数定义域划分成几个部分区间；

（4）列表讨论函数的单调性、极值、凹凸性与拐点；

（5）讨论曲线有无渐近线；

（6）求出曲线与坐标轴的交点及其他辅助点，并描点作图.

例题 4 画出函数 $y=x^3-x^2-x+1$ 的图形.

解 （1）函数的定义域为 $(-\infty,+\infty)$.

（2）$f'(x)=3x^2-2x-1=(3x+1)(x-1)$，$f''(x)=6x-2=2(3x-1)$.

（3）$f'(x)=0$ 的根为 $x=-\dfrac{1}{3},1$；$f''(x)=0$ 的根为 $x=\dfrac{1}{3}$.

（4）列表分析：

x	$\left(-\infty,-\dfrac{1}{3}\right)$	$-\dfrac{1}{3}$	$\left(-\dfrac{1}{3},\dfrac{1}{3}\right)$	$\dfrac{1}{3}$	$\left(\dfrac{1}{3},1\right)$	1	$(1,+\infty)$
$f'(x)$	+	0	−	−	−	0	+
$f''(x)$	−	−	−	0	+	+	+
$f(x)$ 的图形	⌢↗	极大	⌢↘	拐点	⌣↘	极小	⌣↗

（5）当 $x\rightarrow+\infty$ 时，$y\rightarrow+\infty$；当 $x\rightarrow-\infty$ 时，$y\rightarrow-\infty$.

（6）计算特殊点：$f\left(-\dfrac{1}{3}\right)=\dfrac{32}{27}$，$f\left(\dfrac{1}{3}\right)=\dfrac{16}{27}$，$f(1)=0$，$f(0)=1$；$f(-1)=0$，$f\left(\dfrac{3}{2}\right)=\dfrac{5}{8}$. 描点联线画出图形，如图 2-11 所示.

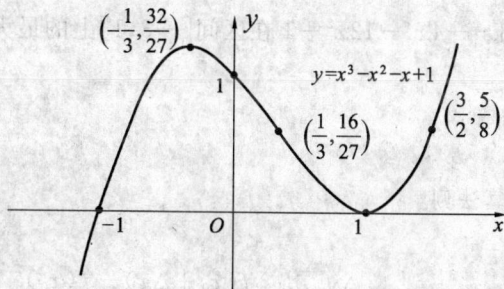

图 2-11

日期：_____　　　　教师：_____

2.8　第 2 模块习题课

学习内容：一元函数微分学.

目的要求：了解微分中值定理,掌握洛必达法则,熟练掌握导数在实际问题中的应用.

重点难点：微分中值定理,洛必达法则,导数在实际问题中的应用.

课前探讨

1. 复习总结微分中值定理、洛必达法则、导数应用部分内容.

2. 讨论以下问题：

(1) 设函数 $y=f(x)$ 在 $[a,b]$ 上连续,(a,b) 可导,在 (a,b) 内至少存在一点 ξ,使得_____.

(2) $f(x)=\arctan x$ 的两条渐近线是_____,_____.

(3) 求函数 $y=2x^3-6x^2-18x+7$ 的极值.

(4) 设曲线 $y=x^3+3ax^2+3bx+c$ 在 $x=-1$ 处取得极大值,点 $(0,3)$ 是拐点,求 a,b,c 的值.

(5) 求函数 $f(x)=3x^4-4x^3-12x^2+1$ 在区间 $[-3,1]$ 上的最大值和最小值.

内容精要

1. 导数的概念及运算法则

(1) 导数的定义：

$$f'(x_0)=\lim_{\Delta x\to0}\frac{\Delta y}{\Delta x}=\lim_{\Delta x\to0}\frac{f(x_0+\Delta x)-f(x_0)}{\Delta x}.$$

(2) 切线方程：$y-f(x_0)=f'(x_0)(x-x_0)$.

法线方程：$y-f(x_0)=-\dfrac{1}{f'(x_0)}(x-x_0),\quad f'(x_0)\neq0.$

(3) 基本初等函数的导数公式.

(4) 四则运算法则：

① $[u(x)\pm v(x)]'=u'(x)\pm v'(x)$;

② $[u(x)\cdot v(x)]'=u'(x)v(x)+u(x)v'(x)$;

③ $\dfrac{u(x)}{v(x)}=\dfrac{u'(x)v(x)-u(x)v'(x)}{v^2(x)}$.

（5）复合函数的导数公式 $\{f[\varphi(x)]\}' = f'(u)\varphi'(x) = f'[\varphi(x)]\varphi'(x)$.

（6）对隐函数求导数通常有两种方法：

① 如果能从 $F(x,y)=0$ 中解出 $y=f(x)$，则可以用前面对显函数求导数的方法处理.但因为某些隐函数的复杂性，这种方法可能难以解决问题.

② 一般隐函数求导数常用以下方法：将 $F(x,y)=0$ 两边各项同时对 x 求导数，同时将 y 看做 x 的函数 $y=f(x)$；若遇到 y 的函数，利用复合函数的求导法则，先对 y 求导，然后乘以 y 对 x 的导数 y'，得到一个含有 y' 的方程，再从方程里解出 y' 即可.

（7）高阶导数：简单地说就是导数的导数.

2. 函数的微分

（1）微分的表示方法：$y=f(x)$ 微分为 $\mathrm{d}y=f'(x)\mathrm{d}x$.

（2）参数方程 $\begin{cases} x=\varphi(t), \\ y=\psi(t) \end{cases}$ 所确定函数的导数 $\dfrac{\mathrm{d}y}{\mathrm{d}x} = \dfrac{\dfrac{\mathrm{d}y}{\mathrm{d}t}}{\dfrac{\mathrm{d}x}{\mathrm{d}t}} = \dfrac{\psi'(t)}{\varphi'(t)}$.

（3）反函数的导数 $f'(x) = \dfrac{1}{\varphi'(y)}$ 或者 $\dfrac{\mathrm{d}y}{\mathrm{d}x} = \dfrac{1}{\dfrac{\mathrm{d}x}{\mathrm{d}y}}$.

3. 微分中值定理

条件：（1）在闭区间 $[a,b]$ 上连续；（2）在开区间 (a,b) 内可导.

结论：在 (a,b) 内至少存在一点 ξ，使得 $f'(\xi) = \dfrac{f(b)-f(a)}{b-a}$.（拉格朗日中值定理）

当加上条件 $f(a)=f(b)$ 时，就是罗尔定理.

4. 洛必达法则

（1）如果函数 $f(x)$ 及 $g(x)$ 满足：

① $\lim\limits_{x \to a} f(x) = \lim\limits_{x \to a} g(x) = 0$；

② 在点 a 的某去心邻域内可导，且 $g'(x) \neq 0$；

③ $\lim\limits_{x \to a} \dfrac{f'(x)}{g'(x)} = A$（或 ∞），

则必有 $\lim\limits_{x \to a} \dfrac{f(x)}{g(x)} = \lim\limits_{x \to a} \dfrac{f'(x)}{g'(x)} = A$（或 ∞）.

（2）学会计算 $0 \cdot \infty, \infty - \infty$ 类型的极限.

5. 函数的单调性、极值、凹凸性

（1）单调性的判断.

设函数 $y=f(x)$ 在 $[a,b]$ 上连续，在 (a,b) 内可导，

① 如果在 (a,b) 内 $f'(x)>0$，那么函数 $y=f(x)$ 在 $[a,b]$ 上单调增加；

② 如果在 (a,b) 内 $f'(x)<0$，那么函数 $y=f(x)$ 在 $[a,b]$ 上单调减少.

（2）极值的判断：

① 极值的第一充分条件；② 极值的第二充分条件.

（3）最值：可能出现在驻点和不可导点处.

（4）凹凸性：曲线弧位于它每一点的切线的上方，则称此曲线弧是凹的；曲线弧位于它每一点的切线的下方，则称此曲线弧是凸的.

（5）凹凸性判断：在 (a,b) 内，$f''(x)>0$，则 $f(x)$ 在 (a,b) 上的图形是凹的；$f''(x)<0$，则 $f(x)$ 在 (a,b) 上的图形是凸的.

（6）水平和铅垂渐近线：如果 $\lim\limits_{x\to\infty}f(x)=b$（或 $\lim\limits_{x\to+\infty}f(x)=b$，$\lim\limits_{x\to-\infty}f(x)=b$），则直线 $y=b$ 是曲线 $y=f(x)$ 的水平渐近线；若 $\lim\limits_{x\to x_0}f(x)=\infty$（或 $\lim\limits_{x\to x_0^+}f(x)=\infty$，$\lim\limits_{x\to x_0^-}f(x)=\infty$），则称直线 $x=x_0$ 为曲线 $y=f(x)$ 的铅垂渐近线.

习题讲解

1. 判断题

（1）连续函数在连续点都有导数.（　　）

（2）若函数 $y=f(x)$ 在点 x_0 不连续，则在 x_0 点一定不可导.（　　）

（3）若函数 $y=f(x)$ 在点 x_0 处不可导，则在 x_0 点一定不连续.（　　）

（4）$f'(x_0)=[f(x_0)]'$.（　　）

（5）$\mathrm{d}(\arctan x)=-\mathrm{d}(\operatorname{arccot} x)$.（　　）

（6）函数 $y=f(x)$ 在点 x_0 处可导，当 $|\Delta x|$ 很小时，有 $\Delta y\approx\mathrm{d}y$.（　　）

（7）$\mathrm{d}\left(\dfrac{1}{x}\right)=\ln x\mathrm{d}x$.（　　）

（8）$\dfrac{\mathrm{d}(\arcsin x)}{\mathrm{d}(\arccos x)}=-1$.（　　）

（9）驻点一定是极值点.（　　）

（10）函数的最大值一定是函数的极大值.（　　）

（11）若函数 $f(x)$ 在 $[a,b]$ 上连续，在 (a,b) 内可导，且 $f'(x)>0$，则 $f(x)$ 在 $[a,b]$ 内单调增加.（　　）

（12）二阶导数为零的点一定是拐点.（　　）

（13）极大值一定比极小值大.（　　）

（14）$f(x)=x-\dfrac{1}{x}$ 的单调区间为 $(-\infty,+\infty)$.（　　）

2. 填空题

（1）设 $f(x)=\begin{cases}\mathrm{e}^{-x}, & x\leqslant 0,\\ x^2-x+1, & x>0,\end{cases}$ 则 $f'(0)=$ _____.

（2）设 $f(x)=a^x$，则 $f''(x)=$ _____.

（3）$\mathrm{d}\left(-\dfrac{1}{x^2}\right)=$ _____.

（4）$\lim\limits_{x\to 2}\dfrac{x^2-5x+6}{x-2}=$ _____.

（5）若函数 $y=2+x-x^2$ 的极大值点是 $x=\dfrac{1}{2}$，则函数 $y=\sqrt{2+x-x^2}$ 的极大值是 _____.

3. 选择题

(1) 设函数 $f(x) = \ln x$，则 $\lim\limits_{\Delta x \to 0} \dfrac{f(2+\Delta x) - f(x)}{\Delta x} = $ _____.

A. 2   B. $\dfrac{1}{2}$ C. ∞ D. 0

(2) 函数 $f(x)$ 在点 x_0 处连续是在该点可导的 _____.

A. 必要条件   B. 充分条件   C. 充要条件   D. 无关条件

(3) 下列函数中，其导数为 $\sin 2x$ 的是 _____.

A. $\cos 2x$ B. $\cos^2 x$ C. $-\cos 2x$ D. $\sin^2 x$

(4) 设函数 $y = f(x)$ 在 x_0 处可导，且 $f'(x_0) = 1$，则曲线 $y = f(x)$ 在点 $(x_0, f(x_0))$ 处的切线 _____.

A. 与 x 轴平行   B. 与 x 轴垂直

C. x 轴正向的夹角是锐角   D. 与 x 轴正向的夹角是钝角

(5) 设函数 $f(x)$ 在点 x_0 处存在 $f'_-(x_0)$ 和 $f'_+(x_0)$，则 $f'_-(x_0) = f'_+(x_0)$ 是导数 $f'(x_0)$ 存在的 _____.

A. 必要条件，不是充分条件   B. 充分条件，不是必要条件

C. 充分必要条件   D. 既不是充分条件，也不是必要条件

(6) 设 $f(x)$ 为偶函数且在 $x = 0$ 处可导，则 $f'(0) = $ _____.

A. 1   B. -1

C. 0   D. 因 $f(x)$ 不同而得不同的值

(7) 设 $y = f(\sin x)$ 且函数 $f(x)$ 可导，则 $\mathrm{d}y = $ _____.

A. $f'(\sin x)\mathrm{d}x$ B. $f'(\cos x)\mathrm{d}x$

C. $f'(\sin x)\cos x\mathrm{d}x$ D. $f'(\cos x)\cos x\mathrm{d}x$

(8) 设 $f(x) = x\ln x$，且 $f'(x_0) = 2$，则 $f(x_0) = $ _____.

A. 1   B. $\dfrac{2}{\mathrm{e}}$ C. $\dfrac{\mathrm{e}}{2}$ D. e

(9) 函数 $f(x)$ 在点 x_0 可导是其在该点可微分的 _____.

A. 必要条件，不是充分条件   B. 充分条件，不是必要条件

C. 充分必要条件   D. 既不是充分条件，也不是必要条件

4. 计算题

(1) $y = \ln \dfrac{x-1}{x+1}$，求 y'.   (2) $y = \mathrm{e}^x \sin x$，求 y'.

(3) 求函数 $y = \sin^2 x$ 的二阶导数.   (4) $y = \ln \sin 3x^2$，求 $\mathrm{d}y$.

(5) $y = (\ln x)^x$，求 y'.   (6) $\lim\limits_{x \to 1} \dfrac{x^3 - 3x + 2}{x^3 - x^2 - x + 1}$.

5. 解答题

(1) 求函数 $y=2x^3-6x^2-18x+7$ 的极值.

(2) 设曲线 $y=x^3+3ax^2+3bx+c$ 在 $x=-1$ 处取得极大值,点 $(0,3)$ 是拐点,求 a,b,c 的值.

(3) 求函数 $f(x)=3x^4-4x^3-12x^2+1$ 在区间 $[-3,1]$ 上的最大值和最小值.

学法建议

(1) 本模块的重点为导数的概念及其几何意义,计算导数的方法,初等函数的二阶导数的求法,其难点是复合函数和隐函数的求导方法.

(2) 应正确理解导数与微分的概念,弄清各概念之间的区别与联系.例如,可导必连续,反之则不一定成立.可导与可微是等价的,这里"等价"的含义是:若函数在某点 x 可导,则必定有函数在该点可微;反之,若函数在某点 x 可微,则必能推出函数在该点可导.但这并不意味着可导与可微是同一概念.导数是函数改变量 Δy 与自变量改变量 Δx 之比的极限,即 $\lim\limits_{\Delta x\to 0}\dfrac{\Delta y}{\Delta x}=f'(x)$;微分是函数增量的线性主部 $\Delta y=\mathrm{d}y+o(\Delta x)=A\cdot\Delta x+o(\Delta x)$,即 $\mathrm{d}y=A\cdot\Delta x$.

(3) 复合函数求导法既是重点又是难点,怎样才能达到事半功倍的效果呢?首先,必须熟记基本的求导公式;其次,对求导公式 $\dfrac{\mathrm{d}y}{\mathrm{d}x}=\dfrac{\mathrm{d}y}{\mathrm{d}u}\cdot\dfrac{\mathrm{d}u}{\mathrm{d}x}$ 必须弄清每一项是对哪个变量求导,如 $y=f[\varphi(x)]$,$y'\neq f'[\varphi(x)]$,因为 $y'=\dfrac{\mathrm{d}y}{\mathrm{d}x}$,$f'[\varphi(x)]=\dfrac{\mathrm{d}y}{\mathrm{d}[\varphi(x)]}$.理解公式时还要和微分结合起来,右边的微分约分之后必须等于左边的微分.另外,要想快速、准确地求导,必须多做题.牢记导数是函数改变量之比的极限,不能因为有了基本初等函数的求导公式及求导法则,就认为求导仅是利用这些公式与法则的某种运算而忘记了导数的本质.

(4) 利用导数解决实际问题.本模块主要有 3 类题型:一是几何应用,用来求切线、法线方程,其关键是求出切线的斜率 $k=\dfrac{\mathrm{d}y}{\mathrm{d}x}\Big|_{x=x_0}$ 及切点的坐标;二是变化率模型,求变化率时一定要弄清是对哪个变量的变化率,如速度 $v=\dfrac{\mathrm{d}s}{\mathrm{d}t}$,加速度 $a=\dfrac{\mathrm{d}v}{\mathrm{d}t}=\dfrac{\mathrm{d}^2s}{\mathrm{d}t^2}$;三是用微分近似计算某个量的改变量,解决这类问题的关键是选择合适的函数关系 $y=f(x)$,正确选取 x_0 及 Δx,切莫用中学数学方法求问题的准确值,否则是不符合题意的.

第**3**模块

不定积分

【学习目标】

理解不定积分的概念、性质,能熟练地应用积分的基本公式和性质解题,掌握积分的直接积分法、第一类换元积分法、第二类换元积分法和分部积分法,了解积分在生产生活中的应用.

积分是微积分学的重要组成部分.一元函数的积分学包括不定积分和定积分两部分,其中不定积分是作为微分的逆运算引入的,而定积分是作为某种和式的极限引入的.虽然二者概念不同,但 17 世纪由牛顿(Newton,1642—1727)和莱布尼茨(Leibniz,1646—1716)两位数学家建立起来的微积分基本公式把不定积分和定积分这两个基本问题联系起来,从而使微分学和积分学构成了一个统一的整体.

本模块主要介绍不定积分的概念、性质,并介绍求积分的有关公式和积分的方法,同时给出积分的一些简单应用.

日期：_____   教师：_____

3.1 不定积分的概念与性质

学习内容：不定积分的概念与性质.

目的要求：掌握原函数的概念、原函数族定理以及原函数存在定理，熟练掌握不定积分的概念和性质，掌握不定积分的基本公式和运算法则.

重点难点：不定积分的概念、性质、基本公式与运算法则.

课前探讨

1. 复习基本初等函数的导数公式.

2. 阐述原函数的概念.

3. 阐述不定积分的概念

4. 阐述不定积分的几何意义.

5. 阐述不定积分的性质.

6. 阐述不定积分的公式(13 个).

7. 为什么被积函数中不为零的常数因子可以提到积分号外面来，即 $\int kf(x)\mathrm{d}x = k\int f(x)\mathrm{d}x$.

课堂讲习

案例 1（太阳能能量） 某一太阳能的能量 f 相对于太阳能接触的表面面积 x 的变化率为 $\dfrac{\mathrm{d}f}{\mathrm{d}x} = \dfrac{0.005}{\sqrt{0.01x+1}}$. 如果当 $x=0$ 时，$f=0$，求出 f 的函数表达式.

案例 2（路程函数） 已知物体的运动方程为 $s(t)=t^2$，则其速度函数为 $v(t)=s'(t)=2t$. 这里 $2t$ 是 t^2 的导数，反过来，路程 t^2 又是速度 $2t$ 的什么函数呢？若已知物体运动的速度 $v(t)$，又如何求物体的运动方程 $s(t)$？

实际上此题是：已知 $s'(t)=2t$，求 $s(t)$，显然这是微分的逆问题.

在微分学中，我们已经学过怎样求已知函数的导数或微分，但在许多实际问题中，常常需要解决与此相反的问题：已知一个函数的导数或微分，求原函数.本节将从原函数入手引入不定积分的定义、性质及基本积分公式.

3.1.1　原函数的概念

定义 1　设 $f(x)$ 是定义在某区间 I 上的已知函数，若在该区间上每一点都有 $F'(x)=f(x)$，或 $\mathrm{d}F(x)=f(x)\mathrm{d}x$ 成立，则称函数 $F(x)$ 为 $f(x)$ 在该区间上的一个**原函数**.

例如，由于 $(\sin x)'=\cos x$，所以 $f(x)=\sin x$ 是 $\cos x$ 的一个原函数.显然对任意常数 C，都有 $(\sin x+C)'=\cos x$，因此 $\sin x+C$ 也是 $\cos x$ 的原函数.

定理 1（原函数族定理）　若函数 $f(x)$ 存在一个原函数 $F(x)$，则它必有无穷多个原函数，而且任意两个原函数之间只相差一个常数.

因此，函数 $f(x)$ 的一切原函数可表示为 $F(x)+C$，C 是任意常数.

那么一个函数满足什么条件，它的原函数一定存在？这里只给出结论.

定理 2（原函数存在定理）　如果函数 $f(x)$ 在区间 $[a,b]$ 上连续，则在该区间上 $f(x)$ 的原函数一定存在.

3.1.2　不定积分的概念

1. 不定积分的定义

定义 2　函数 $f(x)$ 在某区间上的所有原函数，称为 $f(x)$ 在该区间上的**不定积分**，记作 $\int f(x)\mathrm{d}x$，其中符号"$\int$"称为**积分号**，$f(x)$ 称为**被积函数**，$f(x)\mathrm{d}x$ 称为**被积表达式**，x 称为**积分变量**.

由上述两个定义可知，若在某区间上 $F'(x)=f(x)$，则 $\int f(x)\mathrm{d}x=F(x)+C$，$C$ 是任意常数，称为**积分常数**.

例题 1　求 $\int \cos x\mathrm{d}x$.

解　因为 $(\sin x)'=\cos x$，所以 $\int \cos x\mathrm{d}x=\sin x+C$.

例题 2　求 $\int x^\alpha\mathrm{d}x$（α 是常数且 $\alpha\neq-1$）.

解　因为 $(x^{\alpha+1})'=(\alpha+1)x^\alpha$，即 $\left(\dfrac{x^{\alpha+1}}{\alpha+1}\right)'=x^\alpha$，所以 $\int x^\alpha\mathrm{d}x=\dfrac{x^{\alpha+1}}{\alpha+1}+C$.

练习 1　求 $\int \dfrac{1}{\sqrt{1-x^2}}\mathrm{d}x$.

解

练习 2　求 $\int a^x\mathrm{d}x$（$a>0,a\neq1$）.

解

2. 不定积分的几何意义

设 $f(x)$ 的一个原函数为 $F(x)$，则函数 $y=F(x)$ 的曲线称为函数 $f(x)$ 的一条积分曲线. 如果把曲线 $y=F(x)$ 沿 y 轴向上或向下平行移动，就得到一族曲线. 由此，得到不定积分的几何意义是：函数 $f(x)$ 的不定积分 $\int f(x)\mathrm{d}x$ 是全部积分曲线所组成的积分曲线族，其方程为 $y=F(x)+C$. 曲线族里的所有积分曲线上在横坐标相同的点 x 处的切线彼此平行，其斜率为 $[F(x)+C]'|_{x=x_0}=f(x_0)$，如图 3-1 所示.

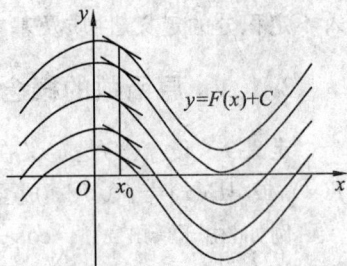

图 3-1

例题 3 求通过点 $(1,1)$，切线斜率为 $2x$ 的曲线方程.

解 设所求曲线方程是 $y=F(x)$，由题意知 $F'(x)=2x$，而 $(x^2)'=2x$，于是得到切线斜率为 $2x$ 的积分曲线族为 $y=F(x)=x^2+C$.

又因为所求曲线过 $(1,1)$ 点，所以将 $x=1,y=1$ 代入上式得 $C=0$，因此所求曲线方程是 $y=x^2$.

说明 题中所给曲线过点 $(1,1)$，这样的条件一般称为**初始条件**.

3.1.3 不定积分的性质

性质 1 $\left[\int f(x)\mathrm{d}x\right]'=f(x)$ 或 $\mathrm{d}\left[\int f(x)\mathrm{d}x\right]=f(x)\mathrm{d}x$.

性质 2 $\int F'(x)\mathrm{d}x=F(x)+C$ 或 $\int\mathrm{d}F(x)=F(x)+C$.

这两个性质可由不定积分的定义直接得到. 这些性质同时表明，如果不考虑积分常数，微分号"d"与积分号"$\int$"不论先后，只要其连在一起写就可以相互抵消，即求不定积分与求导或求微分是互逆运算. 但要注意：先微分或求导再积分得到的不是一个函数而是一族函数，需要加积分常数.

性质 3 函数的代数和的不定积分等于各个函数的不定积分的代数和，即

$$\int[f(x)\pm g(x)]\mathrm{d}x=\int f(x)\mathrm{d}x\pm\int g(x)\mathrm{d}x.$$

性质 3 对于有限个函数都成立，它可由不定积分的定义和导数的运算法则、性质证得.

性质 4 被积函数中不为零的常数因子可以提到积分号外面来，即

$$\int kf(x)\mathrm{d}x=k\int f(x)\mathrm{d}x\ (k\neq 0).$$

例题 4 (1) $\int[\cos(xe^x)]'\mathrm{d}x=\cos(xe^x)+C$；

(2) $\int\mathrm{d}\left(\dfrac{\sin x}{x}\right)=\dfrac{\sin x}{x}+C$；

(3) $\left[\int\cos(xe^x)\mathrm{d}x\right]'=\cos(xe^x)$；

(4) $\mathrm{d}\left(\int\dfrac{\sin x}{x}\mathrm{d}x\right)=\dfrac{\sin x}{x}\mathrm{d}x$.

3.1.4　不定积分的基本公式

根据不定积分的定义,由导数的基本公式可得到积分的基本公式:

(1) $\int k \mathrm{d}x = kx + C$ (k 为常数);

(2) $\int x^{\alpha} \mathrm{d}x = \dfrac{x^{\alpha+1}}{\alpha+1} + C$ (α 是常数且 $\alpha \neq -1$);

(3) $\int \dfrac{1}{x} \mathrm{d}x = \ln|x| + C$ ($x \neq 0$);

(4) $\int a^x \mathrm{d}x = \dfrac{a^x}{\ln a} + C$ ($a > 0, a \neq 1$);

(5) $\int \mathrm{e}^x \mathrm{d}x = \mathrm{e}^x + C$;

(6) $\int \sin x \mathrm{d}x = -\cos x + C$;

(7) $\int \cos x \mathrm{d}x = \sin x + C$;

(8) $\int \sec^2 x \mathrm{d}x = \tan x + C$;

(9) $\int \csc^2 x \mathrm{d}x = -\cot x + C$;

(10) $\int \sec x \tan x \mathrm{d}x = \sec x + C$;

(11) $\int \csc x \cot x \mathrm{d}x = -\csc x + C$;

(12) $\int \dfrac{1}{\sqrt{1-x^2}} \mathrm{d}x = \arcsin x + C = -\arccos x + C$;

(13) $\int \dfrac{\mathrm{d}x}{1+x^2} = \arctan x + C = -\operatorname{arccot} x + C$.

这 13 个公式必须熟记,它们是求积分的基础.

日期：_____ 　　教师：_____

3.2　直接积分法

学习内容：直接积分法.

目的要求：熟练掌握不定积分的基本公式,理解直接积分法并能熟练应用直接积分法
　　　　　　求不定积分.

重点难点：不定积分的基本公式,直接积分法的应用.

课前探讨

1. 复习不定积分的概念.

2. 复习不定积分的性质.

3. 复习不定积分的基本公式.

4. 试求下列不定积分：

(1) $\displaystyle\int \frac{3x^2}{1+x^2}\mathrm{d}x$;

(2) $\displaystyle\int 3^x \mathrm{e}^x \mathrm{d}x$;

(3) $\displaystyle\int \frac{1}{x^2(1+x^2)}\mathrm{d}x$.

课堂讲习

> **案例（电流函数）** 　某一电路中电流关于时间的变化率为 $\dfrac{\mathrm{d}I}{\mathrm{d}t}=4t-0.6t^2$. 若 $t=0$ 时, $I=2$ A,
> 求电流 I 关于时间 t 的函数.

不定积分的性质和 13 个不定积分基本公式必须熟记,它们是求积分的基础.下面举例
说明利用基本积分公式和积分的性质求不定积分的方法,即**直接积分法**.

例题 1　求 $\displaystyle\int \frac{x^4+1}{x^2+1}\mathrm{d}x$.

解　$\displaystyle\int \frac{x^4+1}{x^2+1}\mathrm{d}x = \int \frac{x^4-1+2}{x^2+1}\mathrm{d}x = \int \left(x^2-1+\frac{2}{x^2+1}\right)\mathrm{d}x$

$$= \frac{1}{3}x^3 - x + 2\arctan x + C.$$

练习 1 求 $\int \frac{3x^2}{1+x^2}\mathrm{d}x$.

解

例题 2 求 $\int 3^x 2^{2x} \mathrm{e}^x \mathrm{d}x$.

解 $\int 3^x 2^{2x} \mathrm{e}^x \mathrm{d}x = \int (12\mathrm{e})^x \mathrm{d}x = \frac{(12\mathrm{e})^x}{\ln(12\mathrm{e})} + C = \frac{(12\mathrm{e})^x}{2\ln 2 + \ln 3 + 1} + C.$

练习 2 求 $\int 3^x \mathrm{e}^x \mathrm{d}x$.

解

例题 3 求 $\int \frac{1+x+x^2}{x(1+x^2)}\mathrm{d}x$.

解 $\int \frac{1+x+x^2}{x(1+x^2)}\mathrm{d}x = \int \frac{(1+x^2)+x}{x(1+x^2)}\mathrm{d}x = \int \left(\frac{1}{x} + \frac{1}{1+x^2}\right)\mathrm{d}x = \ln|x| + \arctan x + C.$

练习 3 $\int \frac{1}{x^2(1+x^2)}\mathrm{d}x$.

解

练习 4 求 $\int \frac{x^3 + 3x^2 - 4}{x+2}\mathrm{d}x$.

解

例题 4 求 $\int \cot^2 x \mathrm{d}x$.

解 $\int \cot^2 x \mathrm{d}x = \int (\csc^2 x - 1)\mathrm{d}x = \int \csc^2 x \mathrm{d}x - \int \mathrm{d}x = -\cot x - x + C.$

练习 5 求 $\displaystyle\int \frac{\cos 2x}{\sin^2 x \cos^2 x}\mathrm{d}x.$

解

例题 5 求 $\displaystyle\int \sin^2 \frac{x}{2}\mathrm{d}x.$

解 $\displaystyle\int \sin^2 \frac{x}{2}\mathrm{d}x = \int \frac{1-\cos x}{2}\mathrm{d}x = \frac{1}{2}(x - \sin x) + C.$

练习 6 求 $\displaystyle\int \frac{\cos 2x}{\sin x - \cos x}\mathrm{d}x.$

解

日期：_____   教师：_____

3.3 第一类换元积分法

学习内容：第一类换元积分法.

目的要求：熟练掌握不定积分的第一类换元积分法的公式,熟练运用第一类换元积分法求各种类型的不定积分.

重点难点：不定积分的第一类换元积分公式,运用第一类换元积分公式求各种不定积分.

课前探讨

1. 介绍直接积分法不易解决的不定积分,并举例(至少 3 个).
2. 写出第一类换元积分法公式.
3. 阐述运用第一类换元积分法(凑微分法)的关键.
4. 写出 13 个微分公式.

课堂讲习

案例（放射物的泄漏） 环保局近日受托对一起放射性碘物质泄漏事件进行调查.检测结果显示,出事当日,大气辐射水平是可接受的最大限度的 4 倍.于是环保局通知当地居民立即撤离这一地区.已知碘物质放射源的辐射水平是按 $R(t)=R_0\mathrm{e}^{-0.004t}$ 衰减的,其中 $R(t)$ 是 t 时刻的辐射水平(单位：mR/h),R_0 是初始($t=0$)辐射水平,t 按小时计算,求 t 时刻泄露的放射物 $W(t)$.

解 由已知得 $W(t)=\displaystyle\int R(t)\mathrm{d}t=\int R_0\mathrm{e}^{-0.004t}\mathrm{d}t=\int R_0\mathrm{e}^{-0.004t}\left(-\dfrac{1}{0.004}\right)\mathrm{d}(-0.004t)$.

令 $u=-0.004t$,可得

$$W(t)=-250\int R_0\mathrm{e}^u\mathrm{d}u=-250R_0\mathrm{e}^u,$$

再将 $u=-0.004t$ 代入,可得

$$W(t)=-250R_0\mathrm{e}^{-0.004t}+C..$$

上述积分用直接积分法是不易求出的,但可以"凑"成基本积分公式 $\displaystyle\int \mathrm{e}^x\mathrm{d}x$ 的形式,这种求不定积分的方法就是**第一类换元积分法**.

设函数 $u=\varphi(x)$ 可导,若 $\displaystyle\int f(u)\mathrm{d}u=F(u)+C$,则把所求积分 $\displaystyle\int g(x)\mathrm{d}x$ 凑成如下形式

$$\int g(x)\mathrm{d}x \xrightarrow{\text{凑微分}} \int f[\varphi(x)]\varphi'(x)\mathrm{d}x = \int f[\varphi(x)]\mathrm{d}\varphi(x) = F[\varphi(x)] + C.$$

可以看出,第一类换元积分法的实质正是复合函数求导公式的逆用.将积分公式中的积分变量 x 换成 $\varphi(x)$,结论仍然成立.

例题 1   求 $\displaystyle\int \frac{\ln x}{x}\mathrm{d}x$.

解   因为被积函数中 $\dfrac{1}{x}$ 是 $\ln x$ 的导数,

则

$$\int \frac{\ln x}{x}\mathrm{d}x = \int \ln x(\ln x)'\mathrm{d}x = \int \ln x\,\mathrm{d}(\ln x) \xrightarrow{\text{令}\ln x = u} \int u\,\mathrm{d}u$$

$$= \frac{1}{2}u^2 + C \xrightarrow{\text{代回原变量}u = \ln x} \frac{1}{2}\ln^2 x + C.$$

例题 2   求 $\displaystyle\int x\mathrm{e}^{x^2}\mathrm{d}x$.

解   被积函数中的 e^{x^2} 可以视为 x^2 的函数,且 $(x^2)' = 2x$,设 $x^2 = u$,

则

$$\int x\mathrm{e}^{x^2}\mathrm{d}x = \int \mathrm{e}^{x^2}\frac{(x^2)'}{2}\mathrm{d}x = \frac{1}{2}\int \mathrm{e}^{x^2}\mathrm{d}(x^2) = \frac{1}{2}\int \mathrm{e}^u\mathrm{d}u = \frac{1}{2}\mathrm{e}^u + C = \frac{1}{2}\mathrm{e}^{x^2} + C.$$

以上例题解题方法都是第一类换元法,从中可以看到,其解题的关键是找到 $u = \varphi(x)$,将所求积分的被积函数 $g(x)$ 转化 $f[\varphi(x)]$ 和 $\varphi'(x)$ 的积,然后凑成基本积分公式的形式.当该积分法运用熟练后,对不复杂的题目就不必设中间变量 u,换元过程可省略.为了能够熟练地掌握第一类换元积分法的技巧,下面的凑微分公式要熟记.

(1) $\mathrm{d}x = \dfrac{1}{a}\mathrm{d}(ax+b)$ $(a,b$ 为常数,且 $a \neq 0)$;   (2) $x\mathrm{d}x = \dfrac{1}{2}\mathrm{d}(x^2)$;

(3) $\dfrac{1}{x}\mathrm{d}x = \mathrm{d}(\ln|x|) = \dfrac{1}{a}\mathrm{d}(a\ln|x|+b)$ $(a,b$ 为常数,且 $a \neq 0)$;

(4) $\dfrac{1}{\sqrt{x}}\mathrm{d}x = 2\mathrm{d}\sqrt{x}$;   (5) $\dfrac{1}{x^2}\mathrm{d}x = -\mathrm{d}\left(\dfrac{1}{x}\right)$;

(6) $\mathrm{e}^x\mathrm{d}x = \mathrm{d}(\mathrm{e}^x)$;   (7) $a^x\mathrm{d}x = \dfrac{\mathrm{d}(a^x)}{\ln a}$ $(a > 0$ 且 $a \neq 1)$;

(8) $\cos x\mathrm{d}x = \mathrm{d}(\sin x)$;   (9) $\sin x\mathrm{d}x = -\mathrm{d}(\cos x)$;

(10) $\sec^2 x\mathrm{d}x = \mathrm{d}(\tan x)$;   (11) $\csc^2 x\mathrm{d}x = -\mathrm{d}(\cot x)$;

(12) $\dfrac{1}{\sqrt{1-x^2}}\mathrm{d}x = \mathrm{d}(\arcsin x)$;   (13) $\dfrac{1}{1+x^2}\mathrm{d}x = \mathrm{d}(\arctan x)$.

练习 1   求 $\displaystyle\int (2x+1)^2\mathrm{d}x$.

解

例题 3 求 $\int \dfrac{e^x}{1+e^x}dx$.

解 由题意知 $\qquad\qquad e^x dx = d(1+e^x)$,

所以 $\qquad \displaystyle\int \dfrac{e^x}{1+e^x}dx = \int \dfrac{d(1+e^x)}{1+e^x} = \ln(1+e^x)+C.$（把 $1+e^x$ 看做 u）

练习 2 求 $\int \dfrac{\ln x + 1}{x}dx$.

解

例题 4 求 $\int \tan x dx$.

解 由于 $\qquad\qquad \tan x = \dfrac{\sin x}{\cos x}, \sin x dx = -d(\cos x)$,

所以 $\qquad \displaystyle\int \tan x dx = -\int \dfrac{d(\cos x)}{\cos x} = -\ln|\cos x| + C.$

类似可得 $\qquad\qquad \displaystyle\int \cot x dx = \ln|\sin x| + C.$

练习 3 求 $\int \sin^3 x \cos x dx$.

解

例题 5 求 $\int \dfrac{2x-1}{x^2-x+3}dx$.

解 由于 $\qquad (2x-1)dx = (x^2-x+3)'dx = d(x^2-x+3)$,

所以 $\qquad \displaystyle\int \dfrac{2x-1}{x^2-x+3}dx = \int \dfrac{d(x^2-x+3)}{x^2-x+3} = \ln|x^2-x+3| + C.$

练习 4 求 $\int \dfrac{(\arctan x + 2)^2}{1+x^2}dx$.

解

例题 6 求 $\int \dfrac{dx}{a^2+x^2}$.

解 $\displaystyle\int \dfrac{dx}{a^2+x^2} = \dfrac{1}{a^2}\int \dfrac{dx}{1+\left(\dfrac{x}{a}\right)^2} = \dfrac{1}{a}\int \dfrac{1}{1+\left(\dfrac{x}{a}\right)^2}d\left(\dfrac{x}{a}\right) = \dfrac{1}{a}\arctan\dfrac{x}{a} + C.$

日期：_____   教师：_____

3.4 第二类换元积分法

> **学习内容**：第二类换元积分法.
> **目的要求**：熟练掌握第二类换元积分法，掌握积分变量代换的两种主要方法：幂代换法和三角代换法.
> **重点难点**：第二类换元积分法的应用.

课前探讨

1. 什么是第二类换元积分法？
2. 阐述第二类换元积分法的实质.
3. 阐述第二类换元积分法两种主要的变量代换.
4. 阐述使用幂代换法的情形，例如求 $\int \dfrac{1}{1+\sqrt{x}}\mathrm{d}x$.
5. 阐述使用三角代换法的情形，例如求 $\int x^2\sqrt{1-x^2}\,\mathrm{d}x$.

课堂讲习

案例　求 $\int \dfrac{1}{1+\sqrt{x}}\mathrm{d}x$.

第一类换元积分法是把所求积分先凑成基本积分公式的形式，然后作代换 $u=\varphi(x)$. 但有些积分并不能很容易地凑出微分，需要一开始就作代换，把所要求的积分化成简单、易求的积分. 我们把这种换元积分的方法称为**第二类换元积分法**，用定理的形式叙述如下：

　　定理1　设 $x=\varphi(t)$ 是单调的、可导的函数，并且 $\varphi'(t)\neq 0$. 又设 $f[\varphi(t)]\varphi'(t)$ 具有原函数 $F(t)$，则有换元公式

$$\int f(x)\mathrm{d}x = \int f[\varphi(t)]\mathrm{d}[\varphi(t)] = \int f[\varphi(t)]\varphi'(t)\mathrm{d}t = F(t)+C = F[\varphi^{-1}(x)]+C.$$

其中 $t=\varphi^{-1}(x)$ 是 $x=\varphi(t)$ 的反函数.

　　这是因为

$$\{F[\varphi^{-1}(x)]+C\}' = \frac{\mathrm{d}F(t)}{\mathrm{d}t}\frac{\mathrm{d}t}{\mathrm{d}x} = f[\varphi(t)]\varphi'(t)\frac{1}{\dfrac{\mathrm{d}x}{\mathrm{d}t}} = f[\varphi(t)]\frac{\mathrm{d}x}{\mathrm{d}t}\frac{1}{\dfrac{\mathrm{d}x}{\mathrm{d}t}} = f[\varphi(t)] = f(x).$$

　　第二类换元积分法主要用于被积函数含有根式的积分,通过积分变量代换使被积函数有理化,从而把要求的积分简化.常见的积分变量代换主要有以下两种方法.

3.4.1　幂代换法

被积函数含有形如 $\sqrt[n]{ax+b}$(n 为正整数)的根式,设 $\sqrt[n]{ax+b}=t$,则 $x=\dfrac{t^n-b}{a}$,$\mathrm{d}x=\dfrac{n}{a}t^{n-1}\mathrm{d}t$.

例题 1　求 $\displaystyle\int\dfrac{1}{1+\sqrt{x}}\mathrm{d}x$.

解　设 $\sqrt{x}=t$,即 $x=t^2$,$\mathrm{d}x=2t\mathrm{d}t$,　于是

$$\int\dfrac{1}{1+\sqrt{x}}\mathrm{d}x=2\int\dfrac{t}{1+t}\mathrm{d}t=2\int\left(1-\dfrac{1}{1+t}\right)\mathrm{d}t=2(t-\ln|1+t|)+C,$$

将 $\sqrt{x}=t$ 代入得

$$\int\dfrac{1}{1+\sqrt{x}}\mathrm{d}x=2(\sqrt{x}-\ln|1+\sqrt{x}|)+C.$$

练习 1　求 $\displaystyle\int\dfrac{\sqrt{x-1}}{x}\mathrm{d}x$.

解　设 $\sqrt{x-1}=t$,即 $x=1+t^2$,$\mathrm{d}x=2t\mathrm{d}t$,则

例题 2　求 $\displaystyle\int\dfrac{1}{x}\sqrt{\dfrac{1+x}{x}}\mathrm{d}x$.

解　设 $\sqrt{\dfrac{1+x}{x}}=t$,即 $x=\dfrac{1}{t^2-1}$,　于是

$$\int\dfrac{1}{x}\sqrt{\dfrac{1+x}{x}}\mathrm{d}x=\int(t^2-1)t\cdot\dfrac{-2t}{(t^2-1)^2}\mathrm{d}t=-2\int\dfrac{t^2}{t^2-1}\mathrm{d}t=-2\int\left(1+\dfrac{1}{t^2-1}\right)\mathrm{d}t$$

$$=-2t-\ln\left|\dfrac{t-1}{t+1}\right|+C=-2\sqrt{\dfrac{1+x}{x}}-\ln\dfrac{\sqrt{1+x}-\sqrt{x}}{\sqrt{1+x}+\sqrt{x}}+C.$$

练习 2　求 $\displaystyle\int\dfrac{\mathrm{d}x}{(1+\sqrt[3]{x})\sqrt{x}}$.

解　设 $x=t^6$,于是 $\mathrm{d}x=6t^5\mathrm{d}t$,从而

3.4.2 三角代换法

（1）被积函数含有形如 $\sqrt{a^2-x^2}\,(a>0)$ 的根式，设 $x=a\sin t$，则 $\mathrm{d}x=a\cos t\mathrm{d}t$.

例题 3 求 $\int\sqrt{a^2-x^2}\,\mathrm{d}x\,(a>0)$.

解 设 $x=a\sin t,-\dfrac{\pi}{2}<t<\dfrac{\pi}{2}$，那么

$$\sqrt{a^2-x^2}=\sqrt{a^2-a^2\sin^2 t}=a\cos t,\mathrm{d}x=a\cos t\mathrm{d}t,$$

于是 $\displaystyle\int\sqrt{a^2-x^2}\,\mathrm{d}x=\int a\cos t\cdot a\cos t\mathrm{d}t=a^2\int\cos^2 t\mathrm{d}t=a^2\left(\frac{1}{2}t+\frac{1}{4}\sin 2t\right)+C.$

因为 $t=\arcsin\dfrac{x}{a}$，$\sin 2t=2\sin t\cos t=2\cdot\dfrac{x}{a}\cdot\dfrac{\sqrt{a^2-x^2}}{a}$，所以

$$\int\sqrt{a^2-x^2}\,\mathrm{d}x=a^2\left(\frac{1}{2}t+\frac{1}{4}\sin 2t\right)+C=\frac{a^2}{2}\arcsin\frac{x}{a}+\frac{1}{2}x\sqrt{a^2-x^2}+C.$$

练习 3 求 $\int x^2\sqrt{1-x^2}\,\mathrm{d}x$.

解 设 $x=\sin t,-\dfrac{\pi}{2}<t<\dfrac{\pi}{2}$，$\sqrt{1-x^2}=\sqrt{1-\sin^2 t}=\cos t,\mathrm{d}x=a\cos t\mathrm{d}t$，则

（2）被积函数含有形如 $\sqrt{x^2+a^2}\,(a>0)$ 的根式，设 $x=a\tan t$，则 $\mathrm{d}x=\sec^2 t\mathrm{d}t$.

例题 4 求 $\displaystyle\int\frac{\mathrm{d}x}{\sqrt{x^2+a^2}}\,(a>0)$.

解 设 $x=a\tan t,-\dfrac{\pi}{2}<t<\dfrac{\pi}{2}$，那么

$$\sqrt{x^2+a^2}=\sqrt{a^2+a^2\tan^2 t}=a\sqrt{1+\tan^2 t}=a\sec t,\ \mathrm{d}x=a\sec^2 t\mathrm{d}t,$$

于是 $\displaystyle\int\frac{\mathrm{d}x}{\sqrt{x^2+a^2}}=\int\frac{a\sec^2 t}{a\sec t}\mathrm{d}t=\int\sec t\mathrm{d}t=\ln|\sec t+\tan t|+C.$

因为 $\sec t=\dfrac{\sqrt{x^2+a^2}}{a}$，$\tan t=\dfrac{x}{a}$，所以

$$\int\frac{\mathrm{d}x}{\sqrt{x^2+a^2}}=\ln|\sec t+\tan t|+C=\ln\left(\frac{x}{a}+\frac{\sqrt{x^2+a^2}}{a}\right)+C=\ln(x+\sqrt{x^2+a^2})+C_1,$$

其中 $C_1=C-\ln a$.

（3）被积函数含有形如 $\sqrt{x^2-a^2}\,(a>0)$ 的根式，设 $x=a\sec t$，则 $\mathrm{d}x=a\sec t\tan t\mathrm{d}t$.

例题 5 求 $\displaystyle\int\frac{\mathrm{d}x}{\sqrt{x^2-a^2}}\,(a>0)$.

解 设 $x=a\sec t$，则 $\mathrm{d}x=a\sec t\tan t\mathrm{d}t$，于是

$$\int\frac{\mathrm{d}x}{\sqrt{x^2-a^2}}=\int\frac{a\sec t\tan t\mathrm{d}t}{\sqrt{a^2\sec^2 t-a^2}}=\int\sec t\mathrm{d}t=\ln|\sec t+\tan t|+C_1$$

$$=\ln\left|\frac{x}{a}+\frac{\sqrt{x^2-a^2}}{a}\right|+C_1$$

$$= \ln|x + \sqrt{x^2 - a^2}| + C \quad (C = C_1 - \ln a).$$

在换回原来的变量时，由所设 $\sec t = \dfrac{x}{a}$ 绘制直角三角形，如图

3-2 所示，由图可知 $\tan t = \dfrac{\sqrt{x^2 - a^2}}{a}$.

除以上情况外也会见到其他类型的根式，其处理方法主要是去掉根号.

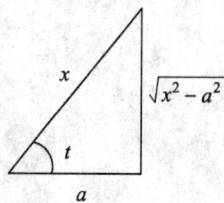

图 3-2

注意 不定积分的第二类换元积分法最后一定要回代原来的积分变量.

由本节的例题可得下列公式，也可作为对基本积分公式的补充.

(14) $\displaystyle\int \frac{\mathrm{d}x}{x^2 - a^2} = \frac{1}{2a} \ln\left|\frac{x-a}{x+a}\right| + C;$

(15) $\displaystyle\int \frac{\mathrm{d}x}{a^2 + x^2} = \frac{1}{a} \arctan \frac{x}{a} + C;$

(16) $\displaystyle\int \frac{\mathrm{d}x}{\sqrt{a^2 - x^2}} = \arcsin \frac{x}{a} + C;$

(17) $\displaystyle\int \tan x\, \mathrm{d}x = -\ln|\cos x| + C;$

(18) $\displaystyle\int \cot x\, \mathrm{d}x = \ln|\sin x| + C;$

(19) $\displaystyle\int \sec x\, \mathrm{d}x = \ln|\sec x + \tan x| + C;$

(20) $\displaystyle\int \csc x\, \mathrm{d}x = \ln|\csc x - \cot x| + C;$

(21) $\displaystyle\int \frac{\mathrm{d}x}{\sqrt{x^2 \pm a^2}} = \ln|x + \sqrt{x^2 \pm a^2}| + C.$

日期：＿＿＿＿＿＿＿＿＿＿＿＿＿　　　　教师：＿＿＿＿＿＿＿＿＿＿＿＿＿

3.5 分部积分法

> **学习内容**：分部积分法、积分表的使用.
> **目的要求**：熟练掌握不定积分的分部积分公式，熟练运用分部积分法来求各种类型的
> 不定积分，学会查积分表求不定积分.
> **重点难点**：不定积分的分部积分公式，应用分部积分公式求各种不定积分.

课前探讨

1. 列举被积函数是两个函数的积的形式的不定积分（至少 3 个）.
2. 写出分部积分法公式.
3. 阐述分部积分法的关键.
4. 阐述使用分部积分法的情形.

例：求 $\int x\ln x\,\mathrm{d}x$ 和 $\int x\arctan x\,\mathrm{d}x$.

5. 阐述积分表的使用方法.

课堂讲习

虽然换元积分法能解决许多积分的计算问题，但对于被积函数是两个函数的积的形式，形如 $\int e^x\cos x\,\mathrm{d}x,\int x\ln x\,\mathrm{d}x,\int x\cos x\,\mathrm{d}x$ 等积分就难于求出，为了解决这类问题，本节将介绍另一种求积分的主要方法——分部积分法.

3.5.1 分部积分法

设函数 $u=u(x)$ 和 $v=v(x)$ 具有连续的导数，由乘积的求导法则

$$(uv)'=u'v+uv'$$

可得

$$uv'=(uv)'-u'v. \tag{1}$$

对(1)式两端积分得

$$\int uv'\,\mathrm{d}x = \int (uv)'\,\mathrm{d}x - \int u'v\,\mathrm{d}x,$$

所以

$$\int uv'\,\mathrm{d}x = uv - \int u'v\,\mathrm{d}x, \tag{2}$$

或
$$\int u\mathrm{d}v = uv - \int v\mathrm{d}u \tag{3}$$

以上两式表明所求两个函数之积的积分可以转化为 $\int uv'\mathrm{d}x$ 或 $\int u\mathrm{d}v$ 的积分，再用(2)式或(3)式求解. 公式(2)或(3)称为**不定积分的分部积分法公式**.

分部积分法主要是把所求积分中的被积表达式适当地分成 u 和 $\mathrm{d}v$ 两部分，所以这种积分法关键是在正确地选择 $u, \mathrm{d}v$. 一般地，$u, \mathrm{d}v$ 的选取原则是：① 由 $\mathrm{d}v$ 易求 v；② $\int v\mathrm{d}u$ 比 $\int u\mathrm{d}v$ 易求.

例题 1 求 $\int x\cos x\mathrm{d}x$.

解 设 $u = x$，$\mathrm{d}v = \cos x\mathrm{d}x = \mathrm{d}(\sin x)$，则 $v = \sin x$.
由分部积分法公式得
$$\int x\cos x\mathrm{d}x = x\sin x - \int \sin x\mathrm{d}x = x\sin x + \cos x + C.$$

熟练后 u, v 就不必假设出来，只要默默记在心里即可.

例题 2 求 $\int x^2 \mathrm{e}^x \mathrm{d}x$.

解
$$\int x^2 \mathrm{e}^x \mathrm{d}x = \int x^2 \mathrm{d}\mathrm{e}^x = x^2 \mathrm{e}^x - \int \mathrm{e}^x \cdot 2x\mathrm{d}x = x^2 \mathrm{e}^x - 2\int x\mathrm{d}\mathrm{e}^x$$
$$= x^2 \mathrm{e}^x - 2x\mathrm{e}^x + 2\int \mathrm{e}^x \mathrm{d}x = x^2 \mathrm{e}^x - 2x\mathrm{e}^x + 2\mathrm{e}^x + C.$$

练习 1 求 $\int x\ln x\mathrm{d}x$.
解

例题 3 求 $\int \arcsin x\mathrm{d}x$.

解 $\int \arcsin x\mathrm{d}x = x\arcsin x - \int x\mathrm{d}(\arcsin x) = x\arcsin x - \int \dfrac{x}{\sqrt{1-x^2}}\mathrm{d}x$
$$= x\arcsin x + \int \dfrac{1}{2}\dfrac{1}{\sqrt{1-x^2}}\mathrm{d}(1-x^2) = x\arcsin x + \sqrt{1-x^2} + C.$$

练习 2 求 $\int x\arctan x\mathrm{d}x$.
解

例题 4　求 $\int e^x \sin x \, dx$.

解　因为 $\int e^x \sin x \, dx = \int e^x d(-\cos x) = -e^x \cos x + \int \cos x e^x \, dx$

$$= -e^x \cos x + \int e^x d\sin x = -e^x \cos x + e^x \sin x - \int e^x \sin x \, dx.$$

所以

$$\int e^x \sin x \, dx = \frac{1}{2} e^x (\sin x - \cos x) + C.$$

练习 3　求 $\int x \sec^2 x \, dx$.

解

例题 5　求 $\int e^{\sqrt{x-1}} \, dx$.

解法 1　令 $\sqrt{x-1} = t$，则 $dx = 2t \, dt$，

所以

$$\int e^{\sqrt{x-1}} \, dx = \int e^t \cdot 2t \, dt = 2\int t \, de^t = 2te^t - 2\int e^t \, dt = 2te^t - 2e^t + C$$

$$= 2e^{\sqrt{x-1}} \sqrt{x-1} - 2e^{\sqrt{x-1}} + C.$$

解法 2　$\int e^{\sqrt{x-1}} \, dx = \int 2\sqrt{x-1} \, de^{\sqrt{x-1}} = 2\sqrt{x-1} e^{\sqrt{x-1}} - 2\int e^{\sqrt{x-1}} \, d\sqrt{x-1}$

$$= 2e^{\sqrt{x-1}} \sqrt{x-1} - 2e^{\sqrt{x-1}} + C.$$

练习 4　求 $\int \sin \sqrt{x} \, dx$.

解

可以看出，虽然分部积分法的关键是 u, dv 的选择，但凑微分仍是其基础.

注意　一般地，被积函数具有下列形式时，可用分部积分法：

（1）幂函数与指数函数（或三角函数）之积，形如 $x^n e^{kx}$，$x^n \sin kx$，$x^n \cos kx$（其中 n 为正整数，$k \neq 0$），应选 x^n 为 u，其余部分为 dv.

（2）幂函数与对数函数（或反三角函数）之积，形如 $x^n \ln x$，$x^n \arcsin x$，$x^n \arccos x$，$x^n \arctan x$（其中 n 为正整数），应选 $\ln x$，$\arcsin x$，$\arccos x$，$\arctan x$ 为 u，其余部分为 dv.

（3）三角函数与指数函数之积，形如 $e^{ax} \sin bx$，$e^{ax} \cos bx$（其中 a, b 为实数），可以任意地选择 u, dv，但要连续两次用分部积分法，出现"循环"后应移项解方程（如例题 4）.

3.5.2　积分表的使用

从前面几节可以看出积分的计算比微分的计算复杂，灵活性较强. 被积函数形式稍有不同，相应的积分方法和结果就有很大的差别. 为了便于应用，人们将常用的不定积分按被

积函数的类型编辑了公式表以供查用. 本书附录 I 中给出了一个不定积分表, 求不定积分时, 可根据被积函数的类型直接或经过简单变形后, 在积分表中查到积分的结果.

下面通过例子说明积分表的用法.

例题 6 求 $\displaystyle\int\frac{\mathrm{d}x}{3+7x^2}$.

解 被积函数中含有 ax^2+b, 在积分表 4 中找到积分公式(22), 将 $a=7$, $b=3$ 代入公式得

$$\int\frac{\mathrm{d}x}{3+7x^2}=\frac{1}{\sqrt{21}}\arctan\sqrt{\frac{7}{3}}x+C.$$

例题 7 求 $\displaystyle\int\frac{\mathrm{d}x}{x\sqrt{4-9x^2}}$.

解 这个积分不能直接在积分表中找到, 需要先进行变换.

设 $u=3x$ 则 $x=\dfrac{u}{3}$, $\mathrm{d}x=\dfrac{1}{3}\mathrm{d}u$, 于是

$$\int\frac{\mathrm{d}x}{x\sqrt{4-9x^2}}=\int\frac{\mathrm{d}u}{u\sqrt{2^2-u^2}}.$$

被积函数含有 $\sqrt{a^2-x^2}(a>0)$, 在积分表 8 中找到积分公式(65), 把 $a=2$ 代入得

$$\int\frac{\mathrm{d}x}{x\sqrt{4-9x^2}}=\int\frac{\mathrm{d}u}{u\sqrt{2^2-u^2}}=\frac{1}{2}\ln\frac{2-\sqrt{4-9x^2}}{|3x|}+C.$$

例题 8 求 $\displaystyle\int\frac{\mathrm{d}x}{4\cos^2x+9\sin^2x}$.

解 被积函数含有三角函数, 在积分表 11 中找到积分公式(107), 把 $a=2$, $b=3$ 代入得

$$\int\frac{\mathrm{d}x}{4\cos^2x+9\sin^2x}=\frac{1}{6}\arctan\left(\frac{3}{2}\tan x\right)+C.$$

日期：_____   教师：_____

3.6 第 3 模块习题课

课前探讨

1. 复习总结不定积分部分内容.

2. 讨论以下问题：

(1) 设函数 $f(x)$ 的导函数是 a^x,则 $f(x)$ 的全体原函数是 _____.

(2) 设 e^{-x} 是 $f(x)$ 的一个原函数,求 $\displaystyle\int xf(x)\mathrm{d}x =$ _____.

(3) $\displaystyle\int \frac{1+\sin 2x}{\cos x + \sin x}\mathrm{d}x =$ _____.

(4) $\displaystyle\int \frac{2x^4}{1+x^2}\mathrm{d}x =$ _____.

(5) $\displaystyle\int \frac{1}{\cos^2 x\sqrt{1+\tan x}}\mathrm{d}x =$ _____.

(6) $\displaystyle\int \frac{1}{x\sqrt{x^2+4}}\mathrm{d}x =$ _____.

(7) $\displaystyle\int \ln(1+x^2)\mathrm{d}x =$ _____.

内容精要

1. 不定积分的概念与性质

(1) 不定积分的概念.

① 原函数：若 $F'(x)=f(x)$ 或 $\mathrm{d}F(x)=f(x)\mathrm{d}x$,则称 $F(x)$ 为 $f(x)$ 的一个原函数.

② 不定积分：若 $F'(x)=f(x)$,则 $\displaystyle\int f(x)\mathrm{d}x=F(x)+C$.

(2) 不定积分的性质.

① $\left[\int f(x)\mathrm{d}x\right]' = f(x)$ 或 $\mathrm{d}\left[\int f(x)\mathrm{d}x\right] = f(x)\mathrm{d}x$；

② $\int F'(x)\mathrm{d}x = F(x) + C$ 或 $\int \mathrm{d}F(x) = F(x) + C$；

③ $\int [f(x) \pm g(x)]\mathrm{d}x = \int f(x)\mathrm{d}x \pm \int g(x)\mathrm{d}x$；

④ $\int kf(x)\mathrm{d}x = k\int f(x)\mathrm{d}x$.

(3) 不定积分基本公式.

2. 直接积分法

利用积分公式直接求积分.

3. 第一类换元积分法

主要是用微分式子凑积分.

4. 第二类换元积分法

(1) 幂代换：被积函数含有形如 $\sqrt[n]{ax+b}$（n 为正整数）的根式，由 $\sqrt[n]{ax+b}=t$，则 $x=\dfrac{t^n-b}{a}$.

(2) 三角代换：

① 被积函数含有形如 $\sqrt{a^2-x^2}$（$a>0$）的根式，设 $x=a\sin t$；

② 被积函数含有形如 $\sqrt{x^2+a^2}$（$a>0$）的根式，设 $x=a\tan t$；

③ 被积函数含有形如 $\sqrt{x^2-a^2}$（$a>0$）的根式，设 $x=a\sec t$.

5. 分部积分法

$\int u\mathrm{d}v = uv - \int v\mathrm{d}u$ 称为不定积分的分部积分法公式.

利用分部积分法关键是在正确选择 $u,\mathrm{d}v$. 一般地，$u,\mathrm{d}v$ 的选取原则是：① 由 $\mathrm{d}v$ 易求 v；② $\int v\mathrm{d}u$ 比 $\int u\mathrm{d}v$ 易求.

当被积函数具有下列形式时，可用分部积分法：

(1) 形如 $x^n\mathrm{e}^{kx}$，$x^n\sin kx$，$x^n\cos kx$（其中 n 为正整数，$k\neq0$），应选 x^n 为 u，其余部分为 $\mathrm{d}v$；

(2) 形如 $x^n\ln x$，$x^n\arcsin x$，$x^n\arccos x$，$x^n\arctan x$（其中 n 为正整数），应选 $\ln x$，$\arcsin x$，$\arccos x$，$\arctan x$ 为 u，其余部分为 $\mathrm{d}v$；

(3) 形如 $\mathrm{e}^{ax}\sin bx$，$\mathrm{e}^{ax}\cos bx$（其中 a,b 为实数），可以任意地选择 $u,\mathrm{d}v$，但要连续两次用分部积分法，出现"循环"后，移项解方程求解.

习题讲解

1. 判断题

(1) 设 $\int f(x)\mathrm{d}x = \mathrm{e}^x(x^2-2x+2)+C$，则 $f(x) = x^2\mathrm{e}^x + C$. （　　　）

(2) 设 e^{-x} 是 $f(x)$ 的一个原函数，则 $\int f(x)dx = e^{-x}$. （　　）

(3) 设 $f(x) = \ln x$，则 $\int e^{2x} f'(e^x)dx = e^{2x} + C$. （　　）

(4) $\int \cos 2x dx = \sin 2x + C$. （　　）

(5) $\int e^{-x}dx = e^{-x} + C$. （　　）

(6) $\int (1-\sin x)\cos x dx = x - \dfrac{1}{2}(\sin x)^2 + C$. （　　）

(7) $\int \dfrac{f'(x)}{2\sqrt{f(x)}}dx = \sqrt{f(x)} + C$. （　　）

(8) 设 $f(x)$ 的一个原函数是 $\dfrac{\ln x}{x}$，则 $\int x f'(x)dx = \dfrac{1-\ln x}{x} - \dfrac{\ln x}{x}$. （　　）

2. 选择题

(1) 设 C 是不为零的常数，则函数 $f(x) = \dfrac{1}{x}$ 的原函数不是_____.

A. $\ln|x|$ B. $C\ln|x|$ C. $\ln|Cx|$ D. $\ln|x|+C$

(2) 设 $f(x)$ 的一个原函数为 $\ln x$，则 $f'(x) =$_____.

A. $\dfrac{1}{x}$ B $-\dfrac{1}{x^2}$ C. $x\ln x$ D. e^x

(3) 设函数 $f(x)$ 的导函数是 a^x，则 $f(x)$ 的全体原函数是_____.

A. $\dfrac{a^x}{\ln a} + C$ B. $\dfrac{a^x}{(\ln a)^2} + C_1 x + C_2$

C. $\dfrac{a^x}{(\ln a)^2} + C$ D. $a^x(\ln a)^2 + C_1 x + C_2$

(4) 设 $f'(\sin x) = \cos^2 x$，则 $f(x) =$_____.

A. $\sin x - \dfrac{1}{3}\sin^3 x + C$ B. $x - \dfrac{1}{3}x^3 + C$

C. $\sin^2 x - \dfrac{1}{3}\sin^6 x + C$ D. $x^2 - \dfrac{1}{3}x^6 + C$

(5) 若 $\int f(x)e^{\frac{1}{x}}dx = -e^{\frac{1}{x}} + C$，则 $f(x) =$_____.

A. $\dfrac{1}{x}$ B. $\dfrac{1}{x^2}$ C. $-\dfrac{1}{x}$ D. $-\dfrac{1}{x^2}$

(6) 若 $\int f(x)dx = F(x) + C$，则 $\int e^{-x} f(e^{-x})dx =$_____.

A. $F(e^x) + C$ B. $-F(e^{-x}) + C$

C. $-F(e^x) + C$ D. $F(e^{-x}) + C$

(7) 若 $\int f(x)dx = \sqrt{2x^2+1} + C$，则 $\int x f(2x^2+1)dx =$_____.

A. $x\sqrt{2x^2+1} + C$ B. $\dfrac{1}{4}\sqrt{2(2x^2+1)^2+1} + C$

C. $\dfrac{1}{4}\sqrt{2x^2+1} + C$ D. $\dfrac{1}{2}\sqrt{2x^2+1} + C$

(8) 设 e^{-x} 是 $f(x)$ 的一个原函数，则 $\int x f(x) \mathrm{d}x =$ _____.

A. $e^{-x}(1-x)+C$ B. $e^{-x}(1+x)+C$

C. $e^{-x}(x-1)+C$ D. $-e^{-x}(x+1)+C$

3. 填空题

(1) $\int f'(ax+b)\mathrm{d}x =$ _____;

(2) $\int \dfrac{1}{f(x)} f'(x)\mathrm{d}x =$ _____;

(3) $\int e^{f(x)} f'(x)\mathrm{d}x =$ _____;

(4) $\int \dfrac{1}{1+x^2}\mathrm{d}x =$ _____;

(5) $\int x f''(x)\mathrm{d}x =$ _____;

(6) $\int \sec x \, \mathrm{d}x =$ _____.

4. 求下列不定积分

(1) $\int \dfrac{4x^2-1}{1+x^2}\mathrm{d}x.$

(2) $\int \dfrac{1+\sin 2x}{\cos x + \sin x}\mathrm{d}x.$

(3) $\int \dfrac{\sqrt{1+x^2}}{\sqrt{1-x^4}}\mathrm{d}x.$

(4) $\int \left(\sin x + \dfrac{2}{\sqrt{1-x^2}}\right)\mathrm{d}x.$

(5) $\int 3^{2x} e^x \mathrm{d}x.$

(6) $\int \dfrac{2x^4}{1+x^2}\mathrm{d}x.$

(7) $\int \sin^2 \dfrac{x}{2}\mathrm{d}x.$

(8) $\int \dfrac{x-2}{x^2-4x-5}\mathrm{d}x.$

(9) $\int \dfrac{e^x}{e^x+1}\mathrm{d}x.$

(10) $\int \dfrac{1}{\cos^2 x \sqrt{1+\tan x}}\mathrm{d}x.$

(11) $\int (x-1)e^{x^2-2x+1}\mathrm{d}x.$

(12) $\int e^{2x^2+\ln x}\mathrm{d}x.$

(13) $\int \sec^7 x \tan x \, dx$.

(14) $\int \dfrac{1}{x\sqrt{x^2+4}} \, dx$.

(15) $\int x^2 \cos x \, dx$.

(16) $\int \ln(1+x^2) \, dx$.

学法建议

1. 本模块的重点是原函数与不定积分的概念、基本积分公式、换元积分法与分部积分法；难点是第一换元积分法，必须多下工夫才能掌握. 除了熟记积分基本公式外，还要熟记一些常用的微分关系式，如 $e^x dx = d(e^x)$，$\dfrac{1}{x} = d(\ln x)$，$\dfrac{1}{\sqrt{x}} dx = 2d\sqrt{x}$，$\sin x \, dx = -d(\cos x)$，$\sec^2 x \, dx = d(\tan x)$ 等.

2. 不定积分计算要根据被积函数的特征灵活运用积分方法. 在具体的问题中，常常综合使用各种方法，针对不同的问题采用不同的积分方法. 如对于 $\int (\arcsin x)^2 dx$，应先换元，令 $t = \arcsin x$，再用分部积分法即可，$\int (\arcsin x)^2 dx = \int t^2 \cos t \, dt$.

3. 求不定积分比求导数要难得多，尽管有一些规律可循，但在具体应用时却十分灵活，因此应通过多做习题来积累经验，熟悉技巧，以便熟练掌握.

第 **4** 模块

定积分及其应用

【学习目标】

理解定积分的概念,掌握定积分的性质;掌握牛顿-莱布尼茨公式,并能够应用牛顿-莱布尼茨公式进行定积分的计算;能应用定积分解决实际问题.

数学中的许多概念和理论都是源于实际而又应用于实际的,积分学也不例外.第2模块已经讨论了如何求已知函数的导数.在现实生活中人们常常需要研究和解决它的相反问题,由此第3模块研究了不定积分.为了研究几何学中曲线所围成图形的面积、物理学中变速直线运动的路程和经济学中非均匀变化的总产量等问题,人们引入了定积分的概念,从而产生了积分学.本模块主要研究定积分的概念、性质和基本计算方法.

日期：＿＿＿＿＿＿＿＿＿＿＿＿＿＿＿　　教师：＿＿＿＿＿＿＿＿＿＿＿＿＿＿

4.1　定积分的概念

学习内容：定积分的概念、几何意义.
目的要求：熟练掌握定积分的概念，理解定积分的几何意义.
重点难点：定积分的概念，定积分的几何意义.

课前探讨

1. 阐述曲边梯形的定义.
2. 阐述曲边梯形的面积求解方法.
3. 阐述变速直线运动路程的求解方法.
4. 阐述定积分的定义.
5. 阐述定积分的几何意义.

课堂讲习

4.1.1　引　例

引例 1（求曲边梯形的面积）　所谓曲边梯形，是指由连续曲线 $y=f(x)$（设 $f(x) \geqslant 0$），直线 $x=a$，$x=b$ 和 x 轴（$y=0$）所围成的四边形图形. 图 4-1 所示的图形 $AabB$ 中有两边平行，第三边与这两边垂直，第四条边是曲线.

矩形面积的求法是已知的，但是此图形有一边是一条曲线，该如何求其面积呢？

从图中可以看出，曲边梯形的高 $f(x)$ 在区间 $[a,b]$ 上是连续变化的，因此在很小的一区间段内其变化很小，近似于不变，并且当区间的长度无限缩小时，高的变化也无限减小. 因此，如果把区间 $[a,b]$ 分成许多小区间，在每个小区间上用其中某一点的高来近似代替同一个小区间上的窄曲边形的高，再根据矩形的面积公式即可求出相应窄曲

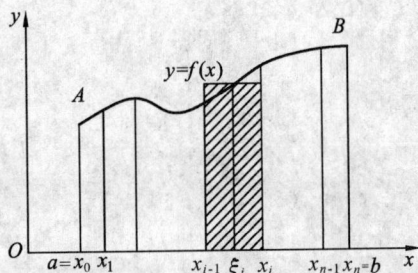

图 4-1

边梯形面积的近似值，从而求出整个曲边梯形面积的近似值. 显然，把区间 $[a,b]$ 分得越细，所求出的面积值越接近于精确值，为此我们通过以下四步进行计算.

第 1 步：分割. 用分点 $a=x_0<x_1<x_2<\cdots<x_{n-1}<x_n=b$, 将区间 $[a,b]$ 任意分成 n 个小区间 $[x_{i-1},x_i](i=1,2,\cdots,n)$, 第 i 个小区间的长度为 $\Delta x_i=x_i-x_{i-1}(i=1,2,\cdots,n)$.

经过每一个分点作平行于 y 轴的直线段, 把曲边梯形分成 n 个窄曲边梯形, 各个窄曲边梯形的面积记为 $\Delta A_i(i=1,2,\cdots,n)$.

第 2 步：取近似. 在每个小区间 $[x_{i-1},x_i]$ 上任取一点 ξ_i, 以 $f(\xi_i)$ 为高、Δx_i 为底的矩形面积为 $f(\xi_i)\Delta x_i(i=1,2,\cdots,n)$, 并把它作为窄曲边梯形面积 ΔA_i 的近似值, 即

$$\Delta A_i\approx f(\xi_i)\Delta x_i(i=1,2,\cdots,n).$$

第 3 步：求和. 将各窄曲边梯形面积的近似值相加, 即得所求曲边梯形面积的近似值, 即

$$A\approx\sum_{i=1}^{n}f(\xi_i)\Delta x_i.$$

第 4 步：取极限. 记 $\lambda=\max_{1\leqslant i\leqslant n}\{\Delta x_i\}$, 当 $\lambda\to0$ 时, 所有小区间的长度 Δx_i 都趋于 0, 取上述和式的极限, 得曲边梯形的面积为

$$A=\lim_{\lambda\to0}\sum_{i=1}^{n}f(\xi_i)\Delta x_i.$$

求曲边梯形的面积就归结为求上述这种和式的极限.

引例 2（变速直线运动的路程） 设物体做直线运动, 已知速度 $v=v(t)$ 是时间间隔 $[T_1,T_2]$ 上 t 的连续函数, 且 $v(t)\geqslant0$, 计算在这段时间内物体所经过的路程 s.

我们把时间间隔 $[T_1,T_2]$ 分成 n 个小的时间间隔 Δt_i. 在每个小的时间间隔 Δt_i 内, 物体运动看成是匀速的, 其速度近似为物体在时间间隔 Δt_i 内某点 ξ_i 的速度 $v(\xi_i)$, 物体在时间间隔 Δt_i 内运动的距离近似为 $s_i=v(\xi_i)\Delta t_i$. 把物体在每一小的时间间隔 Δt_i 内运动的距离加起来作为物体在时间间隔 $[T_1,T_2]$ 内所经过的路程 s 的近似值. 具体做法是：

第 1 步：分割. 用分点 $T_1=t_0<t_1<t_2<\cdots<t_{n-1}<t_n=T_2$, 将区间 $[T_1,T_2]$ 任意分成 n 个小区间 $[t_{i-1},t_i](i=1,2,\cdots,n)$, 第 i 个小区间的长度为 $\Delta t_i=t_i-t_{i-1}(i=1,2,\cdots,n)$.

相应地, 在各段时间内物体经过的路程依次为 s_i.

第 2 步：取近似. 在时间间隔 $[t_{i-1},t_i]$ 上任取一个时刻 ξ_i, 以 ξ_i 时刻的速度 $v(\xi_1)$ 来代替 $[t_{i-1},t_i]$ 上各个时刻的速度, 得到路程 s_i 的近似值, 即 $s_i\approx v(\xi_i)\Delta t_i(i=1,2,\cdots,n)$.

第 3 步：求和. 于是这 n 段部分路程的近似值之和就是所求变速直线运动路程 s 的近似值, 即

$$s\approx\sum_{i=1}^{n}v(\xi_i)\Delta t_i.$$

第 4 步：取极限. 记 $\lambda=\max_{1\leqslant i\leqslant n}\{\Delta t_i\}$, 当 $\lambda\to0$ 时, 取上述和式的极限, 即得变速直线运动的路程为

$$s=\lim_{\lambda\to0}\sum_{i=1}^{n}v(\xi_i)\Delta t_i.$$

以上两个实例尽管实际意义不同, 但最后都归结为求"乘积的和式的极限". 在对这种共性加以概括和抽象的基础上, 并从其抽象后的形式上进行讨论, 便可得出定积分的定义.

4.1.2 定积分的定义

设函数 $f(x)$ 在 $[a,b]$ 上有定义, 按下列 4 步构造极限：

第 1 步：分割. 用分点 $a=x_0<x_1<x_2<\cdots<x_{n-1}<x_n=b$，将区间 $[a,b]$ 任意分成 n 个小区间 $[x_{i-1},x_i](i=1,2,\cdots,n)$，第 i 个小区间的长度为 $\Delta x_i=x_i-x_{i-1}(i=1,2,\cdots,n)$.

第 2 步：取近似. 在每个小区间 $[x_{i-1},x_i]$ 上任取一点 ξ_i，取乘积 $f(\xi_i)\Delta x_i(i=1,2,\cdots,n)$.

第 3 步：求和.

$$s_n=\sum_{i=1}^{n}f(\xi_i)\Delta x_i.$$

第 4 步：取极限. 记 $\lambda=\max\limits_{1\leqslant i\leqslant n}\{\Delta x_i\}$，当 $\lambda\to0$ 时，取上述和式的极限

$$\lim_{\lambda\to0}s_n=\lim_{\lambda\to0}\sum_{i=1}^{n}f(\xi_i)\Delta x_i.$$

若上述和式的极限存在为 I，则称函数 $f(x)$ 在 $[a,b]$ 上是可积的，并称此极限值 I 为 $f(x)$ 在 $[a,b]$ 上的**定积分**，记作

$$I=\int_a^b f(x)\mathrm{d}x.$$

其中，$\int$ 称为积分号，x 称为积分变量，$f(x)$ 称为**被积函数**，$f(x)\mathrm{d}x$ 称为**被积表达式**，a,b 分别称为积分下限和上限，$[a,b]$ 称为**积分区间**.

根据定积分的定义，曲边梯形的面积为 $A=\int_a^b f(x)\mathrm{d}x$，变速直线运动的路程为 $s=\int_{T_1}^{T_2}v(t)\mathrm{d}t$.

注意 （1）定积分 $\int_a^b f(x)\mathrm{d}x$ 的值只与积分区间 $[a,b]$ 和被积函数 $f(x)$ 有关，与 $[a,b]$ 的分割方法和 ξ_i 的取法无关.

（2）积分上限可以小于下限，并且 $\int_a^b f(x)\mathrm{d}x=-\int_b^a f(x)\mathrm{d}x$.

（3）$\int_a^a f(x)\mathrm{d}x=0$.

函数 $f(x)$ 在 $[a,b]$ 上满足什么条件时，$f(x)$ 在 $[a,b]$ 上可积呢？

定理 （1）设函数 $f(x)$ 在 $[a,b]$ 上连续，则 $f(x)$ 在 $[a,b]$ 上可积.（可积的充分条件）

（2）设 $f(x)$ 在 $[a,b]$ 上有界，且只有有限个间断点，则 $f(x)$ 在 $[a,b]$ 上可积.

（3）若函数 $f(x)$ 在 $[a,b]$ 上可积，则 $f(x)$ 在 $[a,b]$ 上有界.（可积的必要条件）

（4）单调有界函数必定可积.

（5）只有有限个第一类不连续点的函数是可积的，即分段连续函数是可积的.

练习 利用定义计算定积分 $\int_0^1 x^2\mathrm{d}x$.

解

4.1.3 定积分的几何意义

设由连续曲线 $y=f(x)$，直线 $x=a,x=b$ 和 x 轴（或 $y=0$）所围成的曲边梯形面积用 A

表示,其几何意义为:

(1) 当 $f(x) \geqslant 0$ 时,如图 4-1 所示,$\int_a^b f(x)\mathrm{d}x = A$. 特别地,在区间 $[a,b]$ 上,若 $f(x) \equiv 1$,则 $\int_a^b f(x)\mathrm{d}x = \int_a^b \mathrm{d}x = b-a$,它表示以区间 $[a,b]$ 为底、高为 1 的矩形的面积,如图 4-2 所示.

(2) 当 $f(x) \leqslant 0$ 时,如图 4-3 所示,有 $\int_a^b f(x)\mathrm{d}x = -A$.

(3) 当 $f(x)$ 在 $[a,d]$ 上有正也有负时,$\int_a^d f(x)\mathrm{d}x$ 等于连续曲线 $y = f(x)$ 和直线 $x = a$, $x = d$ 与 x 轴(或 $y = 0$)所围成各部分图形面积的代数和(在 x 轴上方的为正面积,在 x 轴下方的为负面积),如图 4-4 所示,$\int_a^d f(x)\mathrm{d}x = A_1 - A_2 + A_3$.

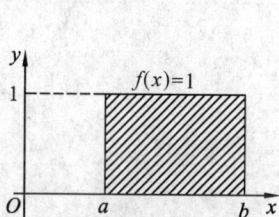

图 4-2

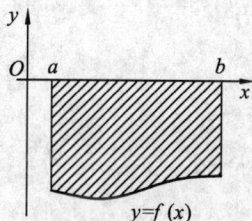

图 4-3

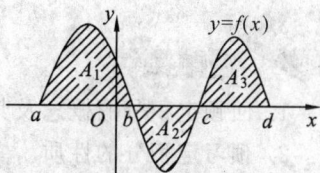

图 4-4

曲边梯形的面积用定积分表示为:

(1) 当 $f(x) \geqslant 0$ 时,有 $A = \int_a^b f(x)\mathrm{d}x$.

(2) 当 $f(x) \leqslant 0$ 时,有 $A = -\int_a^b f(x)\mathrm{d}x$.

(3) 当 $f(x)$ 在 $[a,d]$ 上有正也有负时,

$$A = \int_a^d |f(x)|\,\mathrm{d}x = A_1 + A_2 + A_3 = \int_a^b f(x)\mathrm{d}x - \int_b^c f(x)\mathrm{d}x + \int_c^d f(x)\mathrm{d}x.$$

例题 用定积分几何意义,求 $\int_{-4}^4 \sqrt{16-x^2}\,\mathrm{d}x$.

解 被积函数是 $y = \sqrt{16-x^2}$,$x \in [-4,4]$ 是 x 轴上方的半圆,如图 4-5 所示.根据定积分的几何意义,所求定积分为阴影部分的面积,即

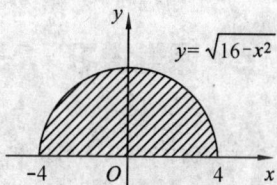

图 4-5

$$\int_{-4}^4 \sqrt{16-x^2}\,\mathrm{d}x = 8\pi.$$

日期：_____   教师：_____

4.2 定积分的性质

学习内容：定积分的性质.
目的要求：熟练掌握定积分的性质,会利用定积分的性质进行分析、判断及计算定积分.
重点难点：定积分的性质,定积分性质的应用.

课前探讨

1. 回顾定积分的概念及其几何意义.

2. 预习定积分的性质.

3. 设 $f(x) = \begin{cases} 2, & -3 \leqslant x < 0, \\ \sqrt{1-x^2}, & 0 \leqslant x \leqslant 1, \end{cases}$ 求 $\int_{-3}^{1}[5+2f(x)]\mathrm{d}x$.

4. 比较下列积分值的大小：

(1) $\int_{0}^{1} x\mathrm{d}x$ 与 $\int_{0}^{1} \sqrt{x}\mathrm{d}x$；(2) $\int_{0}^{\frac{\pi}{4}} \sin x\mathrm{d}x$ 与 $\int_{0}^{\frac{\pi}{4}} \cos x\mathrm{d}x$.

5. 估计定积分 $\int_{0}^{1} \mathrm{e}^x \mathrm{d}x$ 的值.

6. 求 $y = \sqrt{4-x^2}$ 在 $[-2, 2]$ 上的平均值.

课堂讲习

案例 比较下列定积分 $\int_{0}^{\frac{\pi}{4}} \sin x\mathrm{d}x$ 与 $\int_{0}^{\frac{\pi}{4}} \cos x\mathrm{d}x$ 的大小.

由定积分的定义可以看出, $\int_{a}^{b} f(x)\mathrm{d}x$ 中 a 是积分下限, b 是积分上限,所以 $a \neq b$, 且 $a < b$, 但为了计算需要,我们作如下规定：

(1) $\int_{a}^{a} f(x)\mathrm{d}x = 0$

(2) 当 $a > b$ 时,有 $\int_{a}^{b} f(x)\mathrm{d}x = -\int_{b}^{a} f(x)\mathrm{d}x$

假设函数 $f(x), g(x)$ 在给定的区间上是可积的,下面定积分的一些性质将有利于定积分的计算.

4.2.1 定积分的线性性质

性质 1 常数因子可以提到积分号前，即

$$\int_a^b kf(x)\mathrm{d}x = k\int_a^b f(x)\mathrm{d}x.$$

证 由定积分的定义和极限的性质可得

$$\int_a^b kf(x)\mathrm{d}x = \lim_{\lambda\to 0}\sum_{i=1}^n kf(\xi_i)\lambda_i = k\lim_{\lambda\to 0}\sum_{i=1}^n f(\xi_i)\Delta x_i = k\int_a^b f(x)\mathrm{d}x.$$

性质 2 函数代数和的定积分等于它们的定积分的代数和，即

$$\int_a^b [f(x)\pm g(x)]\mathrm{d}x = \int_a^b f(x)\mathrm{d}x \pm \int_a^b g(x)\mathrm{d}x.$$

本性质对有限个函数的代数和的情况仍然成立.

性质 1 和性质 2 可以合起来统一写作 $\int_a^b [kf(x)\pm hg(x)]\mathrm{d}x = k\int_a^b f(x)\mathrm{d}x \pm h\int_a^b g(x)\mathrm{d}x.$

4.2.2 定积分的区间可加性

性质 3（区间的可加性） 对任意 3 个数 a, b, c，总有

$$\int_a^b f(x)\mathrm{d}x = \int_a^c f(x)\mathrm{d}x + \int_c^b f(x)\mathrm{d}x.$$

可仿照性质 1 证明性质 3.

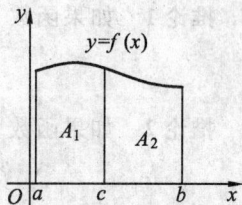

图 4-6

说明 （1）当 $a < c < b$ 时，如图 4-6 所示，由定积分的几何意义可知，总面积 $A = \int_a^b f(x)\mathrm{d}x$ 是两块面积 $A_1 = \int_a^c f(x)\mathrm{d}x$ 与 $A_2 = \int_c^b f(x)\mathrm{d}x$ 的和.

（2）当 c 点在区间 $[a,b]$ 之外，假设 $a < b < c$ 时，由前一种情况有

$$\int_a^c f(x)\mathrm{d}x = \int_a^b f(x)\mathrm{d}x + \int_b^c f(x)\mathrm{d}x,$$

所以 $\quad \int_a^b f(x)\mathrm{d}x = \int_a^c f(x)\mathrm{d}x - \int_b^c f(x)\mathrm{d}x = \int_a^c f(x)\mathrm{d}x + \int_c^b f(x)\mathrm{d}x.$

其他情况可类似推出.

性质 4 若函数 $f(x)$ 在 $[a,c]$，$[c,b]$ 上都可积，则 $f(x)$ 在 $[a,b]$ 上也可积.

例题 1 设 $f(x) = \begin{cases} 2, & -3 \leqslant x < 0, \\ \sqrt{1-x^2}, & 0 \leqslant x \leqslant 1, \end{cases}$ 求 $\int_{-3}^1 [5+2f(x)]\mathrm{d}x.$

解 由定积分的性质可得

$$\int_{-3}^1 [5+2f(x)]\mathrm{d}x = 5\int_{-3}^1 \mathrm{d}x + 2\int_{-3}^1 f(x)\mathrm{d}x = 20 + 2\left[\int_{-3}^0 f(x)\mathrm{d}x + \int_0^1 f(x)\mathrm{d}x\right]$$

$$= 20 + 2\left[\int_{-3}^0 2\mathrm{d}x + \int_0^1 \sqrt{1-x^2}\mathrm{d}x\right] = 32 + \frac{\pi}{2}.$$

练习 1 设 $f(x) = \begin{cases} 1, & -2 \leqslant x < 0, \\ 2x, & 0 \leqslant x \leqslant 1, \end{cases}$ 求 $\int_{-2}^1 [1+f(x)]\mathrm{d}x.$

解

4.2.3 定积分的单调性

性质 5(比较性质) 如果在区间 $[a,b]$ 上,若 $f(x) \leqslant g(x)$,则

$$\int_a^b f(x)\mathrm{d}x \leqslant \int_a^b g(x)\mathrm{d}x.$$

例题 2 比较积分值 $\int_0^{\frac{\pi}{4}} \sin x\mathrm{d}x$ 与 $\int_0^{\frac{\pi}{4}} \cos x\mathrm{d}x$ 的大小.

解 当 $x \in \left[0, \dfrac{\pi}{4}\right]$ 时,$\sin x \leqslant \cos x$. 由定积分的性质,有 $\int_0^{\frac{\pi}{4}} \sin x\mathrm{d}x \leqslant \int_0^{\frac{\pi}{4}} \cos x\mathrm{d}x$.

练习 2 比较积分值 $\int_0^1 x\mathrm{d}x$ 与 $\int_0^1 \sqrt{x}\mathrm{d}x$ 的大小.

解

推论 1 如果函数 $f(x)$ 在 $[a,b]$ 上可积,且对任意 $x \in [a,b]$ 都有 $f(x) \geqslant 0$,则

$$\int_a^b f(x)\mathrm{d}x \geqslant 0.$$

推论 2 如果函数 $f(x)$ 在 $[a,b]$ 上可积,则 $|f(x)|$ 在 $[a,b]$ 上也可积,且有

$$\left|\int_a^b f(x)\mathrm{d}x\right| \leqslant \int_a^b |f(x)|\,\mathrm{d}x.$$

4.2.4 定积分中值定理

性质 6 如果函数 $f(x)=C$,C 为常数,则函数 $f(x)=C$ 在 $[a,b]$ 上可积,且有

$$\int_a^b f(x)\mathrm{d}x = C(b-a).$$

证 由定积分的定义可知

$$\int_a^b f(x)\mathrm{d}x = \lim_{\lambda \to 0} \sum_{i=1}^n f(\xi_i) \cdot \Delta x_i = C\lim_{\lambda \to 0} \sum_{i=1}^n \Delta x_i = C\lim_{\lambda \to 0}(b-a) = C(b-a).$$

性质 7(估值定理) 设 m 及 M 分别是函数 $f(x)$ 在区间 $[a,b]$ 上的最小值及最大值,则

$$m(b-a) \leqslant \int_a^b f(x)\mathrm{d}x \leqslant M(b-a).$$

说明 性质 7 的几何意义是:曲边梯形的面积 $\int_a^b f(x)\mathrm{d}x$ 介于以 $[a,b]$ 为底、函数 $y=f(x)$ 的最大值 M 和最小值 m 为高的两个矩形的面积之间,如图 4-7 所示.

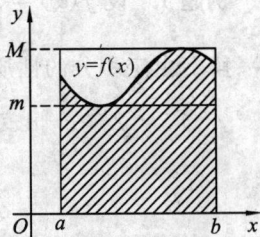

图 4-7

例题 3 估计定积分 $\int_0^1 \mathrm{e}^x\mathrm{d}x$ 的值.

解 函数 $f(x)=\mathrm{e}^x$ 在闭区间 $[0,1]$ 上连续,单调递增,则有 $\mathrm{e}^0 \leqslant \mathrm{e}^x \leqslant \mathrm{e}^1$,即 $1 \leqslant \mathrm{e}^x \leqslant \mathrm{e}$,所以函数 $f(x)=\mathrm{e}^x$ 在闭区间 $[0,1]$ 上的最小值为 1,最大值为 e,由估值定理得

$$1 \cdot (1-0) \leqslant \int_0^1 \mathrm{e}^x\mathrm{d}x \leqslant \mathrm{e} \cdot (1-0),$$

即
$$1 \leqslant \int_0^1 e^x dx \leqslant e.$$

性质 8(积分中值定理) 如果 $f(x)$ 在区间 $[a,b]$ 上连续,则在积分区间 $[a,b]$ 上至少存在一点 ξ,使得

$$\int_a^b f(x) dx = f(\xi)(b-a).$$

说明 积分中值定理的几何意义是:对于曲边梯形的面积 $\int_a^b f(x) dx$,总有一个以 $[a,b]$ 为底,高为 $f(\xi)(a \leqslant \xi \leqslant b)$ 的矩形面积和它相等,如图 4-8 所示.

积分中值定理可改写为

$$f(\xi) = \frac{1}{b-a} \int_a^b f(x) dx.$$

通常称 $f(\xi)$ 为函数 $f(x)$ 在闭区间 $[a,b]$ 上的积分平均值,简称为函数 $f(x)$ 在闭区间 $[a,b]$ 上的平均值,记作 $\bar{y}$.

例题 4 求 $y = \sqrt{16-x^2}$ 在 $[-4,4]$ 上的平均值. $\left(\text{已知} \int_{-4}^4 \sqrt{16-x^2} dx = 8\pi\right)$

解 $\bar{y} = \dfrac{1}{4-(-4)} \displaystyle\int_{-4}^4 \sqrt{16-x^2} dx = \pi.$

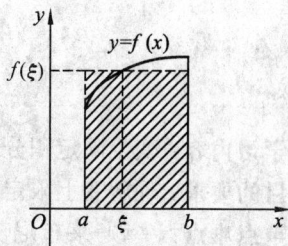

图 4-8

日期：_____   教师：_____

4.3 牛顿-莱布尼茨公式

学习内容：变上限定积分、原函数存在定理、微积分的基本定理(牛顿-莱布尼茨公式).
目的要求：理解变上限定积分的概念，了解原函数存在定理，掌握微积分的基本定理.
重点难点：牛顿-莱布尼茨公式的应用，理解变上限定积分的概念.

课前探讨

1. 阐述变上限定积分的定义.

2. 阐述变上限函数 $F(x)$ 的几何意义.

3. 阐述原函数存在定理.

4. 求 $\dfrac{\mathrm{d}}{\mathrm{d}x}\left(\displaystyle\int_0^x t\cos^2 t\,\mathrm{d}t\right)$，$\dfrac{\mathrm{d}}{\mathrm{d}x}\left(\displaystyle\int_x^1 \dfrac{\sin t}{1+t^2}\,\mathrm{d}t\right)$，$\dfrac{\mathrm{d}}{\mathrm{d}x}\left(\displaystyle\int_0^{3x^2} \dfrac{\cos t}{2+t}\,\mathrm{d}t\right)$.

5. 阐述微积分的基本定理.

6. 求 $\displaystyle\int_0^1 \dfrac{1}{\sqrt{1-x^2}}\,\mathrm{d}x$.

课堂讲习

案例 求 $\displaystyle\int_{-3}^1 |x|\,\mathrm{d}x$.

4.3.1 由变上限定积分

1. 变上限定积分的定义

设函数 $f(x)$ 在区间 $[a,b]$ 上连续，若 $x\in[a,b]$，则称函数
$F(x)=\displaystyle\int_a^x f(t)\,\mathrm{d}t$ 为变上限定积分.

2. 函数 $F(x)$ 的几何意义

函数 $F(x)$ 表示右侧一边可以平行移动的曲边梯形 $aABx$ 的面积(如图 4-9 所示).这个梯形的面积是随 x 位置的变动而变化的，且当 x 给定后，这条边就确定了，面积 $F(x)$ 也随之确定，

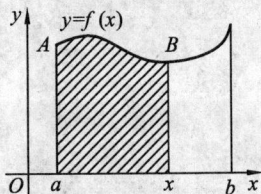

图 4-9

因此 $F(x)$ 是 x 的函数，也称为变上限函数.

3. 函数 $F(x)$ 的性质

性质 1 $F(a) = 0, F(b) = \int_a^b f(x) \mathrm{d}x.$

性质 2   若 $f(x)$ 在 $[a, b]$ 上可积，则 $F(x) = \int_a^x f(t) \mathrm{d}t$ 是 $[a, b]$ 上的连续函数.

证   设 x 是 $[a, b]$ 上任一点，因为 $f(x)$ 在 $[a, b]$ 上可积，所以 $f(x)$ 在 $[a, b]$ 上有界. 设 $|f(x)| \leqslant M$ (M 为正常数)，于是

$$| F(x + \Delta x) - F(x) | = \left| \int_a^{x+\Delta x} f(t) \mathrm{d}t - \int_a^x f(t) \mathrm{d}t \right| = \left| \int_x^{x+\Delta x} f(t) \mathrm{d}t \right|$$

$$\leqslant \left| \int_x^{x+\Delta x} |f(t)| \, \mathrm{d}t \right| \leqslant M |\Delta x|.$$

当 $\Delta x \to 0$ 时，$|F(x + \Delta x) - F(x)| \to 0$，由连续的定义可知，$F(x)$ 在 $[a, b]$ 上是连续函数.

4.3.2 原函数存在定理

定理 1   若 $f(x)$ 在 $[a, b]$ 上连续，则函数 $F(x) = \int_a^x f(t) \mathrm{d}t$ 是 $f(x)$ 在 $[a, b]$ 上的一个原函数，即

$$F'(x) = \left[\int_a^x f(t) \mathrm{d}t \right]' = f(x).$$

证 $\dfrac{F(x + \Delta x) - F(x)}{\Delta x} = \dfrac{1}{\Delta x} \left[\int_a^{x+\Delta x} f(t) \mathrm{d}t - \int_a^x f(t) \mathrm{d}t \right] = \dfrac{1}{\Delta x} \int_x^{x+\Delta x} f(t) \mathrm{d}t.$

由积分的中值定理可知，在 x 与 $x + \Delta x$ 之间必存在一点 ξ，使得

$$\int_x^{x+\Delta x} f(t) \mathrm{d}t = f(\xi) \Delta x,$$

于是

$$\frac{F(x + \Delta x) - F(x)}{\Delta x} = f(\xi).$$

对上式两端取极限 $\Delta x \to 0$，即 $x + \Delta x \to x$. 由于 ξ 在 x 与 $x + \Delta x$ 之间，所以这时必定有 $\xi \to x$，于是

$$\lim_{\Delta x \to 0} \frac{F(x + \Delta x) - F(x)}{\Delta x} = \lim_{\Delta x \to 0} f(\xi) = \lim_{\xi \to x} f(\xi) = f(x).$$

再由导数的定义可知，函数 $F(x)$ 可导且 $F'(x) = \left[\int_a^x f(t) \mathrm{d}t \right]' = f(x).$

这个定理就是原函数存在定理，它建立了导数与积分之间的关系，这就证明了 3.1 提出的原函数存在定理：如果函数 $f(x)$ 在区间 $[a, b]$ 上连续，则在该区间上 $f(x)$ 的原函数一定存在.

例题 1   求 $\dfrac{\mathrm{d}}{\mathrm{d}x} \left(\int_0^x t^3 \sin^2 t \mathrm{d}t \right).$

解   由定理 1 可得

$$\frac{\mathrm{d}}{\mathrm{d}x} \left(\int_0^x t^3 \sin^2 t \mathrm{d}t \right) = x^3 \sin^2 x.$$

练习1　求 $\dfrac{\mathrm{d}}{\mathrm{d}x}\left(\displaystyle\int_0^x t\cos^2 t\,\mathrm{d}t\right)$.

解

例题2　求 $\dfrac{\mathrm{d}}{\mathrm{d}x}\left(\displaystyle\int_x^1 \dfrac{\cos t}{1+t^3}\,\mathrm{d}t\right)$.

解　由于定理1是对积分上限求导，所以先交换积分上下限再求导，即

$$\frac{\mathrm{d}}{\mathrm{d}x}\left(\int_x^1 \frac{\cos t}{1+t^3}\,\mathrm{d}t\right)=-\frac{\mathrm{d}}{\mathrm{d}x}\left(\int_1^x \frac{\cos t}{1+t^3}\,\mathrm{d}t\right)=-\frac{\cos x}{1+x^3}.$$

练习2　求 $\dfrac{\mathrm{d}}{\mathrm{d}x}\left(\displaystyle\int_0^{3x^2} \dfrac{\cos t}{2+t}\,\mathrm{d}t\right)$.

解

由此可得到以下一般结论：

$$\frac{\mathrm{d}}{\mathrm{d}x}\left[\int_a^{\varphi(x)} f(t)\,\mathrm{d}t\right]=f[\varphi(x)]\varphi'(x).$$

4.3.3　微积分基本定理

定理2(微积分的基本定理)　设 $f(x)$ 在 $[a,b]$ 上连续，$F(x)$ 是 $f(x)$ 在 $[a,b]$ 上的任一原函数，即 $F'(x)=f(x)$，则有

$$\int_a^b f(x)\,\mathrm{d}x = F(b)-F(a) \xmreq{\text{记作}} F(x)\Big|_a^b.$$

这个公式称为**牛顿-莱布尼茨公式**，也称为**微积分的基本公式**.

证　已知 $F(x)$ 是 $f(x)$ 在 $[a,b]$ 上的一个原函数，由定理1知，函数 $\displaystyle\int_a^x f(t)\,\mathrm{d}t$ 也是 $f(x)$ 在 $[a,b]$ 上的一个原函数，则这两个原函数之间仅相差一个常数 C，因此有

$$\int_a^x f(t)\,\mathrm{d}t = F(x)+C.$$

在上式中，令 $x=a$，且因为 $\displaystyle\int_a^a f(x)\,\mathrm{d}x = 0$，所以

$$0=F(a)+C,\ \text{即}\ C=-F(a),$$

于是

$$\int_a^x f(t)\,\mathrm{d}t = F(x)-F(a).$$

若在该式中再令 $x=b$，则可得

$$\int_a^b f(t)\,\mathrm{d}t = F(b)-F(a).$$

将积分变量改为 x 表示，上式即为

$$\int_a^b f(x)\,\mathrm{d}x = F(b)-F(a).$$

定理得证.

牛顿-莱布尼茨公式揭示了定积分与不定积分的之间的联系,将积分和微分这两个不同的概念联系了起来,从而把求定积分的问题化为求原函数的问题,这为定积分的计算提供了有效而简便的方法,因此它是一个很重要的公式,必须熟记.

例题 3 求 $\int_0^1 (x^2 - 3x + 1) \mathrm{d}x$.

解 $\int_0^1 (x^2 - 3x + 1) \mathrm{d}x = \left(\dfrac{1}{3} x^3 - \dfrac{3}{2} x^2 + x \right) \Big|_0^1 = \dfrac{1}{3} - \dfrac{3}{2} + 1 = -\dfrac{1}{6}$.

练习 3 求 $\int_0^1 \dfrac{1}{\sqrt{1 - x^2}} \mathrm{d}x$.

解

例题 4 求 $\int_{-5}^{-1} \dfrac{1}{x} \mathrm{d}x$.

解 $\int_{-5}^{-1} \dfrac{1}{x} \mathrm{d}x = \ln |x| \ \Big|_{-5}^{-1} = \ln 1 - \ln 5 = -\ln 5$.

练习 4 求 $\int_{-3}^1 |x| \ \mathrm{d}x$.

解

日期：_____　　教师：_____

4.4　定积分的计算

学习内容：定积分的计算.

目的要求：熟练掌握利用牛顿–莱布尼茨公式求解定积分.

重点难点：利用牛顿–莱布尼茨公式求解定积分.

课前探讨

1. 阐述不定积分的直接积分法，并举例（至少 2 个）.

2. 阐述不定积分的第一类换元积分法，并举例（至少 2 个）.

3. 阐述不定积分的分部积分法，并举例（至少 2 个）.

4. 阐述在不定积分的分部积分法中选择 $u,\mathrm{d}v$ 的方法，并举例（至少 2 个）.

5. 回顾牛顿–莱布尼茨公式.

6. 思考定积分的计算方法，并举例（至少 2 个）.

7. 阐述定积分的分部积分法.

8. 阐述定积分的分部积分法应用，并举例（至少 2 个）.

课堂讲习

案例　求 $\displaystyle\int_1^2 \frac{1}{x}\mathrm{d}x$.

例题 1　求 $\displaystyle\int_0^1 \frac{x^2}{1+x^2}\mathrm{d}x$.

解　$\displaystyle\int_0^1 \frac{x^2}{1+x^2}\mathrm{d}x = \int_0^1 \frac{x^2+1-1}{1+x^2}\mathrm{d}x = \int_0^1 \left(1-\frac{1}{1+x^2}\right)\mathrm{d}x$

$\qquad = (x-\arctan x)\Big|_0^1 = (1-\arctan 1)-(0-\arctan 0)$

$\qquad = 1-\dfrac{\pi}{4}$.

练习 1　求 $\displaystyle\int_1^2 (x^2+1)\mathrm{d}x$.

解

练习 2   求 $\int_0^2 \mathrm{e}^x \mathrm{d}x$.

解

例题 2   求 $\int_0^{\frac{\pi}{2}} \sin^3 x \cos x \mathrm{d}x$.

解   被积函数中既有 $\sin^3 x$ 又有 $\cos x$，而 $\cos x$ 恰是 $\sin x$ 的导数. 因此可以考虑将 $\cos x \mathrm{d}x$ 凑微分成 $\mathrm{d}\sin x$，设 $\sin x = u$，而 $\sin 0 = 0$，$\sin \dfrac{\pi}{2} = 1$，

则

$$\int_0^{\frac{\pi}{2}} \sin^3 x \cos x \mathrm{d}x = \int_0^{\frac{\pi}{2}} \sin^3 x \mathrm{d}\sin x = \int_0^1 u^3 \mathrm{d}u = \frac{1}{4} u^4 \Big|_0^1 = \frac{1}{4}.$$

练习 3   求 $\int_0^{\frac{\pi}{4}} \sin x \cos x \mathrm{d}x$.

解

练习 4   求 $\int_0^1 (2x+1)^7 \mathrm{d}x$.

解

例题 3   求 $\int_0^1 \dfrac{\mathrm{e}^x}{1+\mathrm{e}^x} \mathrm{d}x$.

解   由题意可以看到

$$\mathrm{e}^x \mathrm{d}x = \mathrm{d}(1+\mathrm{e}^x),$$

所以

$$\int_0^1 \frac{\mathrm{e}^x}{1+\mathrm{e}^x} \mathrm{d}x = \int_0^1 \frac{\mathrm{d}(1+\mathrm{e}^x)}{1+\mathrm{e}^x} = \ln(1+\mathrm{e}^x) \Big|_0^1$$

$$= \ln(1+\mathrm{e}) - \ln(1+1) = \ln(1+\mathrm{e}) - \ln 2. \text{(把 } 1+\mathrm{e}^x \text{ 看做 } u)$$

练习 5   求 $\int_0^1 \dfrac{\mathrm{e}^x}{1+\mathrm{e}^{2x}} \mathrm{d}x$.

解

例题 4   求 $\int_0^1 x \sin x \mathrm{d}x$.

解   设 $u = x$，$\mathrm{d}v = \sin x \mathrm{d}x = -\mathrm{d}(\cos x)$，则 $v = -\cos x$.

由分部积分法公式

$$\int_0^1 x \sin x \mathrm{d}x = -x \cos x \Big|_0^1 + \int_0^1 \cos x \mathrm{d}x = -x \cos x \Big|_0^1 + \sin x \Big|_0^1$$

$$= (-x \cos x + \sin x) \Big|_0^1 = \sin 1 - \cos 1.$$

练习 6   求 $\int_1^{\mathrm{e}} x \ln x \mathrm{d}x$.

解

日期：_____   教师：_____

4.5　定积分的应用

学习内容：定积分的应用.
目的要求：掌握微元法的概念及使用,熟练掌握利用定积分求平面图形面积的方法.
重点难点：微元法的概念及使用,利用定积分求平面图形面积的方法.

课前探讨

1. 回顾定积分的微元法.

2. 规则平面图形举例(至少 3 个).

3. 不规则平面图形举例(至少 3 个).

4. 写出平面图形面积求解公式.

5. 求由曲线 $xy=1$,直线 $y=x$ 和 $x=2$ 所围图形的面积.

6. 求由曲线 $y^2=2x$ 与 $y=4-x$ 所围图形的面积.

7. 求由 $y=x,y=2x,x+y=6$ 所围图形的面积.

8. 阐述平面图形面积求解步骤.

课堂讲习

　　案例(窗户面积)　某一窗户的顶部设计为弓形,上方曲线为一抛物线,下方为直线,如下图所示,求此弓形的面积.

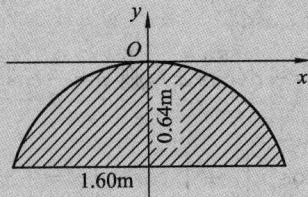

　　由定积分的几何意义可知,由连续曲线 $y=f(x)(f(x)\geqslant0)$,x 轴以及两条直线 $x=a$,$x=b$ 所围成的曲边梯形的面积为

$$A=\int_a^b f(x)\mathrm{d}x=\int_a^b y\mathrm{d}x.$$

应注意在上式中 $f(x)$ 是非负的. 如果 $f(x) \leqslant 0$，那么相应图形面积（所围曲边梯形的面积）应为

$$A = \int_a^b |f(x)| \, \mathrm{d}x = \int_a^b |y| \, \mathrm{d}x.$$

一般地，由两条连续曲线 $y = g(x), y = f(x)$ 及两条直线 $x = a$，$x = b(a < b)$ 所围的平面图形（见图 4-10）（假定 $g(x) \leqslant f(x)$）的面积，按如下方法求得：

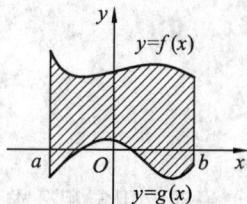

$$A = \int_a^b [f(x) - g(x)] \mathrm{d}x.$$

当不确定 $y = g(x)$ 与 $y = f(x)$ 哪一个较大时，则以 $y = g(x)$，$y = f(x)$ 为边界及直线 $x = a, x = b(a < b)$ 所围图形的面积应记为

图 4-10

$$A = \int_a^b |f(x) - g(x)| \, \mathrm{d}x \xrightarrow{\text{简记}} \int_a^b (\text{上} - \text{下}) \mathrm{d}x.$$

类似地，由连续曲线 $x = \varphi(y) \geqslant 0$，$y$ 轴与直线 $y = c, y = d(c < d)$ 所围成的曲边梯形（见图 4-11）面积为

$$A = \int_c^d \varphi(y) \mathrm{d}y.$$

一般地，由连续曲线 $x = \varphi(y), x = \psi(y)$ 及两条直线 $y = c, y = d(c < d)$ 所围成的平面图形（见图 4-12）的面积为

$$A = \int_c^d |\varphi(y) - \psi(y)| \, \mathrm{d}y \xrightarrow{\text{简记}} \int_c^d (\text{右} - \text{左}) \mathrm{d}y.$$

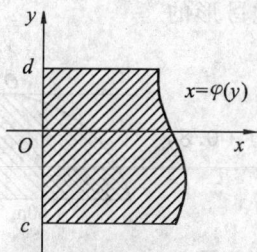

图 4-11

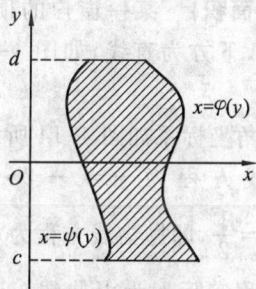

图 4-12

例题 1 求由曲线 $xy = 1$，直线 $y = x$ 和 $x = 2$ 所围图形的面积.

解 首先，画草图如图 4-13 所示.

其次，由草图知，应选 x 作为积分变量；再确定区间：解方程组 $\begin{cases} xy = 1, \\ y = x, \end{cases}$ 得交点 $(1,1)$，于是可得积分区间为 $[1, 2]$，最后用公式可得

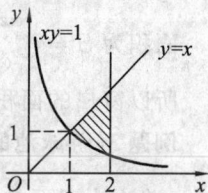

图 4-13

所求面积为

$$A = \int_1^2 \left(x - \frac{1}{x} \right) \mathrm{d}x = \left. \left(\frac{1}{2} x^2 - \ln|x| \right) \right|_1^2 = \frac{3}{2} - \ln 2.$$

练习 求由曲线 $y^2 = 2x$ 与 $y = 4 - x$ 所围图形的面积.

解

说明 用定积分求几何图形的面积时,既可选取 x 为积分变量,也可选取 y 为积分变量.但积分变量的选取决定了图形用不用分块,即表示面积的定积分是用一个表达式还是几个表达式.一般情况下,选取积分变量的原则是,尽量使图形不分块(用一个定积分表示)或少分块(必须分块时).

由上述例题,可归纳出解题步骤:

(1) 画草图;

(2) 由图选取积分变量,求出积分区间;

(3) 写出面积公式:

① 选 x 为积分变量,确定 x 的范围 $[a,b]$, $S \xlongequal{\text{简记}} \int_a^b (\text{上} - \text{下}) \mathrm{d}x$;

② 选 y 为积分变量,确定 y 的范围 $[c,d]$, $S \xlongequal{\text{简记}} \int_c^d (\text{右} - \text{左}) \mathrm{d}y$.

例题 2(窗户面积) 某一窗户的顶部设计为弓形,上方曲线为一抛物线,下方为直线,如图 4-14 所示,求此弓形的面积.

解 建立直角坐标系如图 4-14 所示.

设此抛物线方程为 $y = -2px^2$,因它过点 $(0.8, -0.64)$,所以 $p = \dfrac{1}{2}$,即抛物线方程为 $y = -x^2$,

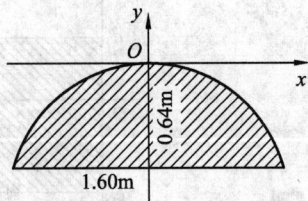

图 4-14

此图形的面积实际上为由曲线 $y = -x^2$ 与直线 $y = -0.64$ 所围成图形的面积,面积微元为

$$\mathrm{d}S = [-x^2 - (-0.64)] \mathrm{d}x.$$

面积为 $S = \displaystyle\int_{-0.8}^{0.8} [-x^2 - (-0.64)] \mathrm{d}x = \left(-\dfrac{1}{3}x^3 + 0.64x \right) \Big|_{-0.8}^{0.8} \approx 0.683 \ (\mathrm{m}^2)$.

所以窗户的面积为 $0.683 \ \mathrm{m}^2$.

例题 3(游泳池的表面面积) 一个工程师用 CAD 设计一游泳池,游泳池表面是由曲线 $y = \dfrac{800x}{(x^2 + 10)^2}$, $y = 0.5x^2 - 4x$ 以及 $x = 8$ 围成的图形,如图 4-15 所示,求此游泳池的表面面积.

解 解方程组 $\begin{cases} y = \dfrac{800x}{(x^2 + 10)^2}, \\ y = 0.5x^2 - 4x \end{cases}$

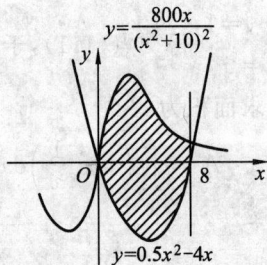

图 4-15

（上接 4.5 定积分的应用）

旋转体的体积

旋转体就是由一个平面图形绕这平面内一条直线旋转一周而成的立体.这直线叫做旋转轴.

常见的旋转体包括：圆柱、圆锥、圆台、球体.

上述旋转体都可以看作是由连续曲线 $y=f(x)$、直线 $x=a$、$x=b$ 及 x 轴所围成的曲边梯形绕 x 轴旋转一周而成的立体.

设过区间 $[a,b]$ 内点 x 且垂直于 x 轴的平面左侧的旋转体的体积为 $V(x)$,当平面左右平移 dx 后,体积的增量近似为 $\Delta V=\pi[f(x)]^2 dx$,于是体积元素为

$$dV=\pi[f(x)]^2 dx,$$

旋转体的体积为

$$V=\int_a^b \pi[f(x)]^2 dx.$$

例题 4 连接坐标原点 O 及点 $P(h,r)$ 的直线、直线 $x=h$ 及 x 轴围成一个直角三角形.将它绕 x 轴旋转构成一个底半径为 r、高为 h 的圆锥体.计算该圆锥体的体积.

解 直角三角形斜边的直线方程为 $y=\dfrac{r}{h}x$.

所求圆锥体的体积为

$$V=\int_0^h \pi\left(\frac{r}{h}x\right)^2 dx=\frac{\pi r^2}{h^2}\left(\frac{1}{3}x^3\right)\Big|_0^h=\frac{1}{3}\pi h r^2.$$

例题 5 计算由椭圆 $\dfrac{x^2}{a^2}+\dfrac{y^2}{b^2}=1$ 所成的图形绕 x 轴旋转而成的旋转体（旋转椭球体）的体积

解 这个旋转椭球体也可以看作是由半个椭圆

$$y=\frac{b}{a}\sqrt{a^2-x^2}$$

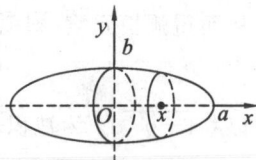

图 4-16

及 x 轴围成的图形绕 x 轴旋转而成的立体.体积元素为 $dV=\pi y^2 dx$,于是所求旋转椭球体的体积为

$$V=\int_{-a}^a \pi\frac{b^2}{a^2}(a^2-x^2)dx=\pi\frac{b^2}{a^2}\left(a^2 x-\frac{1}{3}x^3\right)\Big|_{-a}^a=\frac{4}{3}\pi a b^2.$$

例题 6 计算由摆线 $x=a(t-\sin t)$,$y=a(1-\cos t)$ 的一拱,直线 $y=0$ 所围成的图形分别绕 x 轴、y 轴旋转而成的旋转体的体积.

解 所给图形绕 x 轴旋转而成的旋转体的体积为

$$V_x=\int_0^{2\pi a}\pi y^2 dx=\pi\int_0^{2\pi}a^2(1-\cos t)^2\cdot a(1-\cos t)dt$$

$$=\pi a^3\int_0^{2\pi}(1-3\cos t+3\cos^2 t-\cos^3 t)dt$$

$$=5p^2 a^3.$$

所给图形绕 y 轴旋转而成的旋转体的体积是两个旋转体体积的差.设曲线左半边为 $x=x_1(y)$、右半边为 $x=x_2(y)$,则

$$V_y = \int_0^{2a} \pi x_2^2(y)\mathrm{d}y - \int_0^{2a} \pi x_1^2(y)\mathrm{d}y$$

$$= \pi \int_{2\pi}^{\pi} a^2(t-\sin t)^2 \cdot a\sin t\mathrm{d}t - \pi \int_0^{\pi} a^2(t-\sin t)^2 \cdot a\sin t\mathrm{d}t$$

$$= -\pi a^3 \int_0^{2\pi} (t-\sin t)^2 \sin t\mathrm{d}t = 6p^3 a^3.$$

* 平面曲线的弧长

设 A,B 是曲线弧上的两个端点. 在弧 AB 上任取分点 $A=M_0,M_1,M_2,\cdots,M_{i-1},M_i,\cdots,$ $M_{n-1},M_n=B$,并依次连接相邻的分点得一内接折线. 当分点的数目无限增加且每个小段 $M_{i-1}M_i$ 都缩向一点时,如果此折线的长 $\sum_{i=1}^{n} |M_{i-1}M_i|$ 的极限存在,则称此极限为曲线弧 AB 的弧长,并称此曲线弧 AB 是可求长的.

1. 直角坐标情形

设曲线弧由直角坐标方程

$$y=f(x) \quad (a \leqslant x \leqslant b)$$

给出,其中 $f(x)$ 在区间 $[a,b]$ 上具有一阶连续导数. 现在来计算该曲线弧的长度.

取横坐标 x 为积分变量,它的变化区间为 $[a,b]$. 曲线 $y=f(x)$ 上相应于 $[a,b]$ 上任一小区间 $[x,x+\mathrm{d}x]$ 的一段弧的长度,可以用该曲线在点 $(x,f(x))$ 处的切线上相应的一小段长度来近似代替. 而切线上该相应的小段的长度为

$$\sqrt{(\mathrm{d}x)^2+(\mathrm{d}y)^2} = \sqrt{1+y'^2}\mathrm{d}x,$$

从而得弧长元素(即弧微分)

$$\mathrm{d}s = \sqrt{1+y'^2}\mathrm{d}x.$$

以 $\sqrt{1+y'^2}\mathrm{d}x$ 为被积表达式,在闭区间 $[a,b]$ 上作定积分,便得所求的弧长为

$$s = \int_a^b \sqrt{1+y'^2}\mathrm{d}x.$$

例题 7 计算曲线 $y = \frac{2}{3}x^{\frac{3}{2}}$ 上相应于 x 从 a 到 b 的一段弧的长度.

解 $y'=x^{\frac{1}{2}}$,从而弧长元素为

$$\mathrm{d}s = \sqrt{1+y'^2}\mathrm{d}x = \sqrt{1+x}\mathrm{d}x.$$

因此,所求弧长为

$$s = \int_a^b \sqrt{1+x}\mathrm{d}x = \frac{2}{3}(1+x)^{\frac{3}{2}}\Big|_a^b = \frac{2}{3}\left[(1+b)^{\frac{3}{2}} - (1+a)^{\frac{3}{2}}\right].$$

2. 参数方程情形

设曲线弧由参数方程 $x=\varphi(t), y=\psi(t) \ (\alpha \leqslant t \leqslant \beta)$ 给出,其中 $\varphi(t),\psi(t)$ 在 $[\alpha,\beta]$ 上具有连续导数.

因为 $\dfrac{\mathrm{d}y}{\mathrm{d}x} = \dfrac{\psi'(t)}{\varphi'(t)}$,$\mathrm{d}x = \varphi'(t)\mathrm{d}t$,所以弧长元素为

$$\mathrm{d}s = \sqrt{1+\frac{\psi'^2(t)}{\varphi'^2(t)}}\varphi'(t)\mathrm{d}t = \sqrt{\varphi'^2(t)+\psi'^2(t)}\mathrm{d}t.$$

所求弧长为

$$s = \int_\alpha^\beta \sqrt{\varphi'^2(t) + \psi'^2(t)}\,dt.$$

例题 8　计算摆线 $x = a(\theta - \sin\theta)$, $y = a(1 - \cos\theta)$ 的一拱 $(0 \leqslant \theta \leqslant 2\pi)$ 的长度.

解　弧长元素为

$$ds = \sqrt{a^2(1 - \cos\theta)^2 + a^2\sin^2\theta}\,d\theta = a\sqrt{2(1 - \cos\theta)}\,d\theta = 2a\sin\frac{\theta}{2}\,d\theta.$$

所求弧长为

$$s = \int_0^{2\pi} 2a\sin\frac{\theta}{2}\,d\theta = 2a\left(-2\cos\frac{\theta}{2}\right)\Big|_0^{2\pi} = 8a.$$

得两条曲线的左交点$(0,0)$，右交点的横坐标大于 8.

于是，面积微元为

$$dA = \left[\frac{800x}{(x^2+10)^2} - (0.5x^2 - 4x)\right]dx.$$

此游泳池的表面面积为

$$A = \int_0^8 \left[\frac{800x}{(x^2+10)^2} - (0.5x^2 - 4x)\right]dx$$

$$= \int_0^8 \frac{800x}{(x^2+10)^2}dx - \int_0^8 (0.5x^2 - 4x)dx$$

$$= \int_0^8 \frac{400}{(x^2+10)^2}d(x^2+10) - \left(\frac{1}{6}x^3 - 2x^2\right)\bigg|_0^8$$

$$= -\frac{400}{x^2+10}\bigg|_0^8 - \left(\frac{1}{6}x^3 - 2x^2\right)\bigg|_0^8 = 77.26 (\text{m}^2).$$

日期：_____　　　教师：_____

4.6　第 4 模块习题课

> **学习内容**：定积分及其应用．
> **目的要求**：掌握定积分的概念、性质，掌握牛顿–莱布尼茨公式、定积分的换元积分法和
> 　　　　　　分部积分法，熟练掌握定积分的应用．
> **重点难点**：定积分的概念、性质，牛顿–莱布尼茨公式，积分的换元积分法和分部积分
> 　　　　　　法，定积分的应用．

课前探讨

1. 复习定积分的概念、性质及定积分应用部分内容．

2. 讨论以下问题：

(1) $\displaystyle\int_0^{\sqrt{5}} \frac{1}{x\sqrt{x^2+4}}\mathrm{d}x = $ _____．

(2) 设 $F(x) = \displaystyle\int_0^x t^2\sqrt{1+t}\,\mathrm{d}t$，则 $F'(x) = $ _____．

(3) $\displaystyle\int_1^2 \frac{\sqrt{x^2-1}}{x}\mathrm{d}x$ _____．

(4) $\displaystyle\lim_{x \to 1} \frac{\displaystyle\int_1^x (t^2-1)\mathrm{d}t}{\ln^2 x}$ _____．

(5) 已知 $\displaystyle\int_a^x f(t)\mathrm{d}t = 5x^3 + 40$，求 $f(x)$ 和 a．

(6) 求由曲线 $y = \sin x, y = \cos x$ 及直线 $x = 0, x = \dfrac{\pi}{2}$ 所围成的平面图形的面积．

(7) 求由曲线 $y = \ln x, y = 0, x = \mathrm{e}$ 所围成的平面图形的面积

内容精要

1. 定积分的概念

(1) 定积分的定义．

定积分概括起来就是乘积和的极限，即 $\displaystyle\int_a^b f(x)\mathrm{d}x = \lim_{\lambda \to 0}\sum_{i=1}^n f(\xi_i)\Delta x_i$. 这个数值只与被

积函数 $f(x)$ 和积分区间 $[a,b]$ 有关，而与 $[a,b]$ 的分割方法和 ξ_i 的取法及积分变量的字母表示无关.

(2) 可积的条件.

① 设函数 $f(x)$ 在 $[a,b]$ 上连续，则 $f(x)$ 在 $[a,b]$ 上可积.（可积的充分条件）

② 设 $f(x)$ 在 $[a,b]$ 上有界，且只有有限个间断点，则 $f(x)$ 在 $[a,b]$ 上可积.

③ 若函数 $f(x)$ 在 $[a,b]$ 上可积，则 $f(x)$ 在 $[a,b]$ 上有界.（可积的必要条件）

④ 单调有界函数必定可积.

⑤ 只有有限个第一类不连续点的函数是可积的，即分段连续函数是可积的.

(3) 定积分的几何意义.

① 当 $f(x) \geqslant 0$ 时，有 $\int_a^b f(x)\mathrm{d}x = A$；特别地，若 $f(x) \equiv 1$，则 $\int_a^b f(x)\mathrm{d}x = \int_a^b \mathrm{d}x = b - a$.

② 当 $f(x) \leqslant 0$ 时，有 $\int_a^b f(x)\mathrm{d}x = -A$.

③ 当 $f(x)$ 在 $[a,b]$ 上有正也有负时，$A = \int_a^b |f(x)|\,\mathrm{d}x$.

2. 定积分的性质

(1) $\int_a^b kf(x)\mathrm{d}x = k\int_a^b f(x)\mathrm{d}x$；

(2) $\int_a^b [f(x) \pm g(x)]\mathrm{d}x = \int_a^b f(x)\mathrm{d}x \pm \int_a^b g(x)\mathrm{d}x$；

(3) $\int_a^b f(x)\mathrm{d}x = \int_a^c f(x)\mathrm{d}x + \int_c^b f(x)\mathrm{d}x$；

(4) 若 $f(x) \leqslant g(x)$，则 $\int_a^b f(x)\mathrm{d}x \leqslant \int_a^b g(x)\mathrm{d}x$；

(5) $m(b-a) \leqslant \int_a^b f(x)\mathrm{d}x \leqslant M(b-a)$，其中 M,m 分别是 $f(x)$ 在 $[a,b]$ 上的最大值、最小值；

(6) $\int_a^b f(x)\mathrm{d}x = f(\xi)(b-a)$，$\xi \in [a,b]$.

3. 定积分与不定积分的关系

(1) 变上限定积分的性质.

① $F(a) = 0$，$F(b) = \int_a^b f(x)\mathrm{d}x$.

② 若 $f(x)$ 在 $[a,b]$ 上可积，则 $F(x) = \int_a^x f(t)\mathrm{d}t$ 是 $[a,b]$ 上的连续函数.

③ 若 $f(x)$ 在 $[a,b]$ 上连续，则函数 $F(x) = \int_a^x f(t)\mathrm{d}t$ 是 $f(x)$ 在 $[a,b]$ 上的一个原函数，即 $F'(x) = \left(\int_a^x f(t)\mathrm{d}t\right)' = f(x)$.

特别地，$\dfrac{\mathrm{d}}{\mathrm{d}x}\left[\int_a^{\varphi(x)} f(t)\mathrm{d}t\right] = f[\varphi(x)]\varphi'(x)$.

(2) 微积分的基本定理.

$$\int_a^b f(x)\mathrm{d}x = F(b) - F(a) \xrightarrow{\text{记作}} F(x)\Big|_a^b$$

这个公式称为牛顿-莱布尼茨公式,也称微积分基本公式.

4. 定积分的应用

(1) 平面图形的面积.

① 由连续曲线 $y=f(x)$,x 轴以及两条直线 $x=a$,$x=b$ 所围成的曲边梯形的面积为

$$A = \int_a^b |f(x)| \, \mathrm{d}x = \int_a^b |y| \, \mathrm{d}x.$$

② 由两条连续曲线 $y=g(x)$,$y=f(x)$ 及两条直线 $x=a$,$x=b(a<b)$ 所围的平面图形的面积应记为 $A = \int_a^b |f(x)-g(x)| \, \mathrm{d}x \xlongequal{\text{简记}} \int_a^b (上-下)\mathrm{d}x.$

③ 由连续曲线 $x=\varphi(y)$,$x=\psi(y)$ 及两条直线 $y=c$,$y=d(c<d)$ 所围成的平面图形的面积为 $A = \int_c^d |\varphi(y)-\psi(y)| \, \mathrm{d}y \xlongequal{\text{简记}} \int_c^d (右-左)\mathrm{d}y.$

(2) 解题步骤：① 画草图；② 由图选取积分变量,求出积分区间；③ 写出面积公式：

选 x 为积分变量,确定 x 的范围 $[a,b]$,$S \xlongequal{\text{简记}} \int_a^b (上-下)\mathrm{d}x$；

选 y 为积分变量,确定 y 的范围 $[c,d]$,$S \xlongequal{\text{简记}} \int_c^d (右-左)\mathrm{d}y.$

习题讲解

1. 判断题

(1) 设 $f(x) = \ln x$,则 $\int_0^1 \mathrm{e}^{2x} f'(\mathrm{e}^x) \mathrm{d}x = \mathrm{e}-1.$ (　　　)

(2) $\int_0^{\frac{\pi}{2}} \cos 2x \mathrm{d}x = 1.$ (　　　)

(3) $\int_0^1 \mathrm{e}^{-x} \mathrm{d}x = 1-\mathrm{e}^{-1}.$ (　　　)

(4) $\int_0^{\frac{\pi}{2}} (1-\sin x)\cos x \mathrm{d}x = \dfrac{\pi}{2}.$ (　　　)

(5) $\int_a^b \dfrac{f'(x)}{2\sqrt{f(x)}} \mathrm{d}x = \sqrt{f(b)} - \sqrt{f(a)}.$ (　　　)

(6) 设 $f(x)$ 的一个原函数是 x^2,则 $\int_c^d x f'(x) \mathrm{d}x = d^2 - c^2.$ (　　　)

(7) $\int_0^{\pi} \cos x \mathrm{d}x > 0.$ (　　　)

(8) $\int_0^a \dfrac{1}{1+x^2} \mathrm{d}x = -\arctan a.$ (　　　)

2. 填空题

(1) $\dfrac{\mathrm{d}}{\mathrm{d}x}\left(\int_0^1 x\mathrm{e}^{2x} \mathrm{d}x \right) = \underline{\hspace{4cm}}.$

(2) 设 $F(x) = \int_0^x t^2 \sqrt{1+t} \mathrm{d}t$,则 $F'(x) = \underline{\hspace{4cm}}.$

(3) 设 $\varphi(x) = \int_{x^2}^{x^3} \mathrm{e}^t \mathrm{d}t$,则 $\varphi'(x) = \underline{\hspace{4cm}}.$

(4) $\int_{-1}^{1} \dfrac{\sin x}{1+x^2}\mathrm{d}x = $ _____.

(5) 设 $\int_{0}^{1} x(a-x)\mathrm{d}x = 1$, 则 $a = $ _____.

(6) 比较以下积分的大小：$\int_{0}^{1} \mathrm{e}^x \mathrm{d}x$ _____ $\int_{0}^{1} \mathrm{e}^{x^2} \mathrm{d}x$.

3. 选择题

(1) 设函数 $f(x) = 2^x$, 则 $\int_{0}^{1} f(x)\mathrm{d}x$ 的值为 _____.

A. $-\dfrac{1}{\ln 2}$ B. $\dfrac{1}{\ln 2}$ C. $\ln 2$ D. $-\ln 2$

(2) $\int_{-\frac{\pi}{2}}^{\frac{\pi}{2}} \sqrt{1-\cos 2x}\,\mathrm{d}x = $ _____.

A. 0 B. $2\sqrt{2}$ C. $-\sqrt{2}$ D. 2

(3) 设 $\int_{0}^{a} x(2-3x)\mathrm{d}x = 2$, 则 $a = $ _____.

A. 2 B. -2 C. 1 D. -1

(4) 设 $f(x)$ 在区间 $[a,b]$ 上连续, 则 $\int_{a}^{b} f(x)\mathrm{d}x + \int_{b}^{a} f(t)\mathrm{d}t = $ _____.

A. 小于零   B. 等于零   C. 大于零   D. 不确定

(5) 设函数 $f(x)$ 在区间 $[-b,b]$ 上连续, 则 $\int_{-b}^{b} f(x)\mathrm{d}x = $ _____.

A. $\int_{-b}^{b} f(-x)\mathrm{d}x$ B. $2\int_{0}^{b} f(x)\mathrm{d}x$

C. 0 D. $\int_{b}^{-b} f(-x)\mathrm{d}x$

4. 计算题

(1) $\int_{0}^{1} (x^2 - 2x)\mathrm{d}x$.   (2) $\int_{1}^{e} \dfrac{1+\ln x}{x}\mathrm{d}x$.

(3) $\int_{0}^{1} \dfrac{\sqrt{x}}{1+x}\mathrm{d}x$.   (4) $\lim\limits_{x \to 1} \dfrac{\int_{1}^{x}(t^2-1)\mathrm{d}t}{\ln^2 x}$.

5. 应用题

(1) 求函数 $F(x) = \int_0^x t e^{-t^2} \mathrm{d}t$ 的极值.

(2) 求由曲线 $y = \sin x, y = \cos x$ 及直线 $x = 0, x = \dfrac{\pi}{2}$ 所围成的平面图形的面积.

(3) 求由曲线 $y = \ln x, y = 0, x = e$ 所围成的平面图形的面积.

第 **5** 模块

线性代数

【学习目标】

　　理解行列式和矩阵的概念,掌握行列式和矩阵的运算方法以及矩阵的初等变换,会使用克莱姆法则、矩阵的初等变换求解线性方程组,会利用矩阵的初等变换求逆矩阵、矩阵的秩,掌握线性方程组解的判定以及矩阵、线性方程组在计算机技术与经济领域的应用.

　　线性代数属于近代数学,"线性"一词源于"平面解析几何中一次方程是直线方程",在这里意指数学变量之间的关系是以一次形式来表达的.线性代数起源于处理线性关系问题,它是代数学的一个分支,虽成熟于 20 世纪,但其历史却非常久远,部分内容在东汉初年成书的《九章算术》里已有雏形.在 18—19 世纪期间,随着研究线性方程组和变量线性变换问题的深入,先后产生了行列式和矩阵的概念,这为处理线性问题提供了强有力的理论工具,并推动了线性代数的发展.

　　线性代数是讨论有限维空间的线性理论的课程,由于线性问题广泛存在于自然科学和技术科学的各个领域,且某些非线性问题在一定条件下也可转化为线性问题来处理,因此线性代数知识应用非常广泛.

日期： _____   教师： _____

5.1　二阶、三阶行列式

学习内容：二阶、三阶行列式.
目的要求：理解二阶行列式、三阶行列式的概念，熟练掌握二阶、三阶行列式的计算.
重点难点：二阶、三阶行列式的概念及计算.

课前探讨

1. 阐述二元一次方程组消元法求解方法，并举例（至少 2 个）.
2. 阐述三元一次方程组消元法求解方法，并举例（至少 2 个）.
3. 阐述二阶行列式、元素的定义.
4. 阐述二阶行列式的计算方法（对角线法则），并举例（至少 2 个）.
5. 阐述三阶行列式、余子式、代数余子式的定义.
6. 阐述三阶行列式的计算方法（对角线法则、降阶法则），并举例（至少 2 个）.

课堂讲习

案例　行列式的研究源于对线性方程组的研究. 在中学我们学过用代入消元法和加减消元法解二元一次方程组和三元一次方程组.

例如，用消元法解二元一次方程组 $\begin{cases} a_{11}x_1 + a_{12}x_2 = b_1, & (1) \\ a_{21}x_1 + a_{22}x_2 = b_2. & (2) \end{cases}$

解　由 $a_{22} \times (1) - a_{12} \times (2)$，消去未知量 x_2，得

$$(a_{11}a_{22} - a_{12}a_{21})x_1 = a_{22}b_1 - a_{12}b_2.$$

由 $a_{11} \times (2) - a_{21} \times (1)$，消去未知量 x_1，得

$$(a_{11}a_{22} - a_{12}a_{21})x_2 = a_{11}b_2 - a_{21}b_1.$$

当 $a_{11}a_{22} - a_{12}a_{21} \neq 0$ 时，得原方程组的唯一解：

$$x_1 = \frac{b_1 a_{22} - b_2 a_{12}}{a_{11}a_{22} - a_{12}a_{21}}, \quad x_2 = \frac{b_2 a_{11} - b_1 a_{21}}{a_{11}a_{22} - a_{12}a_{21}}.$$

为了便于记忆，我们引入记号

$$D = \begin{vmatrix} a_{11} & a_{12} \\ a_{21} & a_{22} \end{vmatrix} = a_{11}a_{22} - a_{12}a_{21},$$

即 D 是由方程组的系数所确定的二阶行列式(称为系数行列式).

类似地，也可将解中的另外两个代数和用这种记号表示出来，即

$$D_1 = \begin{vmatrix} b_1 & a_{12} \\ b_2 & a_{22} \end{vmatrix} = b_1 a_{22} - b_2 a_{12}, D_2 = \begin{vmatrix} a_{11} & b_1 \\ a_{21} & b_2 \end{vmatrix} = a_{11} b_2 - a_{21} b_1.$$

于是，当 $D = \begin{vmatrix} a_{11} & a_{12} \\ a_{21} & a_{22} \end{vmatrix} \neq 0$ 时，原方程组的解就可表示为

$$x_1 = \frac{D_1}{D}, x_2 = \frac{D_2}{D}.$$

5.1.1 二阶行列式

定义 1 形如记号 $\begin{vmatrix} a_{11} & a_{12} \\ a_{21} & a_{22} \end{vmatrix}$ 称为一个**二阶行列式**，它是由两行两列共 4 个数排成的，横排称为**行**，竖排称为**列**，数 $a_{ij}(i=1,2;j=1,2)$ 称为行列式的**元素**，元素 a_{ij} 的第一个下标 i 称为**行标**，它表明该元素位于第 i 行；第二个下标 j 称为**列标**，它表明该元素位于第 j 列. $a_{11}a_{22} - a_{12}a_{21}$ 称为二阶行列式的展开式，展开式中项的个数为 $2!$ 个. 于是得到

$$\begin{vmatrix} a_{11} & a_{12} \\ a_{21} & a_{22} \end{vmatrix} = a_{11}a_{22} - a_{12}a_{21}.$$

二阶行列式展开可以按照下列对角线法则来记忆：

$$\begin{vmatrix} a_{11} & a_{12} \\ a_{21} & a_{22} \end{vmatrix} = a_{11}a_{22} - a_{12}a_{21}.$$

把 a_{11} 到 a_{22} 的实连线称为**主对角线**，把 a_{12} 到 a_{21} 的虚连线称为**副对角线**，于是二阶行列式便是主对角线上两元素之积与副对角线上两元素之积的差.

例题 1 计算 $\begin{vmatrix} 2 & 3 \\ 5 & -4 \end{vmatrix}, \begin{vmatrix} 1 & 2 \\ 3 & 4 \end{vmatrix}$.

解 $\begin{vmatrix} 2 & 3 \\ 5 & -4 \end{vmatrix} = 2 \times (-4) - 3 \times 5 = -23, \begin{vmatrix} 1 & 2 \\ 3 & 4 \end{vmatrix} = 1 \times 4 - 2 \times 3 = -2.$

练习 1 计算 $\begin{vmatrix} 7 & 3 \\ 6 & -4 \end{vmatrix}, \begin{vmatrix} 2 & 7 \\ 5 & 6 \end{vmatrix}$.

解

例题 2 解方程 $\begin{vmatrix} 1 & 1 \\ x & x^2 \end{vmatrix} = 0$.

解 由 $D = \begin{vmatrix} 1 & 1 \\ x & x^2 \end{vmatrix} = 1 \times x^2 - 1 \times x = x^2 - x = x(x-1) = 0$，解得 $x=0$ 或 $x=1$.

练习 2 解方程 $\begin{vmatrix} x-2 & 5 \\ x-2 & x+2 \end{vmatrix} = 0.$

解

5.1.2 三阶行列式

在讨论三元一次方程组 $\begin{cases} a_{11}x_1 + a_{12}x_2 + a_{13}x_3 = b_1, \\ a_{21}x_1 + a_{22}x_2 + a_{23}x_3 = b_2, \\ a_{31}x_1 + a_{32}x_2 + a_{33}x_3 = b_3 \end{cases}$ 时,引入三阶行列式这一工具.

定义 2 将 3^2 个数 $a_{11}, a_{12}, a_{13}, a_{21}, a_{22}, a_{23}, a_{31}, a_{32}, a_{33}$ 排成的一个 3 行 3 列的方块,两边再各加上一条竖线所构成的记号

$$\begin{vmatrix} a_{11} & a_{12} & a_{13} \\ a_{21} & a_{22} & a_{23} \\ a_{31} & a_{32} & a_{33} \end{vmatrix}$$

称为一个三阶行列式,它的展开式是 $3! = 6$ 项乘积的代数和,即

$$a_{11}a_{22}a_{33} + a_{12}a_{23}a_{31} + a_{13}a_{21}a_{32} - a_{13}a_{22}a_{31} - a_{11}a_{23}a_{32} - a_{12}a_{21}a_{33}.$$

当 $D = \begin{vmatrix} a_{11} & a_{12} & a_{13} \\ a_{21} & a_{22} & a_{23} \\ a_{31} & a_{32} & a_{33} \end{vmatrix} \neq 0$ 时,三元一次方程组的解,可用三阶行列式表示

$$x_1 = \frac{D_1}{D}, \quad x_2 = \frac{D_2}{D}, \quad x_3 = \frac{D_3}{D}.$$

其中 D_1, D_2 和 D_3 是将系数行列式 D 中 x_1, x_2 和 x_3 的系数分别换成方程组右端的常数项而成的行列式,即

$$D_1 = \begin{vmatrix} b_1 & a_{12} & a_{13} \\ b_2 & a_{22} & a_{23} \\ b_3 & a_{32} & a_{33} \end{vmatrix}, D_2 = \begin{vmatrix} a_{11} & b_1 & a_{13} \\ a_{21} & b_2 & a_{23} \\ a_{31} & b_3 & a_{33} \end{vmatrix}, D_3 = \begin{vmatrix} a_{11} & a_{12} & b_1 \\ a_{21} & a_{22} & b_2 \\ a_{31} & a_{32} & b_3 \end{vmatrix}.$$

1. 对角线法则

为了便于记忆,我们用对角线法则表示,即

$$= a_{11}a_{22}a_{33} + a_{12}a_{23}a_{31} + a_{13}a_{21}a_{32} - a_{13}a_{22}a_{31} - a_{11}a_{23}a_{32} - a_{12}a_{21}a_{33}.$$

例题 3 计算行列式 $\begin{vmatrix} 2 & 3 & 4 \\ 0 & 5 & 6 \\ 0 & 0 & 1 \end{vmatrix}$ 的值.

解 $\begin{vmatrix} 2 & 3 & 4 \\ 0 & 5 & 6 \\ 0 & 0 & 1 \end{vmatrix} = 2 \times 5 \times 1 + 3 \times 6 \times 0 + 0 \times 0 \times 4 - 4 \times 5 \times 0 - 3 \times 0 \times 1 - 6 \times 0 \times 2 = 10.$

练习 3 计算行列式(1) $\begin{vmatrix} 1 & 2 & 3 \\ 4 & 5 & 6 \\ 7 & 8 & 9 \end{vmatrix}$；(2) $\begin{vmatrix} 1 & 2 & -4 \\ -2 & 2 & 1 \\ -3 & 4 & -2 \end{vmatrix}$.

解

2. 降阶法则（按行或按列展开）

现考察二阶行列式和三阶行列式的关系，为此将三阶行列式改写为

$$D_3 = \begin{vmatrix} a_{11} & a_{12} & a_{13} \\ a_{21} & a_{22} & a_{23} \\ a_{31} & a_{32} & a_{33} \end{vmatrix}$$

$$= a_{11}a_{22}a_{33} + a_{12}a_{23}a_{31} + a_{13}a_{21}a_{32} - a_{13}a_{22}a_{31} - a_{11}a_{23}a_{32} - a_{12}a_{21}a_{33}$$

$$= a_{11}a_{22}a_{33} - a_{11}a_{23}a_{32} + a_{12}a_{23}a_{31} - a_{12}a_{21}a_{33} + a_{13}a_{21}a_{32} - a_{13}a_{22}a_{31}$$

$$= a_{11}(a_{22}a_{33} - a_{23}a_{32}) - a_{12}(a_{21}a_{33} - a_{23}a_{31}) + a_{13}(a_{21}a_{32} - a_{22}a_{31})$$

$$= a_{11} \begin{vmatrix} a_{22} & a_{23} \\ a_{32} & a_{33} \end{vmatrix} - a_{12} \begin{vmatrix} a_{21} & a_{23} \\ a_{31} & a_{33} \end{vmatrix} + a_{13} \begin{vmatrix} a_{21} & a_{22} \\ a_{31} & a_{32} \end{vmatrix} = a_{11}M_{11} - a_{12}M_{12} + a_{13}M_{13}$$

$$= a_{11}(-1)^{1+1} \begin{vmatrix} a_{22} & a_{23} \\ a_{32} & a_{33} \end{vmatrix} + a_{12}(-1)^{1+2} \begin{vmatrix} a_{21} & a_{23} \\ a_{31} & a_{33} \end{vmatrix} + a_{13}(-1)^{1+3} \begin{vmatrix} a_{21} & a_{22} \\ a_{31} & a_{32} \end{vmatrix}$$

$$= a_{11}A_{11} + a_{12}A_{12} + a_{13}A_{13}.$$

其中 $A_{ij} = (-1)^{i+j}M_{ij}$，$M_{ij}$ 表示 D 划去第 i 行第 j 列$(i,j=1,2,3)$后所剩下的二阶行列式. M_{ij} 称为元素 a_{ij} 的余子式，A_{ij} 称为元素 a_{ij} 的**代数余子式**.

例题 4 计算行列式 $\begin{vmatrix} 1 & 2 & -4 \\ -2 & 2 & 1 \\ -3 & 4 & -2 \end{vmatrix}$ 的值.

解

$$\begin{vmatrix} 1 & 2 & -4 \\ -2 & 2 & 1 \\ -3 & 4 & -2 \end{vmatrix} = 1 \times (-1)^{1+1} \times \begin{vmatrix} 2 & 1 \\ 4 & -2 \end{vmatrix} + 2 \times (-1)^{1+2} \times \begin{vmatrix} -2 & 1 \\ -3 & -2 \end{vmatrix} +$$

$$(-4) \times (-1)^{1+3} \times \begin{vmatrix} -2 & 2 \\ -3 & 4 \end{vmatrix} = -8 - 14 + 8 = -14.$$

练习 4 计算行列式 $\begin{vmatrix} 2 & 5 & 6 \\ 0 & -3 & -5 \\ 1 & 2 & 3 \end{vmatrix}$ 的值.

解

例题 5 解方程 $\begin{vmatrix} x-1 & 4 & 2 \\ -2 & x & x \\ 4 & 2 & 1 \end{vmatrix} = 0$.

解 由 $\begin{vmatrix} x-1 & 4 & 2 \\ -2 & x & x \\ 4 & 2 & 1 \end{vmatrix} = (x-1)\begin{vmatrix} x & x \\ 2 & 1 \end{vmatrix} - (-2)\begin{vmatrix} 4 & 2 \\ 2 & 1 \end{vmatrix} + 4\begin{vmatrix} 4 & 2 \\ x & x \end{vmatrix}$

$$= (x-1)(-x) - (-2) \cdot 0 + 4 \cdot 2x = -x^2 + 9x = 0.$$

解得 $x=0$ 或 $x=9$

练习 5 解方程(1) $\begin{vmatrix} x & 3 & 4 \\ -1 & x & 0 \\ 0 & x & 1 \end{vmatrix} = 0$；(2) $\begin{vmatrix} x & 1 & 1 \\ 0 & -1 & 0 \\ 4 & x & x \end{vmatrix} = 0$.

解

日期：_____   教师：_____

5.2 n 阶行列式

学习内容：n 阶行列式.

目的要求：理解 n 阶行列式、特殊行列式的概念，熟练掌握 n 阶行列式、特殊行列式的
计算方法.

重点难点：n 阶行列式、特殊行列式的概念及计算.

课前探讨

1. 阐述使用降阶法则计算三阶行列式的方法，并举例（至少 2 个）.
2. 阐述 n 阶行列式的概念，并举例（至少 2 个）.
3. 阐述 n 阶行列式的计算方法（按某一行或列展开），并举例（至少 2 个）.
4. 阐述特殊行列式的概念，并举例（至少 2 个）.
5. 阐述特殊行列式的计算方法，并举例（至少 2 个）.

课堂讲习

案例 计算行列式：

$$(1) \begin{vmatrix} 2 & 0 & 0 & -3 \\ 1 & 0 & 3 & 0 \\ 2 & -3 & 6 & 1 \\ 1 & 6 & 2 & -3 \end{vmatrix}; \quad (2) \begin{vmatrix} 1 & 0 & 0 & 0 \\ -3 & -3 & 0 & 0 \\ 74 & 81 & -2 & 0 \\ 4 & 0 & 6 & 7 \end{vmatrix}.$$

5.2.1 n 阶行列式

三阶行列式可以按第一行展开成 3 个二阶行列式的代数和，同样可用三阶行列式来定义四阶行列式，以此类推. 按照这一规律在定义了 $n-1$ 阶行列式的基础上，便可得到 n 阶行列式的定义.

定义 1 由 n^2 个数排成 n 行 n 列的正方形数表，两边再各加上一条竖线所构成的记号

$$D=\begin{vmatrix} a_{11} & a_{12} & \cdots & a_{1n} \\ a_{21} & a_{22} & \cdots & a_{2n} \\ \vdots & \vdots & & \vdots \\ a_{n1} & a_{n2} & \cdots & a_{nn} \end{vmatrix}$$

称为 n 阶行列式,其中 $a_{ij}(i,j=1,2,\cdots,n)$ 称为 n 阶行列式的**元素**,通常把 n 阶行列式简记为大写字母 D 或 D_n。n 阶行列式从左上角到右下角的元素 $a_{11},a_{22},\cdots,a_{nn}$ 的连线称为**主对角线**,从右上角到左下角的元素 $a_{1n},a_{2,n-1},\cdots,a_{n1}$ 的连线称为**副对角线**。

n 阶行列式是一个数,其值为

$$D=\begin{vmatrix} a_{11} & a_{12} & \cdots & a_{1n} \\ a_{21} & a_{22} & \cdots & a_{2n} \\ \vdots & \vdots & & \vdots \\ a_{n1} & a_{n2} & \cdots & a_{nn} \end{vmatrix}=a_{11}(-1)^{1+1}M_{11}+a_{12}(-1)^{1+2}M_{12}+\cdots+a_{1n}(-1)^{1+n}M_{1n}$$

$$=a_{11}A_{11}+a_{12}A_{12}+\cdots+a_{1n}A_{1n}=\sum_{k=1}^{n}a_{1k}A_{1k}.$$

其中,M_{ij} 为在 n 阶行列式中把元素 $a_{ij}(i,j=1,2,\cdots,n)$ 所在的第 i 行和第 j 列除去后,剩下的元素按原来的次序组成的 $n-1$ 阶行列式,它称为元素 a_{ij} 的**余子式**。而 $A_{ij}=(-1)^{i+j}M_{ij}$,称 A_{ij} 为元素 a_{ij} 的**代数余子式**。

注 (1) 为了方便,定义一阶行列式 $|a_{11}|=a_{11}$。

(2) n 阶行列式的展开式中共有 $n!$ 项。

(3) 以上 n 阶行列式是利用行列式的第 1 行元素来定义的,这个式子通常称为行列式**按第 1 行元素的展开式**。行列式也可按第 1 列元素展开,即

$$D=\begin{vmatrix} a_{11} & a_{12} & \cdots & a_{1n} \\ a_{21} & a_{22} & \cdots & a_{2n} \\ \vdots & \vdots & & \vdots \\ a_{n1} & a_{n2} & \cdots & a_{nn} \end{vmatrix}=a_{11}A_{11}+a_{21}A_{21}+\cdots+a_{n1}A_{n1}=\sum_{k=1}^{n}a_{k1}A_{k1}.$$

(4) n 阶行列式按某一行或某一列展开时,应尽量选取零元素居多的行或列。

例题 1 计算行列式 $\begin{vmatrix} 2 & 0 & 0 & -3 \\ 1 & 0 & 3 & 0 \\ 2 & -3 & 6 & 1 \\ 1 & 6 & 2 & -3 \end{vmatrix}$ 的值。

解 $\begin{vmatrix} 2 & 0 & 0 & -3 \\ 1 & 0 & 3 & 0 \\ 2 & -3 & 6 & 1 \\ 1 & 6 & 2 & -3 \end{vmatrix}=2\times(-1)^{1+1}\begin{vmatrix} 0 & 3 & 0 \\ -3 & 6 & 1 \\ 6 & 2 & -3 \end{vmatrix}+(-3)\times(-1)^{1+4}\begin{vmatrix} 1 & 0 & 3 \\ 2 & -3 & 6 \\ 1 & 6 & 2 \end{vmatrix}$

$=2\times3\times(-1)^{1+2}\begin{vmatrix} -3 & 1 \\ 6 & -3 \end{vmatrix}+3\times\left[1\times(-1)^{1+1}\begin{vmatrix} -3 & 6 \\ 6 & 2 \end{vmatrix}+3\times(-1)^{1+3}\begin{vmatrix} 2 & -3 \\ 1 & 6 \end{vmatrix}\right]$

$=-6\times3+3\times3=-9.$

练习 1 计算行列式 $\begin{vmatrix} 1 & 0 & 2 & 1 \\ 2 & -1 & 1 & 0 \\ 1 & 0 & 0 & 3 \\ -1 & 0 & 2 & 1 \end{vmatrix}$ 的值.

解

例题 2 计算行列式 $\begin{vmatrix} 3 & -1 & 0 & 7 \\ 1 & 0 & 1 & 5 \\ 2 & 3 & -3 & 1 \\ 0 & 0 & 1 & -2 \end{vmatrix}$ 的值.

解 $\begin{vmatrix} 3 & -1 & 0 & 7 \\ 1 & 0 & 1 & 5 \\ 2 & 3 & -3 & 1 \\ 0 & 0 & 1 & -2 \end{vmatrix}$

$$=1\times(-1)^{4+3}\begin{vmatrix} 3 & -1 & 7 \\ 1 & 0 & 5 \\ 2 & 3 & 1 \end{vmatrix}+(-2)\times(-1)^{4+4}\begin{vmatrix} 3 & -1 & 0 \\ 1 & 0 & 1 \\ 2 & 3 & -3 \end{vmatrix}$$

$$=(-1)\left[1\times(-1)^{2+1}\begin{vmatrix} -1 & 7 \\ 3 & 1 \end{vmatrix}+5\times(-1)^{2+3}\begin{vmatrix} 3 & -1 \\ 2 & 3 \end{vmatrix}\right]+$$

$$(-2)\left[1\times(-1)^{2+1}\begin{vmatrix} -1 & 0 \\ 3 & -3 \end{vmatrix}+1\times(-1)^{2+3}\begin{vmatrix} 3 & -1 \\ 2 & 3 \end{vmatrix}\right]$$

$$=(-1)[(-1)\times(-22)+(-5)\times11]+(-2)[(-1)\times3+(-1)\times11]$$

$$=33+28=61.$$

练习 2 计算行列式 $\begin{vmatrix} -1 & 2 & 5 & 4 \\ 0 & 3 & 2 & 0 \\ 0 & 4 & 1 & -1 \\ 0 & 1 & 1 & 3 \end{vmatrix}$ 的值.

解

5.2.2 特殊行列式

1. 对角行列式

定义 2 除对角线元素外,其余元素为零的行列式称为对角行列式.

例如,
$$\begin{vmatrix} 3 & 0 & 0 \\ 0 & -2 & 0 \\ 0 & 0 & 1 \end{vmatrix}, \quad \begin{vmatrix} 3 & 0 & 0 & 0 \\ 0 & 0 & 0 & 0 \\ 0 & 0 & -3 & 0 \\ 0 & 0 & 0 & -2 \end{vmatrix}, \quad \begin{vmatrix} a_{11} & & & & \\ & a_{22} & & & \\ & & \ddots & & \\ & & & a_{n-1,n-1} & \\ & & & & a_{nn} \end{vmatrix},$$

$$\begin{vmatrix} & & & \lambda_1 \\ & & \lambda_2 & \\ & \ddots & & \\ \lambda_{n-1} & & & \\ \lambda_n & & & \end{vmatrix}.$$

例题 3 计算行列式
$$\begin{vmatrix} \lambda_1 & & & & \\ & \lambda_2 & & & \\ & & \ddots & & \\ & & & \lambda_{n-1} & \\ & & & & \lambda_n \end{vmatrix}$$
的值.

解
$$\begin{vmatrix} \lambda_1 & & & & \\ & \lambda_2 & & & \\ & & \ddots & & \\ & & & \lambda_{n-1} & \\ & & & & \lambda_n \end{vmatrix} = \lambda_1 \begin{vmatrix} \lambda_2 & & & \\ & \lambda_3 & & \\ & & \ddots & \\ & & & \lambda_{n-1} \\ & & & & \lambda_n \end{vmatrix}$$

$$= \lambda_1 \lambda_2 \begin{vmatrix} \lambda_3 & & & \\ & \lambda_4 & & \\ & & \ddots & \\ & & & \lambda_{n-1} \\ & & & & \lambda_n \end{vmatrix}$$

$$= \cdots = \lambda_1 \lambda_2 \cdots \lambda_n.$$

练习 3 计算行列式
$$\begin{vmatrix} 1 & & & & \\ & 2 & & & \\ & & \ddots & & \\ & & & n-1 & \\ & & & & n \end{vmatrix}$$
的值.

解

例题 4 计算行列式

$$\begin{vmatrix} & & & & \lambda_1 \\ & & & \lambda_2 & \\ & & \ddots & & \\ & \lambda_{n-1} & & & \\ \lambda_n & & & & \end{vmatrix}$$

的值.

解 $D = \lambda_1 (-1)^{1+n} \begin{vmatrix} & & & & \lambda_2 \\ & & & \lambda_3 & \\ & & \ddots & & \\ & \lambda_{n-1} & & & \\ \lambda_n & & & & \end{vmatrix}$

$= \lambda_1 (-1)^{1+n} \lambda_2 (-1)^{1+n-1} \begin{vmatrix} & & & & \lambda_3 \\ & & & \lambda_4 & \\ & & \ddots & & \\ & \lambda_{n-1} & & & \\ \lambda_n & & & & \end{vmatrix}$

$= \cdots = (-1)^{1+n} (-1)^{1+(n-1)} \cdots (-1)^{1+2} (-1)^{1+1} \lambda_1 \lambda_2 \cdots \lambda_n = (-1)^{n+\frac{n(n+1)}{2}} \lambda_1 \lambda_2 \cdots \lambda_n$

$= (-1)^{\frac{n(n+3)}{2}} \cdot (-1)^{-2n} \lambda_1 \lambda_2 \cdots \lambda_n = (-1)^{\frac{n(n-1)}{2}} \lambda_1 \lambda_2 \cdots \lambda_n.$

练习 4 计算行列式 $\begin{vmatrix} 0 & 1 & & & \\ & 0 & 2 & & \\ & & \ddots & \ddots & \\ & & & 0 & n-1 \\ n & & & & 0 \end{vmatrix}$ 的值.

解

127

2. 上(下)三角行列式

定义 3 主对角线以下(上)的元素全为零的行列式称为上(下)三角行列式.

例如，
$$\begin{vmatrix} a_{11} & a_{12} & \cdots & a_{1n} \\ & a_{22} & \cdots & a_{2n} \\ & & \ddots & \vdots \\ & & & a_{nn} \end{vmatrix}, \begin{vmatrix} a_{11} & & & \\ a_{21} & a_{22} & & \\ \vdots & \vdots & \ddots & \\ a_{n1} & a_{n2} & \cdots & a_{nn} \end{vmatrix}, \begin{vmatrix} 1 & 1 & \cdots & 1 \\ & 2 & \cdots & 2 \\ & & \ddots & \vdots \\ & & & n \end{vmatrix}, \begin{vmatrix} 1 & & & \\ -3 & 0 & & \\ 74 & 81 & -2 & \\ 4 & 0 & 6 & 7 \end{vmatrix}.$$

例题 5 计算行列式：(1) $D = \begin{vmatrix} a_{11} & & & \\ a_{21} & a_{22} & & \\ \vdots & \vdots & \ddots & \\ a_{n1} & a_{n2} & \cdots & a_{nn} \end{vmatrix}$; (2) $D = \begin{vmatrix} a_{11} & a_{12} & \cdots & a_{1n} \\ & a_{22} & \cdots & a_{2n} \\ & & \ddots & \vdots \\ & & & a_{nn} \end{vmatrix}$.

解
$$\begin{vmatrix} a_{11} & & & \\ a_{21} & a_{22} & & \\ \vdots & \vdots & \ddots & \\ a_{n1} & a_{n2} & \cdots & a_{nn} \end{vmatrix} = a_{11} \begin{vmatrix} a_{22} & & & \\ a_{32} & a_{33} & & \\ \vdots & & \ddots & \\ a_{n2} & a_{n3} & \cdots & a_{nn} \end{vmatrix} = \cdots = a_{11} a_{22} \cdots a_{nn}.$$

$$\begin{vmatrix} a_{11} & a_{12} & \cdots & a_{1n} \\ & a_{22} & \cdots & a_{2n} \\ & & \ddots & \vdots \\ & & & a_{nn} \end{vmatrix} = a_{11} \begin{vmatrix} a_{22} & a_{23} & \cdots & a_{2n} \\ & a_{33} & \cdots & a_{3n} \\ & & \ddots & \\ & & & a_{nn} \end{vmatrix} = \cdots = a_{11} a_{22} \cdots a_{nn}.$$

练习 5 计算行列式：(1) $D = \begin{vmatrix} 1 & 1 & \cdots & 1 \\ & 2 & \cdots & 2 \\ & & \ddots & \vdots \\ & & & n \end{vmatrix}$; (2) $D = \begin{vmatrix} 1 & 0 & 0 & 0 \\ -3 & -3 & 0 & 0 \\ 74 & 81 & -2 & 0 \\ 4 & 0 & 6 & 7 \end{vmatrix}$.

解

日期：_____   教师：_____

5.3　行列式的性质

学习内容：行列式的性质.
目的要求：理解行列式的七大性质,熟练掌握使用行列式的性质计算行列式.
重点难点：行列式的性质及推论,利用性质计算行列式.

课前探讨

1. 阐述 n 阶行列式的计算方法(按某一行或列展开),并举例(至少 2 个).
2. 理解并叙述行列式的性质及推论.
3. 利用性质计算行列式,并举例(至少 2 个).
4. 计算下列行列式：

$$(1)\ D=\begin{vmatrix} -1 & 0 & 3 & 4 & 7 \\ 3 & 0 & 1 & -2 & 0 \\ 5 & 2 & 7 & 8 & 10 \\ 4 & 0 & -1 & -6 & 0 \\ 0 & 0 & 6 & 0 & 0 \end{vmatrix};\ (2)\ D=\begin{vmatrix} -ab & ac & ae \\ bd & -cd & de \\ bf & cf & -ef \end{vmatrix}.$$

课堂讲习

案例　计算行列式 $D=\begin{vmatrix} 4 & 427 & 327 \\ 5 & 543 & 443 \\ 7 & 721 & 621 \end{vmatrix}.$

　　从行列式的定义出发直接计算行列式是比较麻烦的,为了简化行列式的计算,这里给出行列式的一些基本性质.

　　将行列式 D 的对应行、列互换后,得到新的行列式 D^{T},D^{T} 称为 D 的**转置行列式**.例如,

如果 $D=\begin{vmatrix} a_{11} & a_{12} & \cdots & a_{1n} \\ a_{21} & a_{22} & \cdots & a_{2n} \\ \vdots & \vdots & & \vdots \\ a_{n1} & a_{n2} & \cdots & a_{nn} \end{vmatrix}$,则 $D^{\mathrm{T}}=\begin{vmatrix} a_{11} & a_{21} & \cdots & a_{n1} \\ a_{12} & a_{22} & \cdots & a_{n2} \\ \vdots & \vdots & & \vdots \\ a_{1n} & a_{2n} & \cdots & a_{nn} \end{vmatrix}.$

性质 1 行列式与它的转置行列式相等,即 $D=D^T$.

注意 性质 1 说明行列式中行与列的地位是平等的,对行列式中行成立的性质,对列也同样成立.正因为如此,以下的讨论大多针对行列式的行来进行.

例如,上三角形行列式 $D = \begin{vmatrix} a_{11} & a_{12} & a_{13} & \cdots & a_{1n} \\ 0 & a_{22} & a_{23} & \cdots & a_{2n} \\ 0 & 0 & a_{33} & \cdots & a_{3n} \\ \vdots & \vdots & \vdots & & \vdots \\ 0 & 0 & 0 & \cdots & a_{nn} \end{vmatrix} = a_{11}a_{22}\cdots a_{nn}$,其转置行列式为

$$D^T = \begin{vmatrix} a_{11} & 0 & 0 & \cdots & 0 \\ a_{12} & a_{22} & 0 & \cdots & 0 \\ a_{13} & a_{23} & a_{33} & \cdots & 0 \\ \vdots & \vdots & \vdots & & \vdots \\ a_{1n} & a_{2n} & a_{3n} & \cdots & a_{nn} \end{vmatrix} = a_{11}a_{22}\cdots a_{nn}$$,显然,$D=D^T$.

性质 2 互换行列式的两行(或两列),行列式变号.

例如,交换三阶行列式的第 1 行与第 3 行,由性质 2 有

$$\begin{vmatrix} a_{11} & a_{12} & a_{13} \\ a_{21} & a_{22} & a_{23} \\ a_{31} & a_{32} & a_{33} \end{vmatrix} = - \begin{vmatrix} a_{31} & a_{32} & a_{33} \\ a_{21} & a_{22} & a_{23} \\ a_{11} & a_{12} & a_{13} \end{vmatrix}.$$

推论 如果行列式有两行(或两列)的对应元素相同,则这个行列式等于零.

例如,$\begin{vmatrix} 3 & 12 & 15 & 5 \\ 1 & 3 & 7 & 8 \\ 6 & 16 & 23 & 31 \\ 3 & 12 & 15 & 5 \end{vmatrix} = 0$,$\begin{vmatrix} 7 & 5 & 7 \\ 8 & 61 & 8 \\ 21 & 76 & 21 \end{vmatrix} = 0$.

性质 3 n 阶行列式等于它的任一行(或任一列)的每个元素与其对应的代数余子式的乘积之和,即

$$D = \begin{vmatrix} a_{11} & a_{12} & \cdots & a_{1n} \\ a_{21} & a_{22} & \cdots & a_{2n} \\ \vdots & \vdots & & \vdots \\ a_{n1} & a_{n2} & \cdots & a_{nn} \end{vmatrix} = a_{i1}A_{i1} + a_{i2}A_{i2} + \cdots + a_{in}A_{in} = \sum_{k=1}^{n} a_{ik}A_{ik} \ (i=1,2,\cdots,n),$$

$$D = \begin{vmatrix} a_{11} & a_{12} & \cdots & a_{1n} \\ a_{21} & a_{22} & \cdots & a_{2n} \\ \vdots & \vdots & & \vdots \\ a_{n1} & a_{n2} & \cdots & a_{nn} \end{vmatrix} = a_{1j}A_{1j} + a_{2j}A_{2j} + \cdots + a_{nj}A_{nj} = \sum_{k=1}^{n} a_{kj}A_{kj} \ (j=1,2,\cdots,n).$$

性质 3 说明了行列式可按任一行(列)展开.在具体计算时,只要行列式的某一行(列)的零元素多,就可按该行(列)来展开,这样降低了行列式的阶数,从而简化运算.

例题 1 计算行列式

$$D = \begin{vmatrix} 2 & -3 & 1 & 0 \\ 4 & -1 & 6 & 2 \\ 0 & 4 & 0 & 1 \\ 0 & 1 & -1 & 0 \end{vmatrix}.$$

解 按第 1 列展开，得

$$D = 2 \times (-1)^{1+1} \begin{vmatrix} -1 & 6 & 2 \\ 4 & 0 & 1 \\ 1 & -1 & 0 \end{vmatrix} + 4 \times (-1)^{2+1} \begin{vmatrix} -3 & 1 & 0 \\ 4 & 0 & 1 \\ 1 & -1 & 0 \end{vmatrix} = 2 \times (-3) - 4 \times (-2) = 2.$$

练习 1 计算下列行列式：

$$D = \begin{vmatrix} -1 & 0 & 3 & 4 & 7 \\ 3 & 0 & 1 & -2 & 0 \\ 5 & 2 & 7 & 8 & 10 \\ 4 & 0 & -1 & -6 & 0 \\ 0 & 0 & 6 & 0 & 0 \end{vmatrix}.$$

解

练习 2 计算行列式 $D = \begin{vmatrix} 1 & -5 & 3 & -1 \\ 2 & -6 & 0 & -6 \\ 4 & -2 & 0 & -2 \\ 1 & 3 & 0 & 3 \end{vmatrix}$ 的值.

解

性质 4 n 阶行列式中任意一行(列)的元素与另一行(列)的对应元素的代数余子式的乘积之和等于零，即

$$a_{i1}A_{s1} + a_{i2}A_{s2} + \cdots + a_{in}A_{sn} = 0 (i \neq s);$$
$$a_{1j}A_{1t} + a_{2j}A_{2t} + \cdots + a_{nj}A_{nt} = 0 (j \neq t).$$

证 将行列式 D 按第 s 行展开，有

$$\begin{vmatrix} a_{11} & a_{12} & \cdots & a_{1n} \\ \vdots & \vdots & & \vdots \\ a_{i1} & a_{i2} & \cdots & a_{in} \\ \vdots & \vdots & & \vdots \\ a_{s1} & a_{s2} & \cdots & a_{sn} \\ \vdots & \vdots & & \vdots \\ a_{n1} & a_{n2} & \cdots & a_{nn} \end{vmatrix} = a_{s1}A_{s1} + a_{s2}A_{s2} + \cdots + a_{sn}A_{sn}.$$

在上式中把第 s 行的元素对应换成第 i 行的元素,则有

$$a_{i1}A_{s1} + a_{i2}A_{s2} + \cdots + a_{in}A_{sn} = \begin{vmatrix} a_{11} & a_{12} & \cdots & a_{1n} \\ \vdots & \vdots & & \vdots \\ a_{i1} & a_{i2} & \cdots & a_{in} \\ \vdots & \vdots & & \vdots \\ a_{i1} & a_{i2} & \cdots & a_{in} \\ \vdots & \vdots & & \vdots \\ a_{n1} & a_{n2} & \cdots & a_{nn} \end{vmatrix} = 0, (i \neq s).$$

推论 如果行列式的某一行(列)的元素全为零,则此行列式等于零.

性质 5 行列式的某一行(列)的所有元素都乘以同一个数 k,等于用 k 乘以该行列式,即

$$\begin{vmatrix} a_{11} & a_{12} & \cdots & a_{1n} \\ \vdots & \vdots & & \vdots \\ ka_{i1} & ka_{i2} & \cdots & ka_{in} \\ \vdots & \vdots & & \vdots \\ a_{n1} & a_{n2} & \cdots & a_{nn} \end{vmatrix} = k \begin{vmatrix} a_{11} & a_{12} & \cdots & a_{1n} \\ \vdots & \vdots & & \vdots \\ a_{i1} & a_{i2} & \cdots & a_{in} \\ \vdots & \vdots & & \vdots \\ a_{n1} & a_{n2} & \cdots & a_{nn} \end{vmatrix}.$$

这个性质也可叙述为:行列式中某一行(列)所有元素的公因子可以提到行列式符号的外边.由此性质,容易得到如下推论.

推论 如果行列式有两行(列)的元素对应成比例,则行列式等于零.

例题 2 计算行列式 $\begin{vmatrix} 2 & 5 & 5 \\ 6 & 4 & 10 \\ 3 & 6 & 15 \end{vmatrix}$.

解 $\begin{vmatrix} 2 & 5 & 5 \\ 6 & 4 & 10 \\ 3 & 6 & 15 \end{vmatrix} = 2 \times 3 \times \begin{vmatrix} 2 & 5 & 5 \\ 3 & 2 & 5 \\ 1 & 2 & 5 \end{vmatrix} = 2 \times 3 \times 5 \times \begin{vmatrix} 2 & 5 & 1 \\ 3 & 2 & 1 \\ 1 & 2 & 1 \end{vmatrix}$

$= 30 \times (4 + 6 + 5 - 2 - 4 - 15) = -180.$

练习 3 计算行列式 $\begin{vmatrix} -ab & ac & ae \\ bd & -cd & de \\ bf & cf & -ef \end{vmatrix}$.

解

性质 6 如果行列式的某一行（列）的元素都可表示为两数之和，那么这个行列式等于两个行列式之和，这两个行列式除该行（列）的元素分别为这两数之一外，其余各行（列）的元素都与原来行列式的对应行（列）相同，即

$$\begin{vmatrix} a_{11} & a_{12} & \cdots & a_{1n} \\ \vdots & \vdots & & \vdots \\ b_1+c_1 & b_2+c_2 & \cdots & b_n+c_n \\ \vdots & \vdots & & \vdots \\ a_{n1} & a_{n2} & \cdots & a_{nn} \end{vmatrix} = \begin{vmatrix} a_{11} & a_{12} & \cdots & a_{1n} \\ \vdots & \vdots & & \vdots \\ b_1 & b_2 & \cdots & b_n \\ \vdots & \vdots & & \vdots \\ a_{n1} & a_{n2} & \cdots & a_{nn} \end{vmatrix} + \begin{vmatrix} a_{11} & a_{12} & \cdots & a_{1n} \\ \vdots & \vdots & & \vdots \\ c_1 & c_2 & \cdots & c_n \\ \vdots & \vdots & & \vdots \\ a_{n1} & a_{n2} & \cdots & a_{nn} \end{vmatrix}.$$

例题 3 计算行列式 $D = \begin{vmatrix} 4 & 427 & 327 \\ 5 & 543 & 443 \\ 7 & 721 & 621 \end{vmatrix}$.

解 $D = \begin{vmatrix} 4 & 400+27 & 300+27 \\ 5 & 500+43 & 400+43 \\ 7 & 700+21 & 600+21 \end{vmatrix}$

$$= \begin{vmatrix} 4 & 400 & 300+27 \\ 5 & 500 & 400+43 \\ 7 & 700 & 600+21 \end{vmatrix} + \begin{vmatrix} 4 & 27 & 300+27 \\ 5 & 43 & 400+43 \\ 7 & 21 & 600+21 \end{vmatrix}.$$

$$= \begin{vmatrix} 4 & 400 & 300 \\ 5 & 500 & 400 \\ 7 & 700 & 600 \end{vmatrix} + \begin{vmatrix} 4 & 400 & 27 \\ 5 & 500 & 43 \\ 7 & 700 & 21 \end{vmatrix} + \begin{vmatrix} 4 & 27 & 300 \\ 5 & 43 & 400 \\ 7 & 21 & 600 \end{vmatrix} + \begin{vmatrix} 4 & 27 & 27 \\ 5 & 43 & 43 \\ 7 & 21 & 21 \end{vmatrix}$$

$$= 100 \begin{vmatrix} 4 & 27 & 3 \\ 5 & 43 & 4 \\ 7 & 21 & 6 \end{vmatrix} = 5\,400.$$

性质 7 将行列式的某一行（列）的元素都乘以同一个常数 k 后，再加到另一行（列）的对应元素上，行列式的值不变，即

$$\begin{vmatrix} a_{11} & a_{12} & \cdots & a_{1n} \\ \vdots & \vdots & & \vdots \\ a_{i1} & a_{i2} & \cdots & a_{in} \\ \vdots & \vdots & & \vdots \\ a_{s1} & a_{s2} & \cdots & a_{sn} \\ \vdots & \vdots & & \vdots \\ a_{n1} & a_{n2} & \cdots & a_{nn} \end{vmatrix} = \begin{vmatrix} a_{11} & a_{12} & \cdots & a_{1n} \\ \vdots & \vdots & & \vdots \\ a_{i1} & a_{i2} & \cdots & a_{in} \\ \vdots & \vdots & & \vdots \\ a_{s1}+ka_{i1} & a_{s2}+ka_{i2} & \cdots & a_{sn}+ka_{in} \\ \vdots & \vdots & & \vdots \\ a_{n1} & a_{n2} & \cdots & a_{nn} \end{vmatrix}.$$

利用行列式的性质可以简化行列式的计算，特别是利用这里的性质 2 和性质 7，总可将一个 n 阶行列式化为容易计算的上三角行列式。当然，在化简行列式的过程中还应注意综合运用行列式的其他性质，以便于计算行列式。

日期：_____   教师：_____

5.4　行列式的计算

学习内容：利用行列式的性质计算行列式.
目的要求：理解并熟练掌握使用行列式的性质、降阶法及三角法求解行列式.
重点难点：降阶法及三角法求解行列式；利用行列式的性质计算行列式.

课前探讨

1. 复习行列式的性质及推论.
2. 利用三角法计算行列式，并举例（至少 2 个）.
3. 利用降阶法计算行列式，并举例（至少 2 个）.
4. 计算下列行列式：

$$\begin{vmatrix} 3 & 1 & 1 & 1 \\ 1 & 3 & 1 & 1 \\ 1 & 1 & 3 & 1 \\ 1 & 1 & 1 & 3 \end{vmatrix}, \begin{vmatrix} a & b & c & d \\ a & a+b & a+b+c & a+b+c+d \\ a & 2a+b & 3a+2b+c & 4a+3b+2c+d \\ a & 3a+b & 6a+3b+c & 10a+6b+3c+d \end{vmatrix}$$

课堂讲习

案例　计算行列式：(1) $D = \begin{vmatrix} 3 & 1 & -1 & 2 \\ -5 & 1 & 3 & 4 \\ 2 & 0 & 1 & -1 \\ 1 & -5 & 3 & -3 \end{vmatrix}$；(2) $D = \begin{vmatrix} 3 & 1 & 1 & 1 \\ 1 & 3 & 1 & 1 \\ 1 & 1 & 3 & 1 \\ 1 & 1 & 1 & 3 \end{vmatrix}$.

行列式的计算主要采用以下两种基本方法：

(1) 降阶法. 把行列式按选定的某一行或某一列展开，把行列式的阶数降低，再求出它的值. 通常利用性质 7，使得某一行（列）中产生很多个零元素，再按包含零元素最多的行（列）展开.

(2) 三角法. 主要利用性质 2 和性质 7，把行列式化为容易计算的上三角（或下三角）行列式.

现通过例题说明如何利用行列式性质计算行列式，为使计算过程清楚，我们引入一些记号.

用 r_i 表示第 i 行，c_i 表示第 i 列.

(1) 交换 i,j 两行（列）：$r_i \leftrightarrow r_j (c_i \leftrightarrow c_j)$；

(2) 用数 k 乘以第 i 行（列）：$kr_i(kc_i)$ $k \neq 0$；

(3) 用数 k 乘以第 j 行（列）再加到第 i 行（列）上：$kr_j + r_i(kc_j + c_i)$.

例题 1 计算行列式：

$$D = \begin{vmatrix} -2 & 1 & 3 & 1 \\ 1 & 0 & -1 & 2 \\ 1 & 3 & 4 & -2 \\ 0 & 1 & 0 & -1 \end{vmatrix}.$$

解法 1（降阶法） 注意到 D 的第 4 行有两个零元素，在按第 4 行展开之前，还可化简 D.

$$D \xrightarrow{c_2 + c_4} \begin{vmatrix} -2 & 1 & 3 & 2 \\ 1 & 0 & -1 & 2 \\ 1 & 3 & 4 & 1 \\ 0 & 1 & 0 & 0 \end{vmatrix} = (-1)^{4+2} \begin{vmatrix} -2 & 3 & 2 \\ 1 & -1 & 2 \\ 1 & 4 & 1 \end{vmatrix} \xrightarrow[-r_3 + r_2]{2r_3 + r_1} \begin{vmatrix} 0 & 11 & 4 \\ 0 & -5 & 1 \\ 1 & 4 & 1 \end{vmatrix}$$

$$= (-1)^{3+1} \begin{vmatrix} 11 & 4 \\ -5 & 1 \end{vmatrix} = 31.$$

解法 2（三角法）

$$D \xrightarrow{r_1 \leftrightarrow r_2} - \begin{vmatrix} 1 & 0 & -1 & 2 \\ -2 & 1 & 3 & 1 \\ 1 & 3 & 4 & -2 \\ 0 & 1 & 0 & -1 \end{vmatrix} \xrightarrow[-r_1 + r_3]{2r_1 + r_2} - \begin{vmatrix} 1 & 0 & -1 & 2 \\ 0 & 1 & 1 & 5 \\ 0 & 3 & 5 & -4 \\ 0 & 1 & 0 & -1 \end{vmatrix}$$

$$\xrightarrow[-r_2 + r_4]{-3r_2 + r_3} - \begin{vmatrix} 1 & 0 & -1 & 2 \\ 0 & 1 & 1 & 5 \\ 0 & 0 & 2 & -19 \\ 0 & 0 & -1 & -6 \end{vmatrix} \xrightarrow{r_3 \leftrightarrow r_4} \begin{vmatrix} 1 & 0 & -1 & 2 \\ 0 & 1 & 1 & 5 \\ 0 & 0 & -1 & -6 \\ 0 & 0 & 2 & -19 \end{vmatrix}$$

$$\xrightarrow{2r_3 + r_4} \begin{vmatrix} 1 & 0 & -1 & 2 \\ 0 & 1 & 1 & 5 \\ 0 & 0 & -1 & -6 \\ 0 & 0 & 0 & -31 \end{vmatrix} = 31.$$

例题 2 计算行列式

$$D = \begin{vmatrix} 3 & 1 & -1 & 2 \\ -5 & 1 & 3 & -4 \\ 2 & 0 & 1 & -1 \\ 1 & -5 & 3 & -3 \end{vmatrix}.$$

解法 1（三角法）

$$D \xrightarrow{c_1 \leftrightarrow c_2} - \begin{vmatrix} 1 & 3 & -1 & 2 \\ 1 & -5 & 3 & -4 \\ 0 & 2 & 1 & -1 \\ -5 & 1 & 3 & -3 \end{vmatrix} \xrightarrow[5r_1 + r_4]{-r_1 + r_2} - \begin{vmatrix} 1 & 3 & -1 & 2 \\ 0 & -8 & 4 & -6 \\ 0 & 2 & 1 & -1 \\ 0 & 16 & -2 & 7 \end{vmatrix}$$

135

$$\xrightarrow{r_2 \leftrightarrow r_3} \begin{vmatrix} 1 & 3 & -1 & 2 \\ 0 & 2 & 1 & -1 \\ 0 & -8 & 4 & -6 \\ 0 & 16 & -2 & 7 \end{vmatrix} \xrightarrow[-8r_2+r_4]{4r_2+r_3} \begin{vmatrix} 1 & 3 & -1 & 2 \\ 0 & 2 & 1 & -1 \\ 0 & 0 & 8 & -10 \\ 0 & 0 & -10 & 15 \end{vmatrix}$$

$$\xrightarrow{\frac{5}{4}r_3+r_4} \begin{vmatrix} 1 & 3 & -1 & 2 \\ 0 & 2 & 1 & -1 \\ 0 & 0 & 8 & -10 \\ 0 & 0 & 0 & \frac{5}{2} \end{vmatrix} = 40.$$

解法 2（降阶法）

$$D \xrightarrow{c_1 \leftrightarrow c_2} - \begin{vmatrix} 1 & 3 & -1 & 2 \\ 1 & -5 & 3 & -4 \\ 0 & 2 & 1 & -1 \\ -5 & 1 & 3 & -3 \end{vmatrix} \xrightarrow[5r_1+r_4]{-r_1+r_2} - \begin{vmatrix} 1 & 3 & -1 & 2 \\ 0 & -8 & 4 & -6 \\ 0 & 2 & 1 & -1 \\ 0 & 16 & -2 & 7 \end{vmatrix}$$

$$= - \begin{vmatrix} -8 & 4 & -6 \\ 2 & 1 & -1 \\ 16 & -2 & 7 \end{vmatrix} \xrightarrow[-8r_1+r_3]{4r_2+r_1} - \begin{vmatrix} 0 & 8 & -10 \\ 2 & 1 & -1 \\ 0 & -10 & 15 \end{vmatrix} = 2 \begin{vmatrix} 8 & -10 \\ -10 & 15 \end{vmatrix} = 40.$$

练习 1　计算行列式

$$D = \begin{vmatrix} 1 & 0 & 2 & 1 \\ 2 & -1 & 1 & 0 \\ 1 & 2 & 0 & 3 \\ 0 & 3 & 2 & 1 \end{vmatrix}.$$

解

练习 2　计算行列式

$$D = \begin{vmatrix} 1 & 2 & -1 & 2 \\ 3 & 0 & 1 & 5 \\ 1 & -2 & 0 & 3 \\ -2 & -4 & 1 & 6 \end{vmatrix}.$$

解

例题 3 计算行列式

$$D=\begin{vmatrix} a_1 & -a_1 & 0 & 0 \\ 0 & a_2 & -a_2 & 0 \\ 0 & 0 & a_3 & -a_3 \\ 1 & 1 & 1 & 1 \end{vmatrix}$$

解 根据 D 中元素的规律,可将第 4 列加到第 3 列,然后将第 3 列加到第 2 列,再将第 2 列加到第 1 列,目的是使 D 中的零元素增多.

$$D\xlongequal{c_4+c_3}\begin{vmatrix} a_1 & -a_1 & 0 & 0 \\ 0 & a_2 & -a_2 & 0 \\ 0 & 0 & 0 & -a_3 \\ 1 & 1 & 2 & 1 \end{vmatrix}\xlongequal{c_3+c_2}\begin{vmatrix} a_1 & -a_1 & 0 & 0 \\ 0 & 0 & -a_2 & 0 \\ 0 & 0 & 0 & -a_3 \\ 1 & 3 & 2 & 1 \end{vmatrix}$$

$$\xlongequal{c_2+c_1}\begin{vmatrix} 0 & -a_1 & 0 & 0 \\ 0 & 0 & -a_2 & 0 \\ 0 & 0 & 0 & -a_3 \\ 4 & 3 & 2 & 1 \end{vmatrix}=4(-1)^{4+1}\begin{vmatrix} -a_1 & 0 & 0 \\ 0 & -a_2 & 0 \\ 0 & 0 & -a_3 \end{vmatrix}=4a_1a_2a_3.$$

一般地,我们有

$$D_{n+1}=\begin{vmatrix} a_1 & -a_1 & 0 & \cdots & 0 & 0 \\ 0 & a_2 & -a_2 & \cdots & 0 & 0 \\ 0 & 0 & a_3 & \cdots & 0 & 0 \\ \vdots & \vdots & \vdots & & \vdots & \vdots \\ 0 & 0 & 0 & \cdots & a_n & -a_n \\ 1 & 1 & 1 & \cdots & 1 & 1 \end{vmatrix}=(n+1)a_1a_2\cdots a_n.$$

例题 4 求解方程

$$\begin{vmatrix} x & 2 & 2 & 2 \\ 2 & x & 2 & 2 \\ 2 & 2 & x & 2 \\ 2 & 2 & 2 & x \end{vmatrix}=0.$$

解 $\begin{vmatrix} x & 2 & 2 & 2 \\ 2 & x & 2 & 2 \\ 2 & 2 & x & 2 \\ 2 & 2 & 2 & x \end{vmatrix}\xlongequal[r_3+r_1]{r_2+r_1}^{r_4+r_1}\begin{vmatrix} x+6 & x+6 & x+6 & x+6 \\ 2 & x & 2 & 2 \\ 2 & 2 & x & 2 \\ 2 & 2 & 2 & x \end{vmatrix}=(x+6)\begin{vmatrix} 1 & 1 & 1 & 1 \\ 2 & x & 2 & 2 \\ 2 & 2 & x & 2 \\ 2 & 2 & 2 & x \end{vmatrix}$

$$\xlongequal[-c_1+c_3]{-c_1+c_2}^{-c_1+c_4}(x+6)\begin{vmatrix} 1 & 0 & 0 & 0 \\ 2 & x-2 & 0 & 0 \\ 2 & 0 & x-2 & 0 \\ 2 & 0 & 0 & x-2 \end{vmatrix}$$

$$=(x+6)(x-2)^3=0.$$

解得 $x_1=-6, x_2=x_3=x_4=2.$

137

练习 3 计算行列式

$$D=\begin{vmatrix} 3 & 1 & 1 & 1 \\ 1 & 3 & 1 & 1 \\ 1 & 1 & 3 & 1 \\ 1 & 1 & 1 & 3 \end{vmatrix}.$$

解

例题 5 计算行列式

$$D=\begin{vmatrix} a & b & c & d \\ a & a+b & a+b+c & a+b+c+d \\ a & 2a+b & 3a+2b+c & 4a+3b+2c+d \\ a & 3a+b & 6a+3b+c & 10a+6b+3c+d \end{vmatrix}.$$

解

$$D \xlongequal{-r_3+r_4} \begin{vmatrix} a & b & c & d \\ a & a+b & a+b+c & a+b+c+d \\ a & 2a+b & 3a+2b+c & 4a+3b+2c+d \\ 0 & a & 3a+b & 6a+3b+c \end{vmatrix}$$

$$\xlongequal{-r_2+r_3} \begin{vmatrix} a & b & c & d \\ a & a+b & a+b+c & a+b+c+d \\ 0 & a & 2a+b & 3a+2b+c \\ 0 & a & 3a+b & 6a+3b+c \end{vmatrix}$$

$$\xlongequal{-r_1+r_2} \begin{vmatrix} a & b & c & d \\ 0 & a & a+b & a+b+c \\ 0 & a & 2a+b & 3a+2b+c \\ 0 & a & 3a+b & 6a+3b+c \end{vmatrix}$$

$$\xlongequal{-r_3+r_4} \begin{vmatrix} a & b & c & d \\ 0 & a & a+b & a+b+c \\ 0 & a & 2a+b & 3a+2b+c \\ 0 & 0 & a & 3a+b \end{vmatrix}$$

$$\xlongequal{-r_2+r_3} \begin{vmatrix} a & b & c & d \\ 0 & a & a+b & a+b+c \\ 0 & 0 & a & 2a+b \\ 0 & 0 & a & 3a+b \end{vmatrix} \xlongequal{-r_3+r_4} \begin{vmatrix} a & b & c & d \\ 0 & a & a+b & a+b+c \\ 0 & 0 & a & 2a+b \\ 0 & 0 & 0 & a \end{vmatrix} = a^4.$$

日期：_____ 　　教师：_____

5.5　克莱姆法则

学习内容：克莱姆法则.

目的要求：理解并掌握使用克莱姆法则判断齐次线性方程组解的情况，熟练掌握使用克莱姆法则解线性方程组.

重点难点：利用克莱姆法则判断齐次线性方程组解的情况，利用克莱姆法则解线性方程组.

课前探讨

1. 阐述克莱姆法则及其适用条件.

2. 使用克莱姆法则解二元一次方程组 $\begin{cases} 2x_1+3x_2=7, \\ 5x_1-4x_2=6 \end{cases}$ 和 $\begin{cases} 3x-y=3, \\ x+2y=8. \end{cases}$

3. 使用克莱姆法则解三元一次方程组 $\begin{cases} x+2y+z=0, \\ 2x-y+z=1, \\ x-y+2z=3 \end{cases}$ 和 $\begin{cases} x+y+z=1, \\ 2x-y-z=1, \\ x-y+z=2. \end{cases}$

4. 使用克莱姆法则解线性方程组：

$$\begin{cases} x_1+\ x_2+2x_3+\ 3x_4=4, \\ x_1+\ x_2+\qquad\quad x_4=4, \\ 3x_1+2x_2+5x_3+10x_4=12, \\ 4x_1+5x_2+9x_3+13x_4=18 \end{cases} 和 \begin{cases} x_1+2x_2-\ x_3+3x_4=2, \\ 2x_1+\ x_2-3x_3-2x_4=7, \\ \quad\ 3x_2-\ x_3+\ x_4=6, \\ x_1-\ x_2+\ x_3+4x_4=-4. \end{cases}$$

5. 阐述齐次线性方程组的定义，并举例(至少 2 个).

6. 阐述非齐次线性方程组的定义，并举例(至少 2 个).

7. 阐述齐次线性方程组解的判断方法(只有零解情形和有非零解情形).

课堂讲习

案例　利用行列式解 n 元线性方程组 $\begin{cases} a_{11}x_1+a_{12}x_2+\cdots a_{1n}x_n=b_1, \\ a_{21}x_1+a_{22}x_2+\cdots a_{2n}x_n=b_2, \\ \cdots\cdots\cdots\cdots \\ a_{n1}x_1+a_{n2}x_2+\cdots a_{nn}x_n=b_n. \end{cases}$

1. 解二元一次方程组 $\begin{cases} a_{11}x_1 + a_{12}x_2 = b_1, \\ a_{21}x_1 + a_{22}x_2 = b_2. \end{cases}$

当系数行列式 $D = \begin{vmatrix} a_{11} & a_{12} \\ a_{21} & a_{22} \end{vmatrix} \neq 0$ 时，二元一次方程组有唯一解，可表示为

$$x_1 = \frac{D_1}{D}, x_2 = \frac{D_2}{D}.$$

其中 D_1 和 D_2 是将系数行列式 D 中 x_1 和 x_2 的系数依次换成方程组右端的常数项而成的行列式，即

$$D_1 = \begin{vmatrix} b_1 & a_{12} \\ b_2 & a_{22} \end{vmatrix}, D_2 = \begin{vmatrix} a_{11} & b_1 \\ a_{21} & b_2 \end{vmatrix}.$$

例题 1 解方程组 $\begin{cases} 2x_1 + 3x_2 = 7, \\ 5x_1 - 4x_2 = 6. \end{cases}$

解 因为 $D = \begin{vmatrix} 2 & 3 \\ 5 & -4 \end{vmatrix} = -23 \neq 0, D_1 = \begin{vmatrix} 7 & 3 \\ 6 & -4 \end{vmatrix} = -46, D_2 = \begin{vmatrix} 2 & 7 \\ 5 & 6 \end{vmatrix} = -23,$

所以 $\qquad x_1 = \frac{D_1}{D} = \frac{-46}{-23} = 2, x_2 = \frac{D_2}{D} = \frac{-23}{-23} = 1.$

练习 1 解方程组 $\begin{cases} 3x - y = 3, \\ x + 2y = 8. \end{cases}$

解

2. 解三元一次方程组 $\begin{cases} a_{11}x_1 + a_{12}x_2 + a_{13}x_3 = b_1, \\ a_{21}x_1 + a_{22}x_2 + a_{23}x_3 = b_2, \\ a_{31}x_1 + a_{32}x_2 + a_{33}x_3 = b_3. \end{cases}$

当系数行列式 $D = \begin{vmatrix} a_{11} & a_{12} & a_{13} \\ a_{21} & a_{22} & a_{23} \\ a_{31} & a_{32} & a_{33} \end{vmatrix} \neq 0$ 时，三元一次方程组有唯一解，可表示为

$$x_1 = \frac{D_1}{D}, \quad x_2 = \frac{D_2}{D}, \quad x_3 = \frac{D_3}{D}.$$

其中 D_1, D_2 和 D_3 是将系数行列式 D 中 x_1, x_2 和 x_3 对应的系数依次换成方程组右端的常数项而成的行列式，即

$$D_1 = \begin{vmatrix} b_1 & a_{12} & a_{13} \\ b_2 & a_{22} & a_{23} \\ b_3 & a_{32} & a_{33} \end{vmatrix}, D_2 = \begin{vmatrix} a_{11} & b_1 & a_{13} \\ a_{21} & b_2 & a_{23} \\ a_{31} & b_3 & a_{33} \end{vmatrix}, D_3 = \begin{vmatrix} a_{11} & a_{12} & b_1 \\ a_{21} & a_{22} & b_2 \\ a_{31} & a_{32} & b_3 \end{vmatrix}.$$

例题 2 解方程组 $\begin{cases} x + 2y + z = 0, \\ 2x - y + z = 1, \\ x - y + 2z = 3. \end{cases}$

解 因为 $D=\begin{vmatrix} 1 & 2 & 1 \\ 2 & -1 & 1 \\ 1 & -1 & 2 \end{vmatrix}=-8\neq 0,$ $\qquad D_1=\begin{vmatrix} 0 & 2 & 1 \\ 1 & -1 & 1 \\ 3 & -1 & 2 \end{vmatrix}=4,$

$$D_2=\begin{vmatrix} 1 & 0 & 1 \\ 2 & 1 & 1 \\ 1 & 3 & 2 \end{vmatrix}=4,\qquad D_3=\begin{vmatrix} 1 & 2 & 0 \\ 2 & -1 & 1 \\ 1 & -1 & 3 \end{vmatrix}=-12,$$

所以

$$x=\frac{D_1}{D}=\frac{4}{-8}=-\frac{1}{2},y=\frac{D_2}{D}=\frac{4}{-8}=-\frac{1}{2},z=\frac{D_3}{D}=\frac{-12}{-8}=\frac{3}{2}.$$

练习 2 解方程组 $\begin{cases} x+y+z=1, \\ 2x-y-z=1, \\ x-y+z=2. \end{cases}$

解

3. 解 n 元一次方程组 $\begin{cases} a_{11}x_1+a_{12}x_2+\cdots+a_{1n}x_n=b_1, \\ a_{21}x_1+a_{22}x_2+\cdots+a_{2n}x_n=b_2, \\ \cdots\cdots\cdots\cdots\cdots \\ a_{n1}x_1+a_{n2}x_2+\cdots+a_{nn}x_n=b_n. \end{cases}$ (1)

方程组中未知量前的系数组成的行列式称为**系数行列式**，记为

$$D=\begin{vmatrix} a_{11} & a_{12} & \cdots & a_{1n} \\ a_{21} & a_{22} & \cdots & a_{2n} \\ \vdots & \vdots & & \vdots \\ a_{n1} & a_{n2} & \cdots & a_{nn} \end{vmatrix}.$$

定理 1(克莱姆法则) 如果线性方程组(1)的系数行列式 $D\neq 0$,则方程组(1)必有唯一解：

$$x_j=\frac{D_j}{D}(j=1,2,\cdots,n).$$

其中 $\qquad D_j=\begin{vmatrix} a_{11} & \cdots & a_{1,j-1} & b_1 & a_{1,j+1} & \cdots & a_{1n} \\ \vdots & & \vdots & \vdots & \vdots & & \vdots \\ a_{i1} & \cdots & a_{i,j-1} & b_i & a_{i,j+1} & \cdots & a_{in} \\ \vdots & & \vdots & \vdots & \vdots & & \vdots \\ a_{n1} & \cdots & a_{n,j-1} & b_n & a_{n,j+1} & \cdots & a_{nn} \end{vmatrix}(j=1,2,\cdots,n)$

是将系数行列式 D 中第 j 列的元素 $a_{1j},a_{2j},\cdots,a_{nj}$ 对应换为方程组的常数项 $b_1,b_2,\cdots,b_n$ 所得到的行列式.

注意 用克莱姆法则解线性方程组必须满足两个条件：

(1) 未知量的个数必须等于方程的个数；

(2) 系数行列式不能等于零.

例题 3 解线性方程组：$\begin{cases} x_1 + x_2 + 2x_3 + 3x_4 = 4, \\ x_1 + x_2 + x_4 = 4, \\ 3x_1 + 2x_2 + 5x_3 + 10x_4 = 12, \\ 4x_1 + 5x_2 + 9x_3 + 13x_4 = 18. \end{cases}$

解 方程组的系数行列式 $D = \begin{vmatrix} 1 & 1 & 2 & 3 \\ 1 & 1 & 0 & 1 \\ 3 & 2 & 5 & 10 \\ 4 & 5 & 9 & 13 \end{vmatrix} = -4.$

因为 $D \neq 0$，所以可用克莱姆法则求解.

又 $D_1 = \begin{vmatrix} 4 & 1 & 2 & 3 \\ 4 & 1 & 0 & 1 \\ 12 & 2 & 5 & 10 \\ 18 & 5 & 9 & 13 \end{vmatrix} = -4, D_2 = \begin{vmatrix} 1 & 4 & 2 & 3 \\ 1 & 4 & 0 & 1 \\ 3 & 12 & 5 & 10 \\ 4 & 18 & 9 & 13 \end{vmatrix} = -8,$

$D_3 = \begin{vmatrix} 1 & 1 & 4 & 3 \\ 1 & 1 & 4 & 1 \\ 3 & 2 & 12 & 10 \\ 4 & 5 & 18 & 13 \end{vmatrix} = 4, D_4 = \begin{vmatrix} 1 & 1 & 2 & 4 \\ 1 & 1 & 0 & 4 \\ 3 & 2 & 5 & 12 \\ 4 & 5 & 9 & 18 \end{vmatrix} = -4.$

故方程组的解是

$$x_1 = \frac{D_1}{D} = \frac{-4}{-4} = 1, x_2 = \frac{D_2}{D} = \frac{-8}{-4} = 2, x_3 = \frac{D_3}{D} = \frac{4}{-4} = -1, x_4 = \frac{D_4}{D} = \frac{-4}{-4} = 1.$$

练习 3 解线性方程组：$\begin{cases} x_1 + 2x_2 - x_3 + 3x_4 = 2, \\ 2x_1 + x_2 - 3x_3 - 2x_4 = 7, \\ 3x_2 - x_3 + x_4 = 6, \\ x_1 - x_2 + x_3 + 4x_4 = -4. \end{cases}$

解

定义 如果线性方程组(1)的常数项全部为零，即

$$\begin{cases} a_{11}x_1 + a_{12}x_2 + \cdots + a_{1n}x_n = 0, \\ a_{21}x_1 + a_{22}x_2 + \cdots + a_{2n}x_n = 0, \\ \cdots\cdots\cdots\cdots \\ a_{n1}x_1 + a_{n2}x_2 + \cdots + a_{nn}x_n = 0, \end{cases} \tag{2}$$

则称方程组(2)为**齐次线性方程组**,否则称为**非齐次线性方程组**.

由克莱姆法则可得以下结论.

定理 2 如果齐次线性方程组(2)的系数行列式不等于零,则方程组(2)只有唯一零解,即 $x_1 = x_2 = \cdots x_n = 0$.

换句话说,如果齐次线性方程组(2)有非零解,则其系数行列式必等于零.

例题 4 λ 取何值时,齐次线性方程组 $\begin{cases} \lambda x + y + z = 0, \\ x + \lambda y - z = 0, \\ 2x - y + z = 0 \end{cases}$ 只有零解?

解 当 $D = \begin{vmatrix} \lambda & 1 & 1 \\ 1 & \lambda & -1 \\ 2 & -1 & 1 \end{vmatrix} \neq 0$ 时,该齐次线性方程组只有零解,即 $\lambda^2 - 3\lambda - 4 \neq 0$,解方程,得 $\lambda \neq -1$ 且 $\lambda \neq 4$.

练习 4 λ 取何值时,齐次线性方程组 $\begin{cases} 2x + \lambda y + z = 0, \\ (\lambda - 1)x - y + 2z = 0, \\ 4x + y + 4z = 0 \end{cases}$ 有非零解?

解

日期：＿＿＿＿＿＿＿＿＿＿＿＿＿＿＿＿　　　　教师：＿＿＿＿＿＿＿＿＿＿＿＿＿＿＿＿

5.6　第5模块习题课（一）

学习内容：行列式部分总结．

目的要求：理解行列式的定义、性质，熟练掌握行列式的计算及使用克莱姆法则求解线性方程组的方法．

重点难点：行列式的定义、性质，行列式的计算及使用克莱姆法则求解线性方程组．

课前探讨

1. 复习二阶、三阶、n 阶行列式的定义．

2. 复习 n 阶行列式的性质．

3. 复习 n 阶行列式的计算方法．

4. 复习克莱姆法则．

内容精要

1. 余子式和代数余子式的概念

在 n 阶行列式中，把元素 $a_{ij}(i,j=1,2,\cdots,n)$ 所在的第 i 行和第 j 列划去后，剩下的元素按原来的次序组成的 $n-1$ 阶行列式，称为元素 a_{ij} 的余子式，记作 M_{ij}，而 $A_{ij}=(-1)^{i+j}M_{ij}$ 称为元素 a_{ij} 的代数余子式．

2. 行列式的定义

（1）形如记号 $\begin{vmatrix} a_{11} & a_{12} \\ a_{21} & a_{22} \end{vmatrix}$ 称为一个二阶行列式，且有

$$\begin{vmatrix} a_{11} & a_{12} \\ a_{21} & a_{22} \end{vmatrix}=a_{11}a_{22}-a_{12}a_{21}.$$

（2）将 3^2 个数 $a_{11},a_{12},a_{13},a_{21},a_{22},a_{23},a_{31},a_{32},a_{33}$ 排成的一个 3 行 3 列的方块，两边再各加上一条竖线所构成的记号

$$\begin{vmatrix} a_{11} & a_{12} & a_{13} \\ a_{21} & a_{22} & a_{23} \\ a_{31} & a_{32} & a_{33} \end{vmatrix}$$

称为一个三阶行列式，且有

$$\begin{vmatrix} a_{11} & a_{12} & a_{13} \\ a_{21} & a_{22} & a_{23} \\ a_{31} & a_{32} & a_{33} \end{vmatrix} = a_{11}a_{22}a_{33} + a_{12}a_{23}a_{31} + a_{13}a_{21}a_{32} - a_{13}a_{22}a_{31} - a_{11}a_{23}a_{32} - a_{12}a_{21}a_{33}.$$

(3) 由 n^2 个数排成 n 行 n 列的正方形数表，两边再各加上一条竖线所构成的记号

$$D = \begin{vmatrix} a_{11} & a_{12} & \cdots & a_{1n} \\ a_{21} & a_{22} & \cdots & a_{2n} \\ \vdots & \vdots & & \vdots \\ a_{n1} & a_{n2} & \cdots & a_{nn} \end{vmatrix}$$

称为 n 阶行列式，其中 $a_{ij}(i,j=1,2,\cdots,n)$ 称为 n 阶行列式的元素，通常把 n 阶行列式简记为大写字母 D 或 D_n. n 阶行列式从左上角到右下角的元素 $a_{11},a_{22},\cdots,a_{nn}$ 的连线称为主对角线，从右上角到左下角的元素 $a_{1n},a_{2,n-1},\cdots,a_{n1}$ 的连线称为副对角线.

n 阶行列式是一个数，其值为

$$D = \begin{vmatrix} a_{11} & a_{12} & \cdots & a_{1n} \\ a_{21} & a_{22} & \cdots & a_{2n} \\ \vdots & \vdots & & \vdots \\ a_{n1} & a_{n2} & \cdots & a_{nn} \end{vmatrix} = a_{11}(-1)^{1+1}M_{11} + a_{12}(-1)^{1+2}M_{12} + \cdots + a_{1n}(-1)^{1+n}M_{1n}$$

$$= a_{11}A_{11} + a_{12}A_{12} + \cdots + a_{1n}A_{1n} = \sum_{k=1}^{n} a_{1k}A_{1k}.$$

由行列式的性质推广为

$$D = \begin{vmatrix} a_{11} & a_{12} & \cdots & a_{1n} \\ a_{21} & a_{22} & \cdots & a_{2n} \\ \vdots & \vdots & & \vdots \\ a_{n1} & a_{n2} & \cdots & a_{nn} \end{vmatrix} = a_{i1}A_{i1} + a_{i2}A_{i2} + \cdots + a_{in}A_{in} = \sum_{k=1}^{n} a_{ik}A_{ik} \, (i=1,2,\cdots,n),$$

$$D = \begin{vmatrix} a_{11} & a_{12} & \cdots & a_{1n} \\ a_{21} & a_{22} & \cdots & a_{2n} \\ \vdots & \vdots & & \vdots \\ a_{n1} & a_{n2} & \cdots & a_{nn} \end{vmatrix} = a_{1j}A_{1j} + a_{2j}A_{2j} + \cdots + a_{nj}A_{nj} = \sum_{k=1}^{n} a_{kj}A_{kj} \, (j=1,2,\cdots,n),$$

即行列式可以按任何一行(列)展开.

3. 行列式的性质

性质 1 行列式与它的转置行列式相等，即 $D=D^T$.

性质 2 互换行列式的两行(列)，行列式变号.

性质 3 n 阶行列式等于它的任一行(列)的每个元素与其对应的代数余子式的乘积之和.

性质 4 n 阶行列式中任意一行(列)的元素与另一行(列)的对应元素的代数余子式的乘积之和等于零.

性质 5 行列式的某一行(列)的所有元素都乘以同一个数 k，等于用 k 乘以该行列式.

性质 6 如果行列式的某一行(列)的元素都可表示为两数之和，那么这个行列式等于两个行列式之和，这两个行列式除该行(列)的元素分别为这两数之一外，其余各行(列)的

元素都与原来行列式的对应行(列)相同.

性质 7 将行列式的某一行(列)的元素都乘以同一个常数 k 后再加到另一行(列)的对应元素上,行列式的值不变.

4. 行列式的基本计算方法

(1) 利用行列式按行(列)展开法则,将高阶行列式化成低阶行列式来计算(特别选择零较多的行或列,或利用行(列)的选择把某行(列)元素尽可能多的化为零).

(2) 利用行列式的性质,将行列式化为比较简单且易于计算的行列式(特别是化成上(下)三角行列式是一个常用方法).

5. 克莱姆法则

(1) 如果 n 个方程的 n 元线性方程组

$$\begin{cases} a_{11}x_1 + a_{12}x_2 + \cdots + a_{1n}x_n = b_1, \\ a_{21}x_1 + a_{22}x_2 + \cdots + a_{2n}x_n = b_2, \\ \cdots\cdots\cdots\cdots \\ a_{n1}x_1 + a_{n2}x_2 + \cdots + a_{nn}x_n = b_n \end{cases} \tag{1}$$

的系数行列式 $D \neq 0$,则方程组(1)必有唯一解:

$$x_j = \frac{D_j}{D}(j = 1, 2, \cdots, n).$$

其中 D_j 是将系数行列式 D 中的元素 $a_{1j}, a_{2j}, \cdots, a_{nj}$ 对应的换为方程组的常数项 $b_1, b_2, \cdots, b_n$ 得到的行列式.

(2) 如果齐次线性方程组

$$\begin{cases} a_{11}x_1 + a_{12}x_2 + \cdots + a_{1n}x_n = 0, \\ a_{21}x_1 + a_{22}x_2 + \cdots + a_{2n}x_n = 0, \\ \cdots\cdots\cdots\cdots \\ a_{n1}x_1 + a_{n2}x_2 + \cdots + a_{nn}x_n = 0 \end{cases} \tag{2}$$

的系数行列式 $D \neq 0$,则方程组(2)只有唯一零解,即 $x_1 = x_2 = \cdots x_n = 0$. 换句话说,如果齐次线性方程组(2)有非零解,则其系数行列式必等于零.

(3) 用克莱姆法则解线性方程组时必须满足两个条件:

① 未知量的个数必须等于方程的个数;

② 系数行列式不能等于零.

习题讲解

1. 填空题

(1) 行列式 $\begin{vmatrix} a & b & c \\ 1 & -1 & 1 \\ 1 & 2 & 3 \end{vmatrix} = $ _____.

(2) 已知 $\begin{vmatrix} a_1 & b_1 & c_1 \\ a_2 & b_2 & c_2 \\ a_3 & b_3 & c_3 \end{vmatrix} = m$, $\begin{vmatrix} a_1 & b_1 & c_1 \\ a_2 & b_2 & c_2 \\ a_3^* & b_3^* & c_3^* \end{vmatrix} = n$,则

$$\begin{vmatrix} 2a_1 & 2b_1 & 2c_1 \\ a_2 & b_2 & c_2 \\ -a_3-a_3^* & -b_3-b_3^* & -c_3-c_3^* \end{vmatrix} = \underline{\qquad}.$$

（3）行列式 $\begin{vmatrix} 2 & 1 & -4 \\ 1 & 3 & 2 \\ -3 & 1 & 5 \end{vmatrix}$ 的代数余子式 $A_{31} = \underline{\qquad}$，$A_{23} = \underline{\qquad}$.

（4）行列式 $\begin{vmatrix} -2 & 0 & 1 \\ 3 & 6 & 7 \\ 4 & 3 & 0 \end{vmatrix}$ 的代数余子式 $A_{23} = \underline{\qquad}$.

（5）已知 $\begin{vmatrix} a_1 & b_1 & c_1 \\ a_2 & b_2 & c_2 \\ a_3 & b_3 & c_3 \end{vmatrix} = m$，且知其中 a_i 的代数余子式为 $A_i(i=1,2,3)$，则 $b_1A_1 + b_2A_2 +$

$b_3A_3 = \underline{\qquad}$.

（6）$\begin{vmatrix} 1 & 0 & 0 & 0 \\ 0 & 0 & 1 & -1 \\ 1 & 2 & 0 & 0 \\ 0 & 0 & 0 & 1 \end{vmatrix} = \underline{\qquad}$.

（7）当 $a = \underline{\qquad}$ 时，行列式 $\begin{vmatrix} 1 & 0 & a \\ -2 & 0 & 4 \\ 0 & 1 & 2 \end{vmatrix}$ 的值为零.

（8）线性方程组 $\begin{cases} ax_1 + bx_2 = m, \\ cx_1 + dx_2 = n \end{cases}$ 的系数满足 $\underline{\qquad}$ 时，方程组有唯一解.

2. 选择题

（1）若 $\begin{vmatrix} 3 & 1 & -1 \\ 2 & 5 & x \\ 2 & 3 & 2 \end{vmatrix} = 2$，则 $x = \underline{\qquad}$.

A. 0   B. 30   C. $\dfrac{30}{7}$ D. 4

（2）$\begin{vmatrix} 0 & 0 & 0 & a \\ 0 & 0 & b & 0 \\ 0 & c & 0 & 0 \\ d & 0 & 0 & 2 \end{vmatrix} = \underline{\qquad}$.

A. $abcd$ B. $-abcd$ C. $2abcd$ D. $-2abcd$

（3）$\begin{vmatrix} 1 & 0 & 3 \\ -2 & 1 & 1 \\ 2 & 3 & -1 \end{vmatrix}$ 的第 2 行第 2 列的元素的代数余子式为 $\underline{\qquad}$.

A. $\begin{vmatrix} 1 & 0 \\ -2 & 1 \end{vmatrix}$ B. $\begin{vmatrix} 1 & 0 \\ 2 & 3 \end{vmatrix}$ C. $-\begin{vmatrix} 1 & 3 \\ 2 & -1 \end{vmatrix}$ D. $\begin{vmatrix} 1 & 3 \\ 2 & -1 \end{vmatrix}$

(4) 与 $\begin{vmatrix} 1 & 0 & 2 \\ -1 & 2 & 3 \\ 2 & -1 & 1 \end{vmatrix}$ 的值相等的行列式是_____.

A. $\begin{vmatrix} 1 & 0 & 2 \\ -2 & 4 & 6 \\ 2 & -1 & 1 \end{vmatrix}$ B. $\begin{vmatrix} 1 & 0 & 2 \\ -1 & 2 & 3 \\ 3 & -1 & 3 \end{vmatrix}$

C. $\begin{vmatrix} 1 & 0 & 1 \\ -2 & 4 & 6 \\ 2 & -1 & 1 \end{vmatrix}$ D. $\begin{vmatrix} 0 & 2 & 2 \\ -1 & 2 & 3 \\ 2 & -1 & 1 \end{vmatrix}$

(5) 与 $\begin{vmatrix} 2 & 1 & -1 \\ 0 & 2 & 1 \\ -1 & 3 & 5 \end{vmatrix}$ 的值正好互为相反数的行列式是_____.

A. $\begin{vmatrix} 0 & 2 & 1 \\ -2 & -1 & 1 \\ -1 & 3 & 5 \end{vmatrix}$ B. $\begin{vmatrix} 1 & -1 & 2 \\ 2 & 1 & 0 \\ 3 & 5 & -1 \end{vmatrix}$

C. $\begin{vmatrix} 2 & 1 & -1 \\ -1 & 3 & 5 \\ 0 & 2 & 1 \end{vmatrix}$ D. $\begin{vmatrix} 0 & 2 & 1 \\ -1 & 3 & 5 \\ 2 & 1 & -1 \end{vmatrix}$

(6) 将行列式 A 的第 1 行乘以 2，再将它加到第 2 行，由此得到行列式 B，则_____.

A. B 的值与 A 的值相等　　　　B. B 的值是 A 的值的 2 倍

C. A 的值是 B 的值的 2 倍　　　　D. B 的值与 A 的值互为相反数

(7) 将行列式 A 的第一列与第二列对换，再将得到的行列式的第二列乘以 -1，由此得到行列式 B，则_____.

A. B 的值与 A 的值相等　　　　B. B 的值是 A 的值的相反数

C. B 的值是 A 的值的 2 倍　　　　D. B 的值与 A 的值没有关系

(8) 下列命题错误的是_____.

A. n 阶行列式 A 与 B 相加等于将它们对应的元素相加所得到行列式

B. 行列式 A 有两列元素相等，其值等于零

C. 将行列式 A 的第一行乘以 5，A 的值必扩大 5 倍

D. 行列式 A 与 A^{T} 的值相等

(9) 下列命题正确的是_____.

A. 行列式 A 的值等于零的充分必要条件是 A 有一行元素全为零

B. 行列式按第 1 行展开所得的值与按第 1 列展开所求得的值必相等

C. 交换行列式两列，其值不变

D. 将行列式的某一行乘以 -1 加到另一行上去，所得到的行列式的值与原行列式的值互为相反数

(10) $\begin{vmatrix} 1 & a & ad \\ 2 & b & bd \\ 3 & c & cd \end{vmatrix}$ 的值等于_____.

A. $abcd$ B. d C. 6   D. 0

(11) 下列命题正确的是_____.

A. 代数余子式与相应的余子式正好互为相反数

B. 若 n 个行列式、n 个方程的线性方程组中常数项全为零,则只有零解

C. 将行列式的第 1 行元素乘以 c,加到第 2 行上,其值扩大 c 倍

D. 行列式 A 的第 2 行是第 1 行相应元素的 2 倍,第 3 行是第 1 行相应元素的 3 倍,则 A 的值必等于零

(12) 行列式 A 的第 2 行第 3 列元素的余子式为 M,则第 2 行第 3 列元素的代数余子式是_____.

A. M B. $-M$ C. $(-1)^{i+j}$ D. 无法确定

3. 计算题

(1) 计算行列式：$D = \begin{vmatrix} 1 & 2 & 3 \\ -1 & 4 & 1 \\ 3 & 5 & 8 \end{vmatrix}$.

(2) 解方程：$D = \begin{vmatrix} x-1 & 2 & 0 \\ 2 & x & 2 \\ 0 & 2 & x+1 \end{vmatrix} = 0$.

(3) 计算行列式：$D = \begin{vmatrix} 1 & 2 & 0 & 1 \\ 1 & 3 & 2 & 9 \\ -1 & 1 & 5 & 6 \\ 2 & 3 & 1 & 2 \end{vmatrix}$.

(4) 解方程：$D = \begin{vmatrix} 1 & 1 & 1 & 1 \\ -1 & x & 2 & 2 \\ 2 & 2 & x & 3 \\ 3 & 3 & 3 & x \end{vmatrix} = 0$.

(5) 用克莱姆法则求解方程组：$\begin{cases} 3x_1 + 5x_2 + x_3 = 4, \\ 2x_1 - 3x_2 + 2x_3 = -3, \\ 5x_1 + 4x_2 - 2x_3 = 2. \end{cases}$

4. 证明题

(1) 当 $\lambda \neq 1$ 时，线性方程组 $\begin{cases} \lambda x_1 + x_2 + x_3 = b_1, \\ x_1 + x_2 + x_3 = b_2, \\ x_1 + x_2 + \lambda x_3 = b_3 \end{cases}$ 对于任何实数 b_1, b_2, b_3 都有唯一解.

(2) 当 $\lambda \neq 1$ 时，齐次线性方程组 $\begin{cases} \lambda x_1 + \qquad\quad x_4 = 0, \\ x_1 + 2x_2 - \qquad x_4 = 0, \\ (\lambda+2)x_1 - x_2 + \quad 4x_4 = 0, \\ 2x_1 + x_2 + 3x_3 + \lambda x_4 = 0 \end{cases}$ 只有零解.

日期：＿＿＿＿＿＿＿＿＿＿＿＿＿＿＿＿＿＿＿　　教师：＿＿＿＿＿＿＿＿＿＿＿＿＿＿＿＿＿＿＿

5.7　矩阵的概念,矩阵的运算(一)

学习内容：矩阵的概念,矩阵的运算(相等、加减、数乘).
目的要求：理解矩阵的概念,熟练掌握矩阵的相等、加减法及数乘运算.
重点难点：矩阵的概念,矩阵的相等、加减法及数乘运算.

课前探讨

1. 阐述矩阵的概念、元素的定义、矩阵的表示方法,并举例(至少 2 个).

2. 阐述特殊矩阵的概念,并举例(至少 2 个).

3. 阐述矩阵与行列式的区别和联系.

4. 阐述矩阵相等的定义,并举例(至少 2 个).

5. 阐述矩阵相等的前提条件.

6. 阐述矩阵相等与行列式相等的区别.

7. 阐述矩阵加减法的定义,并举例(至少 2 个).

8. 阐述矩阵可以进行加减运算的前提条件.

9. 阐述矩阵相加与行列式相加的区别.

10. 阐述矩阵加法运算律.

11. 阐述矩阵数乘运算的定义,并举例(至少 2 个).

12. 阐述数乘矩阵与数乘行列式的区别.

13. 阐述矩阵的数乘运算律.

课堂讲习

案例1　某学校一年级 3 名同学的语文、数学、英语、计算机的期末成绩如下表：

成绩 姓名	语文	数学	英语	计算机
王　宏	82	90	86	91
李　丹	93	89	92	80
杨　伟	85	82	90	94

如果把表中数据取出并且不改变数据的相关位置，那么就得到一个 3 行 4 列的矩形数表：

$$\begin{pmatrix} 82 & 90 & 86 & 91 \\ 93 & 89 & 92 & 80 \\ 85 & 82 & 90 & 94 \end{pmatrix}$$

案例 2 已知 n 元线性方程组

$$\begin{cases} a_{11}x_1 + a_{12}x_2 + \cdots + a_{1n}x_n = b_1, \\ a_{21}x_1 + a_{22}x_2 + \cdots + a_{2n}x_n = b_2, \\ \cdots\cdots\cdots\cdots, \\ a_{m1}x_1 + a_{m2}x_2 + \cdots + a_{mn}x_n = b_m, \end{cases}$$

将其系数及常数项取出并且不改变数据的相关位置排成 m 行，$n+1$ 列的有序数表：

$$\begin{pmatrix} a_{11} & a_{12} & \cdots & a_{1n} & b_1 \\ a_{21} & a_{22} & \cdots & a_{2n} & b_2 \\ \vdots & \vdots & & \vdots & \vdots \\ a_{m1} & a_{m2} & \cdots & a_{mn} & b_m \end{pmatrix}$$

注意 这个有序数表完全确定了线性方程组，对它的研究可以判断解的情况.

5.7.1 矩阵的概念

1. 矩阵的概念

定义 1 由 $m \times n$ 个元素 $a_{ij}(i=1,2,\cdots,m;\ j=1,2,\cdots n)$ 排成的 m 行 n 列的数表

$$\begin{pmatrix} a_{11} & a_{12} & \cdots & a_{1n} \\ a_{21} & a_{22} & \cdots & a_{2n} \\ \vdots & \vdots & & \vdots \\ a_{m1} & a_{m2} & \cdots & a_{mn} \end{pmatrix}$$

称为 m 行 n 列矩阵，简称 **$m \times n$ 矩阵**，其中 $a_{ij}(i=1,2,\cdots,m;\ j=1,2,\cdots n)$ 称为矩阵的**第 i 行第 j 列元素**.

根据元素的特点，矩阵可分为实矩阵（元素都是实数）与复矩阵. 本书中的数与矩阵除特别说明外，都指实数与实矩阵.

通常用大写字母 $\boldsymbol{A}, \boldsymbol{B}, \cdots$ 表示矩阵. 例如，记

$$\boldsymbol{A} = \begin{pmatrix} a_{11} & a_{12} & \cdots & a_{1n} \\ a_{21} & a_{22} & \cdots & a_{2n} \\ \vdots & \vdots & & \vdots \\ a_{m1} & a_{m2} & \cdots & a_{mn} \end{pmatrix}$$

有时也简记为 $\boldsymbol{A} = (a_{ij})_{m \times n}$ 或 $\boldsymbol{A} = (a_{ij})$.

例题 1 北京、天津、南京、上海 4 个城市中，北京到天津 137 km，北京到上海 1 460 km，北京到南京 1 250 km，天津到上海 1 320 km，天津到南京 1 080 km，南京到上海 220 km，试写出表示 4 个城市里程的矩阵.

$$
\text{解} \quad \text{可记作矩阵：}
\begin{array}{cccc}
\text{北京} & \text{天津} & \text{上海} & \text{南京}
\end{array}
\left(
\begin{array}{cccc}
0 & 137 & 1\,460 & 1\,250 \\
137 & 0 & 1\,320 & 1\,080 \\
1\,460 & 1\,320 & 0 & 220 \\
1\,250 & 1\,080 & 220 & 0
\end{array}
\right)
\begin{array}{l}
\text{北京} \\
\text{天津} \\
\text{上海} \\
\text{南京}
\end{array}
$$

其中矩阵的第 1 行表示北京到北京、天津、上海、南京 4 个城市的里程,第 2 行、第 3 行、第 4 行分别表示天津、上海、南京到北京、天津、上海、南京 4 个城市的里程.

2. 特殊矩阵

下面给出一些特殊矩阵.

(1) 零矩阵.

元素全为零的矩阵称为零矩阵,例如 $A=(0)_{m\times n}$,记作 $O_{m\times n}$ 或 O.

(2) 行矩阵、列矩阵.

只有一行的矩阵称为**行矩阵**,此时 $m=1$,例如 $A=(a_1 \quad a_2 \quad \cdots \quad a_n)_{1\times n}$ 或 $A=(a_1,a_2,\cdots,a_n)$;

只有一列的矩阵称为**列矩阵**,此时 $n=1$,例如 $B=\begin{pmatrix} b_1 \\ b_2 \\ \vdots \\ b_m \end{pmatrix}_{m\times 1}$ 或 $B=\begin{pmatrix} b_1 \\ b_2 \\ \vdots \\ b_m \end{pmatrix}$.

(3) 方阵.

当 $m=n$ 时,$m\times n$ 矩阵称为 **n 阶方阵**,用 A_n 表示,即 $A_n=(a_{ij})_{n\times n}$,方阵 A_n 中左上角到右下角的连线称为**主对角线**,其上的元素 $a_{11},a_{22},\cdots,a_{nn}$ 称为**主对角线上的元素**.

一阶方阵相当于一个数,如 $(a)=a$.

(4) 对角矩阵.

主对角线以外的元素都是零的方阵称为**对角矩阵**.

例如 $\begin{pmatrix} \lambda_1 & 0 & \cdots & 0 \\ 0 & \lambda_2 & \cdots & 0 \\ \vdots & \vdots & & \vdots \\ 0 & 0 & \cdots & \lambda_n \end{pmatrix}$ 简记为 $\begin{pmatrix} \lambda_1 & & & \\ & \lambda_2 & & \\ & & \ddots & \\ & & & \lambda_n \end{pmatrix}$ (未写出元素都是零).

(5) 单位矩阵.

主对角线上的元素都是 1 的 n 阶对角矩阵称为 **n 阶单位矩阵**,记为 E_n(n 为单位矩阵的阶数),在阶数不致混淆时,简记为 E,即

$$
E=\begin{pmatrix} 1 & & & \\ & 1 & & \\ & & \ddots & \\ & & & 1 \end{pmatrix}.
$$

(6) 三角矩阵.

主对角线下方的元素全为零的方阵称为**上三角矩阵**,一般形式为

$$\begin{bmatrix} a_{11} & a_{12} & \cdots & a_{1n} \\ 0 & a_{22} & \cdots & a_{2n} \\ \vdots & \vdots & & \vdots \\ 0 & 0 & \cdots & a_{nn} \end{bmatrix};$$

主对角线上方的元素全为零的方阵称为**下三角矩阵**，一般形式为

$$\begin{bmatrix} a_{11} & 0 & \cdots & 0 \\ a_{21} & a_{22} & \cdots & 0 \\ \vdots & \vdots & & \vdots \\ a_{n1} & a_{n2} & \cdots & a_{nn} \end{bmatrix}.$$

（7）对称矩阵.

满足条件 $a_{ij}=a_{ji}(i,j=1,2,\cdots,n)$ 的方阵 $(a_{ij})_{n \times n}$ 称为**对称矩阵**. 对称矩阵的特点是：它的元素以主对角线为对称轴对应相等. 例如：

$$\begin{bmatrix} 1 & 2 & 4 & 7 \\ 2 & -1 & -3 & 1 \\ 4 & -3 & 2 & 0 \\ 7 & 1 & 0 & 3 \end{bmatrix}.$$

5.7.2 矩阵的运算

1. 矩阵的相等

定义 2　如果 $A=(a_{ij})$ 与 $B=(b_{ij})$ 都是 $m \times n$ 矩阵，并且它们的对应元素相等，即 $a_{ij}=b_{ij}$ $(i=1,2,\cdots,m;j=1,2,\cdots,n)$，则称矩阵 A 与矩阵 B 相等，记作 $A=B$.

注意　① 矩阵相等的前提是两个矩阵是同型矩阵，即两个矩阵行数相同，列数也相同.

② 矩阵相等与行列式相等有本质的区别，例如 $\begin{pmatrix} 1 & 0 \\ 0 & 1 \end{pmatrix} \neq \begin{pmatrix} 1 & 2 \\ 0 & 1 \end{pmatrix}$，而 $\begin{vmatrix} 1 & 0 \\ 0 & 1 \end{vmatrix} = \begin{vmatrix} 1 & 2 \\ 0 & 1 \end{vmatrix}=1$.

例题 2　设 $\begin{pmatrix} 1 & 0 \\ x & -2 \end{pmatrix} = \begin{pmatrix} 1 & y \\ 5 & -2 \end{pmatrix}$，求 x,y.

解　由矩阵相等的定义得 $x=5,y=0$.

练习 1　设 $\begin{pmatrix} x & -1 \\ 5 & z \end{pmatrix} = \begin{pmatrix} 1 & y \\ 5 & 2x-y \end{pmatrix}$，求 x,y,z.

解

2. 矩阵的加减法

定义 3　两个矩阵 $A=(a_{ij})_{m \times n}$，$B=(b_{ij})_{m \times n}$ 的对应元素相加（或相减）得到的 $m \times n$ 矩阵，称为矩阵 A 与 B 的和（或差），记为 $A \pm B$，即 $A \pm B=(a_{ij})_{m \times n} \pm (b_{ij})_{m \times n}=(a_{ij} \pm b_{ij})_{m \times n}$.

例题 3　设 $A=\begin{bmatrix} 1 & 0 & -1 \\ 2 & 3 & 3 \\ -2 & 3 & 5 \end{bmatrix}$，$B=\begin{bmatrix} -2 & 1 & 0 \\ 3 & 7 & 3 \\ -1 & 1 & 2 \end{bmatrix}$，求 $A+B,A-B$.

解　$A+B=\begin{pmatrix} 1+(-2) & 0+1 & -1+0 \\ 2+3 & 3+7 & 3+3 \\ -2+(-1) & 3+1 & 5+2 \end{pmatrix}=\begin{pmatrix} -1 & 1 & -1 \\ 5 & 10 & 6 \\ -3 & 4 & 7 \end{pmatrix}$,

$A-B=\begin{pmatrix} 1-(-2) & 0-1 & -1-0 \\ 2-3 & 3-7 & 3-3 \\ -2-(-1) & 3-1 & 5-2 \end{pmatrix}=\begin{pmatrix} 3 & -1 & -1 \\ -1 & -4 & 0 \\ -1 & 2 & 3 \end{pmatrix}$.

练习 2　设 $A=\begin{pmatrix} 1 & 2 & 3 & 4 \\ 5 & 6 & 7 & 8 \end{pmatrix}$, $B=\begin{pmatrix} 0 & 1 & 4 & 5 \\ 2 & 3 & 0 & 8 \end{pmatrix}$, 求 $A+B,A-B$.

解

练习 3　求矩阵 X, 使 $X+A=B$, 其中 $A=\begin{pmatrix} 3 & -2 & 0 \\ 1 & 1 & 2 \\ 2 & 3 & -1 \end{pmatrix}$, $B=\begin{pmatrix} 1 & 2 & -1 \\ 1 & 3 & -4 \\ -2 & -1 & 1 \end{pmatrix}$.

解

注意　只有同型矩阵才能进行加减运算.

矩阵的加法满足下列运算律 (设 A,B,C,O 都是 $m\times n$ 矩阵)：

① $A+B=B+A$ (加法交换律)；

② $(A+B)+C=A+(B+C)$ (加法结合律)；

③ $A+O=A$.

3. 矩阵的数乘

定义 4　用数 λ 与矩阵 $A=(a_{ij})_{m\times n}$ 的每一个元素相乘所得的矩阵, 称为 λ 与矩阵 A 的**数乘矩阵**, 记为 λA, 即

$$\lambda A=\lambda\begin{pmatrix} a_{11} & a_{12} & \cdots & a_{1n} \\ a_{21} & a_{22} & \cdots & a_{2n} \\ \vdots & \vdots & & \vdots \\ a_{m1} & a_{m2} & \cdots & a_{mn} \end{pmatrix}=\begin{pmatrix} \lambda a_{11} & \lambda a_{12} & \cdots & \lambda a_{1n} \\ \lambda a_{21} & \lambda a_{22} & \cdots & \lambda a_{2n} \\ \vdots & \vdots & & \vdots \\ \lambda a_{m1} & \lambda a_{m2} & \cdots & \lambda a_{mn} \end{pmatrix}=(\lambda a_{ij})_{m\times n}(\lambda \text{ 为常数}).$$

特别地, 当 $\lambda=-1$ 时, 可得 A 的负矩阵 $-A$, 则有 $A-B=A+(-B)$.

例题 4　设从某地 4 个地区到另外 3 个地区的距离 (单位 km) 为：

$$B = \begin{bmatrix} 40 & 60 & 105 \\ 175 & 130 & 190 \\ 120 & 70 & 135 \\ 80 & 55 & 100 \end{bmatrix}.$$

已知货物每吨的运费为 2.40 元/km,那么各地区之间每吨货物的运费可记为

$$2.4 \times B = \begin{bmatrix} 2.4 \times 40 & 2.4 \times 60 & 2.4 \times 105 \\ 2.4 \times 175 & 2.4 \times 130 & 2.4 \times 190 \\ 2.4 \times 120 & 2.4 \times 70 & 2.4 \times 135 \\ 2.4 \times 80 & 2.4 \times 55 & 2.4 \times 100 \end{bmatrix} = \begin{bmatrix} 96 & 144 & 252 \\ 420 & 312 & 456 \\ 288 & 168 & 324 \\ 192 & 132 & 240 \end{bmatrix}.$$

练习 4　设 $A = \begin{bmatrix} -1 & 4 & 3 \\ 5 & 2 & 5 \\ 1 & 0 & -3 \\ 2 & -1 & 3 \end{bmatrix}$,则 $5A =$ _____.

矩阵的数乘满足下列运算律(设 A,B 都是 $m \times n$ 矩阵,λ,μ 是任意实数):

① 结合律 $(\lambda\mu)A = \lambda(\mu A)$;

② 分配率 $(\lambda+\mu)A = \lambda A + \mu A$;$\lambda(A+B) = \lambda A + \lambda B$.

注意　矩阵的加减与数乘统称为矩阵的线性运算.

例题 5　设 $A = \begin{bmatrix} 3 & -2 & 7 & 5 \\ 1 & 0 & 4 & -3 \\ 6 & 8 & 0 & 2 \end{bmatrix}$,$B = \begin{bmatrix} -2 & 0 & 1 & 4 \\ 5 & -1 & 7 & 6 \\ 4 & -2 & 1 & -9 \end{bmatrix}$,求 $3A-2B$.

解　由已知得

$$3A = 3\begin{bmatrix} 3 & -2 & 7 & 5 \\ 1 & 0 & 4 & -3 \\ 6 & 8 & 0 & 2 \end{bmatrix} = \begin{bmatrix} 9 & -6 & 21 & 15 \\ 3 & 0 & 12 & -9 \\ 18 & 24 & 0 & 6 \end{bmatrix},$$

$$2B = 2\begin{bmatrix} -2 & 0 & 1 & 4 \\ 5 & -1 & 7 & 6 \\ 4 & -2 & 1 & -9 \end{bmatrix} = \begin{bmatrix} -4 & 0 & 2 & 8 \\ 10 & -2 & 14 & 12 \\ 8 & -4 & 2 & -18 \end{bmatrix},$$

所以
$$3A-2B = \begin{bmatrix} 13 & -6 & 19 & 7 \\ -7 & 2 & -2 & -21 \\ 10 & 28 & -2 & 24 \end{bmatrix}.$$

练习 5　设 $A = \begin{bmatrix} 12 & 13 & 8 \\ 6 & 5 & 3 \\ 2 & -1 & 0 \end{bmatrix}$,$B = \begin{bmatrix} 3 & 4 & 2 \\ 6 & -1 & 0 \\ -4 & -4 & 6 \end{bmatrix}$,且满足 $A-3X=B$,求矩阵 X.

解

日期：_____   教师：_____

5.8   矩阵的运算(二)

学习内容：矩阵的运算(矩阵的乘法、矩阵的转置、方阵的行列式).

目的要求：理解矩阵乘法、矩阵转置的概念，熟练掌握矩阵乘法、矩阵转置、方阵行列式的计算方法.

重点难点：矩阵转置的概念及运算，矩阵的乘法、方阵行列式的计算.

课前探讨

1. 阐述矩阵与矩阵相乘的概念及运算方法，并举例(至少 2 个).

2. 阐述矩阵乘法的运算律.

3. 阐述 n 阶方阵的幂的定义，并举例(至少 2 个).

4. 阐述矩阵方程的定义.

5. 阐述矩阵转置的定义，并举例(至少 2 个).

6. 阐述矩阵转置的运算律.

7. 阐述方阵的行列式的定义，并举例(至少 2 个).

8. 阐述方阵行列式的运算律.

课堂讲习

案例 设 $A=\begin{pmatrix} 2 & -1 & 4 \\ 0 & 3 & -2 \end{pmatrix}$，$B=\begin{pmatrix} 7 & 4 & 0 \\ -1 & 3 & 2 \end{pmatrix}$，求 $A^{\mathrm{T}}B$.

1. 矩阵的乘法

(1) 矩阵与矩阵的乘法.

引例 已知 $a_i(i=1,2)$ 站到 $b_j(j=1,2,3)$ 站有 a_{ij} 条路，而 b_j 站到 $c_k(k=1,2)$ 站有 b_{jk} 条路，问 a_i 到 c_k 分别有几条路？

用 $A=\begin{bmatrix} a_{11} & a_{12} & a_{13} \\ a_{21} & a_{22} & a_{23} \end{bmatrix}$ 表示 $a_i(i=1,2)$ 站到 $b_j(j=1,2,3)$ 站的路数矩阵，用 $B=$

$\begin{bmatrix} b_{11} & b_{12} \\ b_{21} & b_{22} \\ b_{31} & b_{32} \end{bmatrix}$ 表示 $b_j(j=1,2,3)$ 站到 $c_k(k=1,2)$ 站的路数矩阵.

显然 a_i 到 c_k 的路数为：$a_{i1}b_{1k}+a_{i2}b_{2k}+a_{i3}b_{3k}$，用 $C=\begin{pmatrix} c_{11} & c_{12} \\ c_{21} & c_{22} \end{pmatrix}$ 表示 a_i 站到 c_k 站的路数

矩阵，其中 $c_{ik}=a_{i1}b_{1k}+a_{i2}b_{2k}+a_{i3}b_{3k}$，$C$ 可以看成 A 与 B 运算的结果.

定义 1 设 $A=(a_{ij})_{m\times s}$，$B=(b_{ij})_{s\times n}$，则规定 A 与 B 的乘积是一个 $m\times n$ 矩阵 $C=(c_{ij})_{m\times n}$，其中

$$c_{ij}=a_{i1}b_{1j}+a_{i2}b_{2j}+\cdots+a_{is}b_{sj}$$

$$=\sum_{k=1}^{s}a_{ik}b_{kj}\ (i=1,2,\cdots,m;j=1,2,\cdots,n),$$

记作 $$C=AB.$$

注意 ① 1 个 $1\times s$ 行矩阵与一个 $s\times1$ 列矩阵相乘

$$(a_{i1},a_{i2},\cdots,a_{is})\begin{pmatrix} b_{1j} \\ b_{2j} \\ \vdots \\ b_{sj} \end{pmatrix}=\sum_{k=1}^{s}a_{ik}b_{kj}=c_{ij}.$$

故 $AB=C$ 的第 i 行第 j 列位置上的元素 c_{ij} 就是 A 的第 i 行与 B 的第 j 列的乘积.

② 只有矩阵 A 的列数等于矩阵 B 的行数时，AB 才有意义（乘法可行）.

例题 1 设 $A=\begin{pmatrix} 3 & -1 & 1 \\ -2 & 0 & 2 \end{pmatrix}$，$B=\begin{pmatrix} 1 & 0 & 0 & 0 \\ 1 & 2 & 0 & 0 \\ 2 & 1 & 3 & 4 \end{pmatrix}$，求 AB.

解 因为 A 是 2×3 矩阵，B 是 3×4 矩阵，A 的列数等于 B 的行数，所以 A 与 B 可以相乘，其乘积 $AB=C$ 是一个 2×4 矩阵，由矩阵相乘的定义得

$$c_{11}=(3\quad-1\quad1)\times\begin{pmatrix} 1 \\ 1 \\ 2 \end{pmatrix}=3\times1+(-1)\times1+1\times2=4,$$

$$c_{12}=(3\quad-1\quad1)\times\begin{pmatrix} 0 \\ 2 \\ 1 \end{pmatrix}=3\times0+(-1)\times2+1\times1=-1,$$

$$c_{13}=(3\quad-1\quad1)\times\begin{pmatrix} 0 \\ 0 \\ 3 \end{pmatrix}=3\times0+(-1)\times0+1\times3=3,$$

$$c_{14}=(3\quad-1\quad1)\times\begin{pmatrix} 0 \\ 0 \\ 4 \end{pmatrix}=3\times0+(-1)\times0+1\times4=4.$$

同理可得 $c_{21}=2,c_{22}=2,c_{23}=6,c_{24}=8$.

所以 $$AB=\begin{pmatrix} 4 & -1 & 3 & 4 \\ 2 & 2 & 6 & 8 \end{pmatrix}.$$

注意 BA 乘法不可行.

练习 1 设 $A=\begin{pmatrix} 4 & 3 \\ 2 & 1 \end{pmatrix}$，$B=\begin{pmatrix} 5 & 3 & 1 \\ 4 & 1 & -1 \end{pmatrix}$，求 AB.

解

例题 2   设 $A=\begin{pmatrix} 4 & -2 \\ -2 & 1 \end{pmatrix}, B=\begin{pmatrix} 3 & 6 \\ -2 & -4 \end{pmatrix}$，求 AB 及 BA.

解   由已知得

$$AB=\begin{pmatrix} 4 & -2 \\ -2 & 1 \end{pmatrix}\begin{pmatrix} 3 & 6 \\ -2 & -4 \end{pmatrix}=\begin{pmatrix} 16 & 32 \\ -8 & -16 \end{pmatrix},$$

$$BA=\begin{pmatrix} 3 & 6 \\ -2 & -4 \end{pmatrix}\begin{pmatrix} 4 & -2 \\ -2 & 1 \end{pmatrix}=\begin{pmatrix} 0 & 0 \\ 0 & 0 \end{pmatrix}.$$

由此发现：① $AB\neq BA$（不满足交换律）；

② $A\neq O, B\neq O$，却可能有 $BA=O$.

练习 2   设 $A=\begin{pmatrix} 0 & 0 \\ 1 & 1 \end{pmatrix}, B=\begin{pmatrix} 1 & 0 \\ 1 & 0 \end{pmatrix}$，求 AB 及 BA.

解

(2) 矩阵乘法的运算律（假定运算都是可行的）.

① $(AB)C=A(BC)$（乘法结合律）；

② $A(B+C)=AB+AC$（左乘分配律）；

  $(A+B)C=AC+BC$（右乘分配律）；

③ $\lambda(AB)=(\lambda A)B=A(\lambda B)$（数乘结合律）；

④ $EA-A, BE=B$（单位矩阵的意义所在）.

2. n 阶方阵的幂.

定义 2   设 A 为 n 阶方阵，k 是正整数，把 k 个 A 连乘的积称为方阵 A 的 k 次幂，记作 A^k，即 $A^k=\underbrace{AA\cdots A}_{k\text{个}}$.

当 k, l 都是正整数时，由矩阵乘法结合律，可得 $A^k A^l=A^{k+l}, (A^k)^l=A^{kl}$. 因为矩阵乘法一般不满足交换律，所以一般地 $(AB)^k\neq A^k B^k$. 一般地，我们规定 $A^0=E, A^1=A$.

例题 3 计算 $\begin{pmatrix} 1 & 1 \\ 0 & 1 \end{pmatrix}^k$（$k$ 为正整数）.

解 设
$$A = \begin{pmatrix} 1 & 1 \\ 0 & 1 \end{pmatrix},$$

则
$$A^2 = AA = \begin{pmatrix} 1 & 1 \\ 0 & 1 \end{pmatrix}\begin{pmatrix} 1 & 1 \\ 0 & 1 \end{pmatrix} = \begin{pmatrix} 1 & 2 \\ 0 & 1 \end{pmatrix},$$

$$A^3 = A^2 A = \begin{pmatrix} 1 & 2 \\ 0 & 1 \end{pmatrix}\begin{pmatrix} 1 & 1 \\ 0 & 1 \end{pmatrix} = \begin{pmatrix} 1 & 3 \\ 0 & 1 \end{pmatrix},$$

假设 $A^{k-1} = \begin{pmatrix} 1 & k-1 \\ 0 & 1 \end{pmatrix}$ 成立，其中 $k \geqslant 2$，

则
$$A^k = A^{k-1} A = \begin{pmatrix} 1 & k-1 \\ 0 & 1 \end{pmatrix}\begin{pmatrix} 1 & 1 \\ 0 & 1 \end{pmatrix} = \begin{pmatrix} 1 & k \\ 0 & 1 \end{pmatrix}.$$

于是由归纳法知，对于任意正整数 k，有
$$\begin{pmatrix} 1 & 1 \\ 0 & 1 \end{pmatrix}^k = \begin{pmatrix} 1 & k \\ 0 & 1 \end{pmatrix}.$$

练习 3 设 $A = \begin{pmatrix} 1 & 0 \\ \lambda & 1 \end{pmatrix}$，计算 A^k（k 为正整数）.

解

3. 矩阵方程

学习了矩阵的乘法，我们可以把线性方程组写成矩阵形式：
$$\begin{cases} a_{11}x_1 + a_{12}x_2 + \cdots + a_{1n}x_n = b_1, \\ a_{21}x_1 + a_{22}x_2 + \cdots + a_{2n}x_n = b_2, \\ \cdots\cdots\cdots\cdots \\ a_{m1}x_1 + a_{m2}x_2 + \cdots + a_{mn}x_n = b_m, \end{cases}$$

令
$$A = \begin{pmatrix} a_{11} & a_{12} & \cdots & a_{1n} \\ a_{21} & a_{22} & \cdots & a_{2n} \\ \vdots & \vdots & & \vdots \\ a_{m1} & a_{m2} & \cdots & a_{mn} \end{pmatrix}, X = \begin{pmatrix} x_1 \\ x_2 \\ \vdots \\ x_n \end{pmatrix}, B = \begin{pmatrix} b_1 \\ b_2 \\ \vdots \\ b_m \end{pmatrix},$$

那么该方程组的矩阵形式为 $AX = B$，这种形式的方程称为**矩阵方程**.

4. 矩阵的转置

定义 3 设矩阵

$$A = \begin{pmatrix} a_{11} & a_{12} & \cdots & a_{1n} \\ a_{21} & a_{22} & \cdots & a_{2n} \\ \vdots & \vdots & & \vdots \\ a_{m1} & a_{m2} & \cdots & a_{mn} \end{pmatrix},$$

把 $m \times n$ 矩阵 A 的各行均换成同序数的列, 所得到的 $n \times m$ 矩阵称为 A 的**转置矩阵**, 记作 A^T(或 A'), 即

$$A^T = \begin{pmatrix} a_{11} & a_{21} & \cdots & a_{m1} \\ a_{12} & a_{22} & \cdots & a_{m2} \\ \vdots & \vdots & & \vdots \\ a_{1n} & a_{2n} & \cdots & a_{mn} \end{pmatrix}.$$

例如, $A = \begin{pmatrix} 2 & 0 & -1 \\ 1 & 3 & 2 \end{pmatrix}$, $A^T = \begin{pmatrix} 2 & 1 \\ 0 & 3 \\ -1 & 2 \end{pmatrix}$.

显然: ① $(A^T)^T = A$; ② 方阵 A 是对称矩阵的充要条件是 $A = A^T$.

例题 4 已知 $A = \begin{pmatrix} 2 & 1 & 4 & 0 \\ 1 & 1 & 3 & 4 \end{pmatrix}$, $B = \begin{pmatrix} 1 & 3 & 1 \\ 0 & -1 & 2 \\ 1 & -3 & 1 \\ 4 & 0 & -2 \end{pmatrix}$, 求 $(AB)^T, A^T, B^T, B^T A^T$.

解 由已知得

$$AB = \begin{pmatrix} 2 & 1 & 4 & 0 \\ 1 & -1 & 3 & 4 \end{pmatrix} \begin{pmatrix} 1 & 3 & 1 \\ 0 & -1 & 2 \\ 1 & -3 & 1 \\ 4 & 0 & -2 \end{pmatrix} = \begin{pmatrix} 6 & -7 & 8 \\ 20 & -5 & -6 \end{pmatrix},$$

所以

$$(AB)^T = \begin{pmatrix} 6 & 20 \\ -7 & -5 \\ 8 & -6 \end{pmatrix},$$

$$A^T = \begin{pmatrix} 2 & 1 \\ 1 & -1 \\ 4 & 3 \\ 0 & 4 \end{pmatrix},$$

$$B^T = \begin{pmatrix} 1 & 0 & 1 & 4 \\ 3 & -1 & -3 & 0 \\ 1 & 2 & 1 & -2 \end{pmatrix},$$

$$B^T A^T = \begin{pmatrix} 1 & 0 & 1 & 4 \\ 3 & -1 & -3 & 0 \\ 1 & 2 & 1 & -2 \end{pmatrix} \begin{pmatrix} 2 & 1 \\ 1 & -1 \\ 4 & 3 \\ 0 & 4 \end{pmatrix} = \begin{pmatrix} 6 & 20 \\ -7 & -5 \\ 8 & -6 \end{pmatrix}.$$

根据计算可以看出 $(AB)^{\mathrm{T}} = B^{\mathrm{T}} A^{\mathrm{T}}$.

练习 4 已知 $A = \begin{bmatrix} 1 & 2 \\ -1 & 0 \\ 0 & 3 \end{bmatrix}$，$B = \begin{pmatrix} 1 & 1 & 0 \\ -1 & 0 & 1 \end{pmatrix}$，求 $(AB)^{\mathrm{T}}, A^{\mathrm{T}}, B^{\mathrm{T}}, B^{\mathrm{T}} A^{\mathrm{T}}$.

解

一般地，矩阵转置满足以下运算律：

① $(A^{\mathrm{T}})^{\mathrm{T}} = A$；

② $(A+B)^{\mathrm{T}} = A^{\mathrm{T}} + B^{\mathrm{T}}$；

③ $(kA)^{\mathrm{T}} = kA^{\mathrm{T}}$；

④ $(AB)^{\mathrm{T}} = B^{\mathrm{T}} A^{\mathrm{T}}$.

5. 方阵的行列式

定义 4 由 n 阶方阵 A 的元素所构成的 n 阶行列式(各元素的位置不变)，称为**方阵 A 的行列式**. 记作 $|A|$ 或 $\det A$.

也就是说，若

$$A = \begin{pmatrix} a_{11} & a_{12} & \cdots & a_{1n} \\ a_{21} & a_{22} & \cdots & a_{2n} \\ \vdots & \vdots & & \vdots \\ a_{n1} & a_{n2} & \cdots & a_{nn} \end{pmatrix},$$

那么

$$|A| = \begin{vmatrix} a_{11} & a_{12} & \cdots & a_{1n} \\ a_{21} & a_{22} & \cdots & a_{2n} \\ \vdots & \vdots & & \vdots \\ a_{n1} & a_{n2} & \cdots & a_{nn} \end{vmatrix}.$$

注意 方阵与其行列式不同，前者为数表，后者为一个数.

方阵的行列式满足下列运算律(设 A, B 为 n 阶方阵，k 为常数)：

① $|A^{\mathrm{T}}| = |A|$；

② $|kA| = k^n |A|$；

③ $|AB| = |A| |B|$.

式③表明，对于同阶方阵 A, B，虽然一般 $AB \neq BA$，但 $|AB| = |BA|$.

例题 5 设 $A = \begin{pmatrix} 1 & 2 \\ 3 & 3 \end{pmatrix}$，$B = \begin{pmatrix} 1 & 2 \\ -1 & 3 \end{pmatrix}$，求 $|AB|$.

解法 1 由已知得

$$AB = \begin{pmatrix} -1 & 8 \\ 0 & 15 \end{pmatrix},$$

所以
$$|AB| = \begin{vmatrix} -1 & 8 \\ 0 & 15 \end{vmatrix} = -15.$$

解法 2 由已知得

$$|AB| = |A||B| = \begin{vmatrix} 1 & 2 \\ 3 & 3 \end{vmatrix} \begin{vmatrix} 1 & 2 \\ -1 & 3 \end{vmatrix} = (-3) \times 5 = -15.$$

练习 5 设 $A = \begin{pmatrix} -1 & -1 & -3 \\ 0 & -1 & 0 \\ 0 & 0 & 3 \end{pmatrix}$，求 $|3A|$.

解

日期：_____   教师：_____

5.9　矩阵的初等变换与矩阵的秩

学习内容：矩阵的初等变换，矩阵的秩.
目的要求：掌握矩阵的初等变换和矩阵秩的概念，会运用定义及初等变换法求矩阵的秩.
重点难点：矩阵的初等变换，初等变换法求矩阵的秩.

课前探讨

1. 阐述矩阵的初等变换的定义，并举例（至少 2 个）.

2. 阐述阶梯形矩阵、行最简阶梯形矩阵的概念，并举例（至少 2 个）.

3. 阐述 k 阶子式的定义，并举例（至少 2 个）.

4. 阐述矩阵的秩的概念.

5. 用初等行变换把矩阵 $\begin{bmatrix} 2 & 0 & -1 & 3 \\ 1 & 2 & -2 & 4 \\ 0 & 1 & 3 & -1 \end{bmatrix}$ 化为行最简阶梯形矩阵.

6. 用初等行变换求下列矩阵的秩：

$$A = \begin{bmatrix} 1 & 1 & 2 & 2 & 1 \\ 0 & 2 & 1 & 5 & -1 \\ 2 & 0 & 3 & -1 & 3 \\ 1 & 1 & 0 & 4 & -1 \end{bmatrix}.$$

课堂讲习

案例　求矩阵 $A = \begin{bmatrix} 2 & 3 & -5 & 4 \\ 0 & -2 & 6 & -4 \\ -1 & 1 & -5 & 3 \\ 3 & -1 & 9 & -5 \end{bmatrix}$ 的秩.

5.9.1　矩阵的初等变换

定义 1　对矩阵施以下列 3 种变换，称为矩阵的**初等变换**：

（1）串位变换：任意交换矩阵的两行（列），用 $r_i \leftrightarrow r_j (c_i \leftrightarrow c_j)$ 表示第 i 行（列）和第 j 行

（列）互换.

（2）数乘变换：以一个非零的数 k 乘以矩阵的某一行（列）的所有元素，用 $kr_i(kc_i)$ 表示用 $k(k\neq0)$ 乘以第 i 行（列）.

（3）消元变换：把矩阵的某一行（列）所有元素的 k 倍加于另一行（列）的对应元素上去，用 kr_i+r_j（或 kc_i+c_j）表示把第 i 行（列）的 k 倍加到第 j 行（列）上.

只对行进行的初等变换称为**初等行变换**（以下讨论中只对矩阵的行进行变换）.

定义 2 满足以下条件的矩阵称为**阶梯形矩阵**：

（1）矩阵的所有零行（若存在的话）在矩阵的最下方；

（2）各个非零行的首个非零元素的列标随着行标递增而严格增大.

例如，$\begin{pmatrix} 0 & 3 & 2 & 0 \\ 0 & 0 & -2 & 3 \\ 0 & 0 & 0 & 0 \end{pmatrix}, \begin{pmatrix} 1 & 3 & 2 & 4 \\ 0 & 2 & 1 & 1 \\ 0 & 0 & 0 & 5 \end{pmatrix}, \begin{pmatrix} 2 & 1 & 0 & 6 & 3 \\ 0 & 1 & 3 & 0 & 0 \\ 0 & 0 & 0 & 2 & 1 \\ 0 & 0 & 0 & 0 & 0 \end{pmatrix}.$

定义 3 满足以下条件的阶梯形矩阵称为**行最简阶梯形矩阵**：

（1）非零行的首个非零元素都是 1；

（2）首个非零元素所在列的其余元素都为 0.

例如，$\begin{pmatrix} 1 & 0 & 2 & 0 & 3 \\ 0 & 1 & 3 & 0 & 0 \\ 0 & 0 & 0 & 1 & 1 \\ 0 & 0 & 0 & 0 & 0 \end{pmatrix}, \begin{pmatrix} 1 & 2 & 0 & 0 & 0 & -7 \\ 0 & 0 & 1 & 1 & 0 & 6 \\ 0 & 0 & 0 & 0 & 1 & 1 \\ 0 & 0 & 0 & 0 & 0 & 0 \end{pmatrix}.$

定理 1 任一矩阵经过有限次初等行变换都可转化成阶梯形矩阵，进而将矩阵化为行最简阶梯形矩阵.

例题 1 用初等行变换把矩阵 $\begin{pmatrix} 2 & 0 & -1 & 3 \\ 1 & 2 & -2 & 4 \\ 0 & 1 & 3 & -1 \end{pmatrix}$ 化为行最简阶梯形矩阵.

解 $\begin{pmatrix} 2 & 0 & -1 & 3 \\ 1 & 2 & -2 & 4 \\ 0 & 1 & 3 & -1 \end{pmatrix} \xrightarrow{r_1\leftrightarrow r_2} \begin{pmatrix} 1 & 2 & -2 & 4 \\ 2 & 0 & -1 & 3 \\ 0 & 1 & 3 & -1 \end{pmatrix} \xrightarrow{-2r_1+r_2} \begin{pmatrix} 1 & 2 & -2 & 4 \\ 0 & -4 & 3 & -5 \\ 0 & 1 & 3 & -1 \end{pmatrix}$

$\xrightarrow{r_2\leftrightarrow r_3} \begin{pmatrix} 1 & 2 & -2 & 4 \\ 0 & 1 & 3 & -1 \\ 0 & -4 & 3 & -5 \end{pmatrix} \xrightarrow{4r_2+r_3} \begin{pmatrix} 1 & 2 & -2 & 4 \\ 0 & 1 & 3 & -1 \\ 0 & 0 & 15 & -9 \end{pmatrix}$（阶梯型矩阵）

$\xrightarrow{\frac{1}{15}r_3} \begin{pmatrix} 1 & 2 & -2 & 4 \\ 0 & 1 & 3 & -1 \\ 0 & 0 & 1 & -\frac{3}{5} \end{pmatrix} \xrightarrow[2r_3+r_1]{-3r_3+r_2} \begin{pmatrix} 1 & 2 & 0 & \frac{14}{5} \\ 0 & 1 & 0 & \frac{4}{5} \\ 0 & 0 & 1 & -\frac{3}{5} \end{pmatrix}$

$$\xrightarrow{-2r_2+r_1} \begin{bmatrix} 1 & 0 & 0 & \dfrac{6}{5} \\ 0 & 1 & 0 & -\dfrac{4}{5} \\ 0 & 0 & 1 & -\dfrac{3}{5} \end{bmatrix}（行最简阶梯型矩阵）.$$

练习 1　用初等行变换把矩阵 $A = \begin{bmatrix} 2 & -1 & -1 & 1 & 2 \\ 1 & 1 & -2 & 1 & 4 \\ 4 & -6 & 2 & -2 & 4 \\ 3 & 6 & -9 & 7 & 9 \end{bmatrix}$ 化为行最简阶梯形矩阵.

解

5.9.2　矩阵的秩

矩阵的秩是一个很重要的概念,在研究线性方程组的解等方面起着非常重要的作用.

定义 4　在矩阵 $A_{m \times n}$ 中任取 k 行 k 列($k \leqslant m$ 且 $k \leqslant n$),由位于这些行列相交处的元素按原来的次序构成的 k 阶行列式,称为 A 的一个 k 阶子式,记作 $D_k(A)$.

$D_k(A)$ 共有 $C_m^k \cdot C_n^k$ 个.

例如 $A_{3 \times 4} = \begin{bmatrix} a_{11} & a_{12} & a_{13} & a_{14} \\ a_{21} & a_{22} & a_{23} & a_{24} \\ a_{31} & a_{32} & a_{33} & a_{34} \end{bmatrix}$ 有 4 个三阶子式,18 个二阶子式.

定义 5　若矩阵 A 中不为零的子式的最高阶数是 r,则称 r 为**矩阵 A 的秩**,记作

$$r(A) = r,$$

并有以下结论:

(1) $r(A) = 0 \Leftrightarrow A = O$;

(2) 对于 $A_{m \times n}$,有 $0 \leqslant r(A) \leqslant \min(m, n)$;

(3) 若 $r(A) = r$,则 A 中至少有一个 $D_r(A) \neq 0$,而所有的 $D_{r+1}(A) = 0$.

定义 6　对于矩阵 $A_{n \times n}$,若 $r(A) = n$,则称 A 为**满秩方阵**;若 $r(A) < n$,则称 A 为**降秩方阵**.

例题 2 求下列矩阵的秩：

$$A=\begin{pmatrix} 1 & 1 & 0 & 0 \\ 1 & 0 & 1 & 1 \\ 2 & -1 & 3 & 3 \end{pmatrix}, B=\begin{pmatrix} 1 & 0 & 1 & 0 \\ 2 & 1 & -1 & -3 \\ 1 & 0 & -3 & -1 \\ 0 & 2 & -6 & 3 \end{pmatrix}.$$

解 A 的所有三阶子式（4 个）：

$$\begin{vmatrix} 1 & 1 & 0 \\ 1 & 0 & 1 \\ 2 & -1 & 3 \end{vmatrix}=0, \begin{vmatrix} 1 & 1 & 0 \\ 1 & 0 & 1 \\ 2 & -1 & 3 \end{vmatrix}=0, \begin{vmatrix} 1 & 0 & 0 \\ 1 & 1 & 1 \\ 2 & 3 & 3 \end{vmatrix}=0, \begin{vmatrix} 1 & 0 & 0 \\ 0 & 1 & 1 \\ -1 & 3 & 3 \end{vmatrix}=0.$$

而 $D_2(A)=\begin{vmatrix} 1 & 1 \\ 1 & 0 \end{vmatrix}=-1\neq 0$，所以 $r(A)=2$.

因为

$$|B|=\begin{vmatrix} 1 & 0 & 1 & 0 \\ 2 & 1 & -1 & -3 \\ 1 & 0 & -3 & -1 \\ 0 & 2 & -6 & 3 \end{vmatrix} \xlongequal{-c_1+c_3} \begin{vmatrix} 1 & 0 & 0 & 0 \\ 2 & 1 & -3 & -3 \\ 1 & 0 & -4 & -1 \\ 0 & 2 & -6 & 3 \end{vmatrix}$$

$$=\begin{vmatrix} 1 & -3 & -3 \\ 0 & -4 & -1 \\ 2 & -6 & 3 \end{vmatrix} \xlongequal{-2r_1+r_3} \begin{vmatrix} 1 & -3 & -3 \\ 0 & -4 & -1 \\ 0 & 0 & 9 \end{vmatrix}=-36\neq 0.$$

所以 $$r(B)=4.$$

练习 2 求下列矩阵的秩.

$$A=\begin{pmatrix} 1 & 0 & -1 & 0 \\ 2 & 1 & -3 & 1 \\ 3 & -2 & 0 & 3 \end{pmatrix}, B=\begin{pmatrix} 2 & -3 & 8 & 2 \\ 1 & 6 & -1 & 6 \\ 1 & 3 & 1 & 4 \end{pmatrix}.$$

解

5.9.3　利用初等变换求矩阵的秩

定理 2 矩阵的初等变换不改变矩阵的秩（证明略）.

推论 矩阵 A 经过有限次初等行变换转化为阶梯形矩阵，则该阶梯形矩阵非零行的个数 r 称为矩阵 A 的秩，记为 $r(A)$，即 $r(A)=r$.

例题 3　求 $r(A)$，其中 $A=\begin{pmatrix} 1 & 1 & 2 & 2 & 1 \\ 0 & 2 & 1 & 5 & -1 \\ 2 & 0 & 3 & -1 & 3 \\ 1 & 1 & 0 & 4 & -1 \end{pmatrix}$.

解　$A \xrightarrow[\substack{-2r_1+r_3 \\ -r_1+r_4}]{} \begin{pmatrix} 1 & 1 & 2 & 2 & 1 \\ 0 & 2 & 1 & 5 & -1 \\ 0 & -2 & -1 & -5 & 1 \\ 0 & 0 & -2 & 2 & -2 \end{pmatrix} \xrightarrow{r_2+r_3} \begin{pmatrix} 1 & 1 & 2 & 2 & 1 \\ 0 & 2 & 1 & 5 & -1 \\ 0 & 0 & 0 & 0 & 0 \\ 0 & 0 & -2 & 2 & -2 \end{pmatrix}$

$\xrightarrow{r_3 \leftrightarrow r_4} \begin{pmatrix} 1 & 1 & 2 & 2 & 1 \\ 0 & 2 & 1 & 5 & -1 \\ 0 & 0 & -2 & 2 & -2 \\ 0 & 0 & 0 & 0 & 0 \end{pmatrix}$（阶梯型矩阵）.

由此可看出 $r(A)=3$.

注意　在具体的解题过程中，如果矩阵 A 经过几次初等变换后便可看出 $r(A)$ 的秩时，就不必再将 A 化为阶梯形矩阵.

练习 3　求矩阵 $A=\begin{pmatrix} 2 & 3 & -5 & 4 \\ 0 & -2 & 6 & -4 \\ -1 & 1 & -5 & 3 \\ 3 & -1 & 9 & -5 \end{pmatrix}$ 的秩.

解

日期：_____　　教师：_____

5.10　逆矩阵的概念与求解

学习内容：逆矩阵的概念与求解.

目的要求：掌握逆矩阵的概念、性质，熟练掌握逆矩阵存在的条件，学会使用伴随矩阵及初等行变换求逆矩阵.

重点难点：逆矩阵的概念、性质、存在的条件，用伴随矩阵及初等行变换求逆矩阵.

课前探讨

1. 阐述逆矩阵的定义，并举例（至少 2 个）.
2. 叙述并证明逆矩阵的 4 条性质.
3. 矩阵可逆的条件是什么？
4. 阐述伴随矩阵的概念，并举例（至少 2 个）.
5. 阐述利用伴随矩阵求逆矩阵的方法，并举例（至少 2 个）.
6. 阐述利用初等行变换求逆矩阵的方法，并举例（至少 2 个）.

课堂讲习

案例　求矩阵 $A = \begin{pmatrix} 1 & 2 & 3 \\ 2 & 2 & 1 \\ 3 & 4 & 3 \end{pmatrix}$ 的逆矩阵.

5.10.1　逆矩阵的概念与性质

1. 逆矩阵的概念

定义 1　设 A 为 n 阶方阵，若存在一个 n 阶方阵 B，使得 $AB = BA = E$，则称方阵 A 可逆，并称方阵 B 为 A 的**逆矩阵**或**逆阵**，记为 $B = A^{-1}$.

注意　① 逆阵是对方阵而言的；

② 由定义可知此时 $AB = BA$（A 与 B 可交换）；

③ 若 A 的逆矩阵存在，则此逆矩阵是唯一的.

证　③ 设 B, C 是 A 的任意两个逆矩阵，则 $AB = BA = E$，$AC = CA = E$，而

$$B = BE = B(AC) = (BA)C = EC = C,$$

所以 A 的逆矩阵唯一.

2. 逆矩阵的性质

性质1 若 A 可逆,则 A^{-1} 亦可逆,且 $(A^{-1})^{-1} = A$.

证 因为 A 可逆,则有 $AA^{-1} = A^{-1}A = E$,从而 A^{-1} 也可逆,且 A^{-1} 的逆阵就是 A,即 $(A^{-1})^{-1} = A$.

性质2 若 A 可逆,数 $k \neq 0$,则 kA 也可逆,且 $(kA)^{-1} = \dfrac{1}{k}A^{-1}$.

证 因为 $(kA)\left(\dfrac{1}{k}A^{-1}\right) = \left(k \cdot \dfrac{1}{k}\right)AA^{-1} = E = \left(\dfrac{1}{k} \cdot k\right)A^{-1}A = \left(\dfrac{1}{k}A^{-1}\right)(kA)$,

所以 kA 也可逆,且

$$(kA)^{-1} = \frac{1}{k}A^{-1}.$$

性质3 若 A 可逆,则 A^{T} 亦可逆,且 $(A^{\mathrm{T}})^{-1} = (A^{-1})^{\mathrm{T}}$.

证 因为 $\qquad A^{-1}A = AA^{-1} = E,$

所以 $\qquad (A^{-1}A)^{\mathrm{T}} = (AA^{-1})^{\mathrm{T}} = E^{\mathrm{T}},$

从而 $A^{\mathrm{T}}(A^{-1})^{\mathrm{T}} = (A^{-1})^{\mathrm{T}}A^{\mathrm{T}} = E$,于是 A^{T} 亦可逆,且

$$(A^{\mathrm{T}})^{-1} = (A^{-1})^{\mathrm{T}}.$$

性质4 若同阶方阵 A, B 都可逆,则 AB 也可逆,且 $(AB)^{-1} = B^{-1}A^{-1}$.

证 因为 $\qquad (AB)(B^{-1}A^{-1}) = A(BB^{-1})A^{-1} = AEA^{-1} = AA^{-1} = E,$

$$(B^{-1}A^{-1})(AB) = B^{-1}(A^{-1}A)B = B^{-1}EB = B^{-1}B = E,$$

所以 AB 可逆,且

$$(AB)^{-1} = B^{-1}A^{-1}.$$

5.10.2 逆矩阵存在的条件及求法(利用伴随矩阵求逆矩阵)

定义2 设 A_{ij} 是方阵 $A = (a_{ij})_{n \times n}$ 的行列式 $|A| = \begin{vmatrix} a_{11} & a_{12} & \cdots & a_{1n} \\ a_{21} & a_{22} & \cdots & a_{2n} \\ \vdots & \vdots & & \vdots \\ a_{n1} & a_{n2} & \cdots & a_{nn} \end{vmatrix}$ 中元素 a_{ij} 的代

数余子式,称方阵 $\begin{bmatrix} A_{11} & A_{21} & \cdots & A_{n1} \\ A_{12} & A_{22} & \cdots & A_{n2} \\ \vdots & \vdots & & \vdots \\ A_{1n} & A_{2n} & \cdots & A_{nn} \end{bmatrix}$ 为 A 的**伴随矩阵**,记为 A^{*}.

例题1 设 $A = \begin{bmatrix} 3 & 2 & 1 \\ 1 & 2 & 2 \\ 3 & 4 & 3 \end{bmatrix}$,求 A^{*}.

解 $A_{11} = (-1)^{1+1}\begin{vmatrix} 2 & 2 \\ 4 & 3 \end{vmatrix} = -2,$

$A_{12} = (-1)^{1+2}\begin{vmatrix} 1 & 2 \\ 3 & 3 \end{vmatrix} = 3,$

$$A_{13} = (-1)^{1+3} \begin{vmatrix} 1 & 2 \\ 3 & 4 \end{vmatrix} = -2.$$

同理可得 $A_{21} = -2, A_{22} = 6, A_{23} = -6, A_{31} = 2, A_{32} = -5, A_{33} = 4.$

所以

$$A^* = \begin{pmatrix} -2 & -2 & 2 \\ 3 & 6 & -5 \\ -2 & -6 & 4 \end{pmatrix}.$$

练习 1　设 $A = \begin{pmatrix} a & b \\ c & d \end{pmatrix}$，求 A^*.

解

定理 1　方阵 $A = (a_{ij})_{n \times n}$ 可逆 $\Leftrightarrow |A| \neq 0$，且 $A^{-1} = \dfrac{A^*}{|A|}$.（证明略）

推论 1　设 A, B 为 n 阶方阵，若 $AB = E$（或 $BA = E$），则 $B = A^{-1}$（或 $A = B^{-1}$）.

推论 2　由 A 为满秩方阵 $\Leftrightarrow |A| \neq 0$. 由此可知：$A$ 可逆 $\Leftrightarrow A$ 为满秩方阵.

例题 2　判断方阵 $A = \begin{pmatrix} 3 & 2 & 1 \\ 1 & 2 & 2 \\ 3 & 4 & 3 \end{pmatrix}, B = \begin{pmatrix} -1 & 3 & 2 \\ -11 & 15 & 1 \\ -3 & 3 & -1 \end{pmatrix}$ 是否可逆？若可逆，求其逆阵.

解　因为 $|A| = -2 \neq 0, |B| = 0$，所以 B 不可逆，A 可逆，

并且

$$A^{-1} = \frac{A^*}{|A|} = -\frac{1}{2} \begin{pmatrix} -2 & -2 & 2 \\ 3 & 6 & -5 \\ -2 & -6 & 4 \end{pmatrix} = \begin{pmatrix} 1 & 1 & -1 \\ -\dfrac{3}{2} & -3 & \dfrac{5}{2} \\ 1 & 3 & -2 \end{pmatrix}.$$

练习 2　当 $ad - bc \neq 0$，求 $A = \begin{pmatrix} a & b \\ c & d \end{pmatrix}$ 的逆矩阵.

解

5.10.3　利用初等行变换求逆矩阵

定理 2　n 阶可逆方阵 $A_n = (a_{ij})_{n \times n}$ 可以经过一系列初等行变换化为 n 阶单位矩阵 E_n.

其方法为：$(A_n \vdots E_n) \xrightarrow{\text{初等行变换}} (E_n \vdots A_n^{-1})$，其中 $(A_n \vdots E_n), (E_n \vdots A_n^{-1})$ 表示 $n \times 2n$ 的矩阵.

例题3 设 $A = \begin{pmatrix} 1 & 2 & 3 \\ 2 & 1 & 2 \\ 1 & 3 & 4 \end{pmatrix}$，用初等变换法求 A^{-1}.

解 $(A \vdots E) = \begin{pmatrix} 1 & 2 & 3 & 1 & 0 & 0 \\ 2 & 1 & 2 & 0 & 1 & 0 \\ 1 & 3 & 4 & 0 & 0 & 1 \end{pmatrix} \xrightarrow[-r_1+r_3]{-2r_1+r_2} \begin{pmatrix} 1 & 2 & 3 & 1 & 0 & 0 \\ 0 & -3 & -4 & -2 & 1 & 0 \\ 0 & 1 & 1 & -1 & 0 & 1 \end{pmatrix}$

$\xrightarrow{r_2 \leftrightarrow r_3} \begin{pmatrix} 1 & 2 & 3 & 1 & 0 & 0 \\ 0 & 1 & 1 & -1 & 0 & 1 \\ 0 & -3 & -4 & -2 & 1 & 0 \end{pmatrix} \xrightarrow{3r_2+r_3} \begin{pmatrix} 1 & 2 & 3 & 1 & 0 & 0 \\ 0 & 1 & 1 & -1 & 0 & 1 \\ 0 & 0 & -1 & -5 & 1 & 3 \end{pmatrix}$

$\xrightarrow[(-1)\times r_3]{\substack{r_3+r_2 \\ 3r_3+r_1}} \begin{pmatrix} 1 & 2 & 0 & -14 & 3 & 9 \\ 0 & 1 & 0 & -6 & 1 & 4 \\ 0 & 0 & 1 & 5 & -1 & -3 \end{pmatrix} \xrightarrow{-2r_2+r_1} \begin{pmatrix} 1 & 0 & 0 & -2 & 1 & 1 \\ 0 & 1 & 0 & -6 & 1 & 4 \\ 0 & 0 & 1 & 5 & -1 & -3 \end{pmatrix}$

所以

$$A^{-1} = \begin{pmatrix} -2 & 1 & 1 \\ -6 & 1 & 4 \\ 5 & -1 & -3 \end{pmatrix}.$$

练习3 设 $A = \begin{pmatrix} 1 & 2 & 3 \\ 2 & 2 & 1 \\ 3 & 4 & 3 \end{pmatrix}$，用初等变换法求 A^{-1}.

解

日期：_____   教师：_____

5.11　第 5 模块习题课(二)

学习内容：矩阵部分总结.

目的要求：理解矩阵、矩阵转置、矩阵的秩、逆矩阵的概念,熟练掌握矩阵的运算、初等变换及秩的计算,熟练运用初等变换判断矩阵的秩及求解逆矩阵.

重点难点：矩阵的初等变换；矩阵的秩求解,逆矩阵的求解.

课前探讨

1. 复习矩阵的概念.

2. 复习矩阵的运算.

3. 复习矩阵的初等变换.

4. 复习矩阵秩的概念及求解.

5. 复习逆矩阵的概念及求解.

内容精要

1. 矩阵的概念

由 $m \times n$ 个元素 $a_{ij}(i=1,2,\cdots,m;j=1,2,\cdots,n)$ 排成的 m 行 n 列的表

$$\begin{bmatrix} a_{11} & a_{12} & \cdots & a_{1n} \\ a_{21} & a_{22} & \cdots & a_{2n} \\ \vdots & \vdots & & \vdots \\ a_{m1} & a_{m2} & \cdots & a_{mn} \end{bmatrix}$$

称为一个 $m \times n$ 矩阵,其中 $a_{ij}(i=1,2,\cdots,m;j=1,2,\cdots,n)$ 称为矩阵的第 i 行第 j 列元素.

矩阵与行列式不同,它是一张数表,所以行数和列数可以不同.行数和列数相等的矩阵称为方阵.

特殊矩阵：(1) 零矩阵；(2) 行矩阵、列矩阵；(3) 方阵；(4) 对角矩阵；(5) 单位矩阵；(6) 三角矩阵；(7) 对称矩阵.

2. 矩阵的运算

(1) 矩阵的相等,加(减)法.

两个矩阵相等以及能进行加(减)运算的前提是两个矩阵是同型矩阵(行数和列数都相同).

(2) 矩阵的数乘.

$$kA = k \begin{pmatrix} a_{11} & a_{12} & \cdots & a_{1n} \\ a_{21} & a_{22} & \cdots & a_{2n} \\ \vdots & \vdots & & \vdots \\ a_{m1} & a_{m2} & \cdots & a_{mn} \end{pmatrix} = \begin{pmatrix} ka_{11} & ka_{12} & \cdots & ka_{1n} \\ ka_{21} & ka_{22} & \cdots & ka_{2n} \\ \vdots & \vdots & & \vdots \\ ka_{m1} & ka_{m2} & \cdots & ka_{mn} \end{pmatrix} = (ka_{ij})_{m \times n}.$$

(3) 矩阵的乘法.

只有在 A 的列数与 B 的行数相等时,两矩阵才可以相乘,即 AB 成立.若不相等,则它们的乘积 AB 无意义.矩阵乘法不满足交换律.

单位矩阵在矩阵乘法中具有类似于数 1 在数的乘法中的作用,即 $EA = AE = A$.

(4) 矩阵的转置.

矩阵转置满足以下运算律:

① $(A^T)^T = A$;

② $(A+B)^T = A^T + B^T$;

③ $(kA)^T = kA^T$;

④ $(AB)^T = B^T A^T$.

(5) 方阵的行列式.

两个同阶方阵乘积的行列式等于两方阵行列式的积,即若 A, B 都是 n 阶方阵,则 $|AB| = |A||B|$.

3. 矩阵的初等变换和矩阵的秩

对矩阵施以下列 3 种变换,称为矩阵的初等变换:

(1) 串位变换:任意交换矩阵的两行(列),用 $r_i \leftrightarrow r_j (c_i \leftrightarrow c_j)$ 表示第 i 行(列)和第 j 行(列)互换;

(2) 数乘变换:以一个非零的数 k 乘以矩阵的某一行(列)所有元素,用 kr_i (或 kc_i)表示用 $k(k \neq 0)$ 乘以第 i 行(列);

(3) 消元变换:把矩阵的某一行(列)所有元素的 k 倍加于另一行(列)的对应元素上去,用 $kr_i + r_j$ (或 $kc_i + c_j$)表示把第 i 行(列)的 k 倍加到第 j 行(列)上.

只对行进行的初等变换称为初等行变换.

任一矩阵经过若干次初等行变换都可化成阶梯形矩阵和行最简阶梯形矩阵.

矩阵 A 经过有限次初等行变换转化为阶梯形矩阵,则该阶梯形矩阵非零行的个数 r 称为矩阵 A 的秩,记为 $r(A)$,即 $r(A) = r$.

4. 逆矩阵

(1) 逆矩阵的概念.

设 A 为 n 阶方阵,若存在一个 n 阶方阵 B,使得 $AB = BA = E$,则称方阵 A 可逆,并称方阵 B 为 A 的逆矩阵或逆阵,记为 $B = A^{-1}$.

(2) 逆矩阵存在的充要条件.

A 可逆当且仅当 $|A| \neq 0$.

(3) 求逆矩阵的方法.

方法 1 利用伴随矩阵求逆矩阵:

$$A^{-1} = \frac{A^*}{|A|}.$$

方法 2　利用初等行变换求逆矩阵.

设 A 是 n 阶可逆阵,做 $n \times 2n$ 阶矩阵 $(A \vdots E)$ 并对其进行等行变换,将 A 变成单位矩阵,这时右边一块就变成 A^{-1}.

(4) 求逆运算适合下列法则.

① $(A^{-1})^{-1} = A$；② $(AB)^{-1} = B^{-1}A^{-1}$；③ $(kA)^{-1} = \frac{1}{k}A^{-1}(k \neq 0)$；④ $(A^{T})^{-1} = (A^{-1})^{T}$.

注意　一般来说 $(AB)^{-1} \neq A^{-1}B^{-1}$.

(5) 证明 A 可逆的方法.

① 求 $|A|$,计算它的值不等于 0；② 找 B,使 $AB = E$.

习题讲解

1. 填空题

(1) 设 $A = \begin{pmatrix} 1 & 2 & 7 \\ 0 & -2 & 9 \\ 0 & 0 & -2 \end{pmatrix}$, $B = \begin{pmatrix} 3 & 0 & 0 \\ 1 & 2 & 0 \\ 0 & 0 & 3 \end{pmatrix}$, 则 $|AB| = $ _____.

(2) 设矩阵 X 满足方程 $2\begin{pmatrix} 3 & -1 & 0 \\ -1 & 1 & 2 \end{pmatrix} - 3X + \begin{pmatrix} 3 & -1 & 6 \\ 5 & 1 & -1 \end{pmatrix} = O$, 求矩阵 $X = $ _____.

(3) 已知三阶方阵 A 的行列式 $|A| = \frac{1}{2}$, 则 $|-2A| = $ _____.

(4) 设 $A = \begin{pmatrix} 0 & 1 & 0 \\ 3 & 3 & 4 \\ 4 & 5 & 6 \end{pmatrix}$, $|-A^*| = $ _____.

(5) 三阶方阵 A 的行列式 $|A| = 4$, $|A^2 + E| = 8$, 则 $|A + A^{-1}| = $ _____.

2. 选择题

(1) A 是 $m \times k$ 阶矩阵, B 是 $k \times t$ 阶矩阵, 若 B 的第 j 列元素全为零, 则下列结论正确的是_____.

A. AB 的第 j 行元素全为零　　　B. AB 的第 j 列元素全为零

C. BA 的第 j 行元素全为零　　　D. BA 的第 j 列元素全为零

(2) 下列矩阵有逆矩阵的是_____.

A. $\begin{pmatrix} 1 & 1 \\ 1 & 1 \end{pmatrix}$　　　B. $\begin{pmatrix} 1 & 2 \\ 3 & 4 \end{pmatrix}$　　　C. $\begin{pmatrix} 2 & -1 \\ -1 & \frac{1}{2} \end{pmatrix}$　　　D. $\begin{pmatrix} 1 & 2 \\ 3 & 6 \end{pmatrix}$

(3) 设矩阵 $A = \begin{pmatrix} \frac{1}{2} & 0 \\ 0 & \frac{1}{4} \end{pmatrix}$, $B = \begin{pmatrix} 3 & 4 \\ 5 & 6 \end{pmatrix}$, 则 $(AB)^{-1} = $ _____.

A. $\begin{pmatrix} -6 & -8 \\ -5 & -6 \end{pmatrix}$　　B. $\begin{pmatrix} 6 & 8 \\ 5 & 6 \end{pmatrix}$　　C. $\begin{pmatrix} -6 & 8 \\ 5 & -6 \end{pmatrix}$　　D. $\begin{pmatrix} -8 & 6 \\ 6 & -5 \end{pmatrix}$

(4) $\boldsymbol{A} = \begin{pmatrix} 1 & -2 & -1 & 3 \\ 3 & -6 & -3 & 8 \\ -2 & 4 & 2 & k \end{pmatrix}$ 中的 $k = \underline{\qquad}$ 时，$r(\boldsymbol{A}) = 2$.

A. 0   B. -2 C. 4   D. -6

(5) 设方阵 $\boldsymbol{A}$ 可逆，并且 $(2\boldsymbol{A})^{-1} = \begin{pmatrix} -3 & 7 \\ 1 & -2 \end{pmatrix}$，则 $\boldsymbol{A} = \underline{\qquad}$.

A. $\begin{pmatrix} 2 & 7 \\ 1 & 3 \end{pmatrix}$ B. $\begin{pmatrix} -2 & 7 \\ 1 & -3 \end{pmatrix}$

C. $\dfrac{1}{2}\begin{pmatrix} 2 & 7 \\ 1 & 3 \end{pmatrix}$ D. $\dfrac{1}{2}\begin{pmatrix} 2 & -7 \\ -1 & 3 \end{pmatrix}$

(6) 若矩阵 $\boldsymbol{A}$ 的行列式等于零，则下列结论正确的是 $\underline{\qquad}$.

A. $\boldsymbol{A}^2$ 的行列式不为零

B. $\boldsymbol{A}$ 有逆矩阵

C. $\boldsymbol{A}$ 是零矩阵

D. 对任意与 $\boldsymbol{A}$ 同阶的矩阵 $\boldsymbol{B}$，有 $|\boldsymbol{AB}| = 0$

(7) 设 $\boldsymbol{A}$ 经过有限次初等变换后得到矩阵 $\boldsymbol{B}$，则下列命题正确的是 $\underline{\qquad}$.

A. $\boldsymbol{A}$ 与 $\boldsymbol{B}$ 都是 n 阶矩阵，则 $|\boldsymbol{A}| = |\boldsymbol{B}|$

B. $\boldsymbol{A}$ 与 $\boldsymbol{B}$ 都是 n 阶矩阵，则 $|\boldsymbol{A}|$ 与 $|\boldsymbol{B}|$ 同时为零或同时不为零

C. $|\boldsymbol{A}| = 0$，但 $|\boldsymbol{B}|$ 可能不为零

D. $\boldsymbol{A} = \boldsymbol{B}$

(8) $\boldsymbol{A} = \begin{pmatrix} 1 & 1 \\ 0 & 1 \end{pmatrix}$，则 $\boldsymbol{A}^n = \underline{\qquad}$.

A. $\begin{pmatrix} 1 & 1 \\ 0 & 1 \end{pmatrix}$ B. $\begin{pmatrix} 1 & 0 \\ 0 & 1 \end{pmatrix}$ C. $\begin{pmatrix} 1 & 2 \\ 0 & 1 \end{pmatrix}$ D. $\begin{pmatrix} 1 & n \\ 0 & 1 \end{pmatrix}$

(9) 当 $a = \underline{\qquad}$ 时，矩阵 $\begin{pmatrix} a & 1 & 1 \\ 1 & 0 & 2 \\ 0 & -1 & 1 \end{pmatrix}$ 不可逆.

A. 0   B. 1   C. 2   D. -1

(10) 下列矩阵可通过初等变换化为 $\boldsymbol{E}_3$ 的是 $\underline{\qquad}$.

A. $\begin{pmatrix} 1 & 2 & -1 \\ -1 & -2 & 1 \\ 3 & 2 & 0 \end{pmatrix}$ B. $\begin{pmatrix} 1 & 0 & -1 \\ 2 & -1 & 0 \\ 0 & -1 & 2 \end{pmatrix}$

C. $\begin{pmatrix} 1 & 0 & -1 \\ 0 & 1 & 2 \\ 1 & 0 & 3 \end{pmatrix}$ D. $\begin{pmatrix} 2 & 2 & 2 \\ 2 & 2 & 2 \\ 2 & 2 & 2 \end{pmatrix}$

3. 计算题

（1）设矩阵 $A = \begin{pmatrix} -2 & 2 & 1 \\ -1 & -2 & -2 \\ 2 & 1 & 2 \end{pmatrix}$，求 AA^{T} 及 A^{-1}.

（2）若 $XA - E = X - A^2$，其中 $A = \begin{pmatrix} 1 & 2 & -1 \\ -1 & -1 & 0 \\ 2 & 3 & 2 \end{pmatrix}$，求 X.

（3）求下列矩阵的秩.

① $A = \begin{pmatrix} 1 & 2 & 3 & 4 \\ 1 & -5 & 4 & 5 \\ 1 & 10 & 1 & 2 \end{pmatrix}$.

② $B = \begin{pmatrix} 7 \\ 6 \\ -4 \\ 1 \end{pmatrix}$.

③ $C = \begin{pmatrix} 1 & -1 & 2 \\ 2 & -2 & 4 \\ 3 & 0 & 6 \\ 2 & 1 & 4 \end{pmatrix}$.

④ $D = \begin{pmatrix} 2 & 0 & 1 & 4 \\ 1 & 2 & 0 & -1 \\ 6 & 4 & 2 & 6 \end{pmatrix}$.

(4) 求下列矩阵的逆矩阵.

① $A = \begin{pmatrix} 2 & 3 & 1 \\ 0 & 1 & 3 \\ 1 & 2 & 5 \end{pmatrix}$.

② $B = \begin{pmatrix} 1 & 0 & -2 \\ 2 & -1 & 0 \\ -3 & 1 & 1 \end{pmatrix}$.

③ $C = \begin{pmatrix} 1 & 2 & 3 & 4 \\ 0 & 1 & 2 & 3 \\ 0 & 0 & 2 & 3 \\ 0 & 0 & 0 & 5 \end{pmatrix}$.

第 **6** 模块

统计技术

【学习目标】

理解概率的定义、性质、事件之间的关系与基本运算,会用古典概型、加法公式、条件概率公式、伯努利概型计算概率;理解几种重要随机变量、密度函数的概念及其性质;掌握数学期望、方差的性质与计算.

概率论与数理统计是研究随机现象统计规律的一门学科,在工程技术和经济管理中都有着广泛的应用.本章将介绍概率的基本概念及运算、随机变量及其分布、随机变量的数字特征等概率统计的基本内容.

日期：_____   教师：_____

6.1 排列组合

学习内容：复习高中学过的排列、组合的定义和计算公式.

目的要求：掌握排列、组合的定义和计算公式,理解排列数和组合数的意义,会用排列
组合公式计算排列组合问题.

重点难点：排列组合的计算公式,排列数、组合数的意义及应用.

课前探讨

1. 写出排列、组合的定义和计算公式.

2. 阐述排列数与组合数的意义,并举例(至少 2 个).

3. 运用排列组合公式计算排列组合问题,并举例(至少 2 个).

课堂讲习

> **案例** 有红、黄、白球各 1 个,现从这 3 个小球中任取 2 个,分别放入甲、乙盒子里,共有多少
> 种不同的放法? 如果只是任取 2 个小球,有多少种取法?

6.1.1 排列和排列数的概念

定义 1 从 n 个不同的元素中取出 $m(m<n)$ 个元素,按照一定的顺序排成一列,称为从 n 个不同的元素中取出 m 个元素的一个**排列**. 相同的排列是指元素相同且顺序相同的排列.

定义 2 从 n 个不同的元素中取出 $m(m<n)$ 个元素的所有排列的个数,称为从 n 个不同的元素中取出 m 个元素的**排列数**,用符号 A_n^m 表示.

一般情况下,求 A_n^m 的值,可以分为 m 个步骤来完成：

第 1 步：从 n 个不同元素中任取一个占据第 1 个位置,有 n 种不同的方法；

第 2 步：从余下的 $(n-1)$ 个元素中任取一个占据第 2 个位置,有 $(n-1)$ 种不同的方法；

第 3 步：从余下的 $(n-2)$ 个元素中任取一个占据第 3 个位置,有 $(n-2)$ 种不同的方法；

……

第 m 步：从前一步余下的 $[n-(m-1)]$ 个元素中任取一个占据第 m 个位置,共有 $[n-(m-1)]$ 种不同的方法.

根据分步乘法计数原理，得

$$A_n^m = n(n-1)(n-2)\cdots(n-m+1) \ (n,m \in \mathbf{N}^+ \text{ 且 } n > m),$$

这个公式称为**排列数公式**.

把 n 个不同的元素全部取出（从 n 个不同的元素中取出 n 个元素），按照一定的顺序排成一列，称为 n 个不同的元素的一个**全排列**，全排列的个数叫做 n 个元素的**全排列数**，用符号 A_n^n 表示. 此时，$A_n^n = n(n-1)(n-2)\cdots3 \cdot 2 \cdot 1 = n!$，$n!$ 表示正整数 1 到 n 的连乘，叫做 n 的**阶乘**.

因为 $A_n^m = n(n-1)(n-2)\cdots(n-m+1) = \dfrac{n!}{(n-m)!}$，所以 $0! = 1$，$A_n^n = n!$.

例题 1 计算从 a,b,c 这 3 个元素中取出 3 个元素的排列数，并写出所有排列.

解 从 a,b,c 这 3 个元素中取出 3 个元素的排列数为

$$A_3^3 = 3! = 3 \times 2 \times 1 = 6 (\text{个}).$$

所有排列为 abc,acb,bac,bca,cab,cba.

练习 1 从 10 名学生中，要选正、副班长各 1 名，则共有多少种不同的选法？

解

例题 2 从 n 个元素中取出 2 个元素的排列数为 56，求 n 为多少？

解 因为 $A_n^2 = \dfrac{n!}{(n-2)!} = n \cdot (n-1) = 56$，所以 $n = 8$.

练习 2 已知 $A_n^3 = 210$，求 n.

解

例题 3 计算 $\dfrac{A_6^6 - A_5^5}{4!}$.

解 $\dfrac{A_6^6 - A_5^5}{4!} = \dfrac{6! - 5!}{4!} = \dfrac{6 \times 5 \times 4! - 5 \times 4!}{4!} = 25.$

练习 3 计算 $\dfrac{A_{10}^{10} - 9A_9^9 - 8A_8^8}{A_8^8}$.

解

6.1.2 组合和组合数的概念

定义 3 从 n 个不同的元素中取出 $m(m < n)$ 个元素并成一组，称为从 n 个不同的元素中取出 m 个元素的一个**组合**.

定义 4　从 n 个不同的元素中取出 $m(m<n)$ 个元素的所有组合的个数,称为从 n 个不同的元素中取出 m 个元素的**组合数**,用符号 C_n^m 表示.

我们看案例的第二问,写出从红、黄、白 3 个小球中任取 2 个的所有组合:"红球、黄球","红球、白球","黄球、白球",共有 3 种不同的取法.因为从 3 个球中取出 2 个的排列可以分 2 步:

第 1 步:选取元素.

从 3 个中选 2 个元素的组合,共有 C_3^2 种方法.

第 2 步:排位置.

对选出的 2 个不同元素进行全排列,有 A_2^2 种方法.

所以 $A_3^2=C_3^2 \cdot A_2^2$,可得 $C_3^2=\dfrac{A_3^2}{A_2^2}$.

同理,从 n 个不同元素中任取 m 个元素的排列,也可以分成 2 步完成:

第 1 步:选取元素.

从 n 个中选 m 个元素的组合,共有 C_n^m 种方法.

第 2 步:排位置.

对选出的 m 个不同元素进行全排列,有 A_m^m 种方法.

根据分步乘法计数原理,得 $A_n^m=C_n^m \cdot A_m^m$,即 $C_n^m=\dfrac{A_n^m}{A_m^m}$.

所以组合数计算公式为 $C_n^m=\dfrac{n(n-1)(n-2)\cdots(n-m+1)}{m!}=\dfrac{n!}{m!(n-m)!}$.

当 $m=n$ 时,由于 $0!=1$,故有 $C_n^n=\dfrac{n!}{n! \cdot 0!}=1$;当 $m=0$ 时,组合数公式仍有意义,$C_n^0=\dfrac{n!}{n! \cdot 0!}=1$,所以 $C_n^0=1$.

例题 4　计算从 a,b,c 这 3 个元素中取出 2 个元素的组合个数,并写出所有组合.

解　从 a,b,c 这 3 个元素中取出 2 个元素的组合数为

$$C_3^2=\frac{A_3^2}{A_2^2}=\frac{3\times 2}{2!}=3(\text{个}),$$

所有组合为 ab,ac,bc.

练习 4　从 10 名学生中,要选 2 名同学参加象棋比赛,则共有多少种不同的选法?

解

例题 5　计算 C_n^{n-m},其中 $n>m,m,n\in \mathbf{N}^+$.

解　$C_n^{n-m}=\dfrac{A_n^{n-m}}{A_{n-m}^{n-m}}=\dfrac{n(n-1)(n-2)\cdots(m+1)}{(n-m)!}=\dfrac{n!}{m!(n-m)!}=C_n^m$.

由例题 5 可得组合数计算公式的一个性质:$C_n^{n-m}=C_n^m$.

练习 5　计算 C_{100}^{98}.

解

日期：_____   教师：_____

6.2 随机事件

> **学习内容**：随机现象、随机试验、随机事件的概念及随机事件的关系与运算.
> **目的要求**：理解随机事件的定义，会判断各种随机事件，掌握随机事件的关系与运算.
> **重点难点**：随机事件的定义，随机事件的关系与运算.

课前探讨

1. 观察现实生活中的随机现象，并举例（至少 2 个）.
2. 判断所列举的随机现象是哪种随机事件.
3. 讨论各种随机事件的关系与运算.

课堂讲习

6.2.1 随机现象

在自然界和人类的活动中经常遇到各种各样的现象，例如：

（1）掷一枚质地均匀硬币，可能出现正面，也可能出现反面.

（2）某人射击一次，可能会命中 0 环，1 环，…，10 环.

（3）重物在高处失去支撑的情况下必然会垂直落到地面.

这 3 种现象中，现象（1）与（2）有多种可能结果，事前不能确定哪种结果会发生，现象（3）却只有确定的一种结果，故称（1）与（2）为随机现象，（3）为必然现象. 所有现象也可大致归为以下 2 类.

随机现象（偶然现象） 在一定条件下有多种可能结果，且事前不能预言哪种结果会出现的现象.

必然现象（确定现象） 在一定条件下必然会出现某种结果的现象.

实践经验告诉我们，当对某一随机现象进行大量重复观察时，其各种可能结果的发生会呈现出一定的规律，我们称之为统计规律性. 例如，将一枚质地均匀的硬币反复抛掷多次，就会发现出现正面的次数和出现反面的次数大约各占一半.

6.2.2 随机试验与随机事件

要研究随机现象的统计规律性，就得通过试验来观察随机现象. 我们这里所说的试验是一个含义广泛的术语,它包括各种各样的科学实验,甚至对某一事物的某一特征或某一现象的观察都认为是一种试验.

定义1 如果一个试验具有下列 3 个特性,就称这个试验是**随机试验**,简称**试验**,记作 E:

（1）**可重复性** 试验可以在相同条件下重复进行;

（2）**明确性** 每次试验结果可能不止一个,但在试验之前已知所有的可能结果;

（3）**随机性** 在一次试验中,某种结果出现与否是不确定的,在试验之前无法准确地预言哪一个结果会出现.

人们一般通过研究随机试验来研究随机现象.

例题1 下面几种试验都是随机试验:

（1）记录电话交换台一分钟内接到的呼唤次数.

（2）掷一颗骰子,观察出现的点数.

（3）记录车站售票处一天内售出的车票数.

以上 3 个例子都满足随机试验的 3 个特性,所以它们都是随机试验.

对于一个试验 E,虽然实验结果在一次试验之前不能肯定,但试验的一切可能结果是已知的,则有以下定义.

定义2 随机试验 E 的所有可能的试验结果组成的集合称为试验 E 的**样本空间**,记作 Ω. 样本空间的元素（即试验 E 的每个可能结果）称为**样本点**,记作 ω.

例题2 写出例题 1 中几个随机试验的样本空间:

解 （1）$\Omega_1 = \{0, 1, 2, 3, 4, \cdots\}$;

（2）$\Omega_2 = \{1, 2, 3, 4, 5, 6\}$;

（3）$\Omega_3 = \{0, 1, 2, 3, \cdots, n\}$,这里的 n 是售票处一天内准备出售的车票.

练习1 写出"掷一枚硬币"试验的样本空间.

解

练习2 写出"连续两次掷一枚硬币"试验的样本空间.

解

当我们通过试验来研究随机现象时,常常不是关心某一个样本点在试验后是否出现,而是关心满足某些条件的样本点在试验后是否出现.例如,在例题 1(3) 中,我们要通过对该车站售票处一天售出的票数来决定是否需要扩建车站.假定超过 n 张便认为需要扩建,这时,我们关心的便是试验是否大于 n.满足这一条件的样本点组成了样本空间的一个子集.

定义3 试验 E 的样本空间 Ω 的子集称为 E 的随机事件,简称事件,记作 $A, B, C, D, \cdots$ 在每次试验中,当且仅当这一子集中的一个样本点出现时,就称这一事件发生.

特别地,由一个样本点组成的单点集,称为基本事件.例如,例题 1 中 (2) 有 6 个基本事件 $\{1\}, \{2\}, \{3\}, \{4\}, \{5\}, \{6\}$.由若干基本事件组合而成的事件称为复合事件,例题 1(2) 就是复合事件.

对于一个试验 E,在每次试验中必然发生的事情,称为必然事件;在每次试验中都不发生的事情,称为不可能事件.例如在例题 1(2)中,{掷出的点数不超过 6 点}是必然事件,若用试验结果的集合来表示,这一事件就是该试验样本空间 $\Omega_2 = \{1,2,3,4,5,6\}$.而事件{掷出的点数小于 1 点}是不可能事件,这个事件不包含该试验的任何一个可能结果,故我们用空集的记号 $\varnothing$ 表示不可能事件.

一般地,对于试验 E,包含它的所有可能结果的试验结果的样本空间 Ω 是必然事件;不包含它的任何一个试验结果的事件 $\varnothing$ 是不可能事件.今后用 Ω 表示必然事件,用 $\varnothing$ 表示不可能事件.

6.2.3 事件之间的关系与运算

从上述分析可知,对于试验 E,不可能事件是 $\varnothing$,必然事件是样本空间 Ω 本身,事件 A 是样本空间 Ω 的子集,于是事件的关系和运算就可以用集合论的知识来解释.在讨论两个事件之间关系和对若干个事件进行运算时,均假定它们是同一个随机试验下的随机事件.

1. 事件的包含与相等

设有两个事件 A,B,若事件 A 发生必然导致事件 B 发生,即 A 中的样本点一定属于 B,则称事件 B 包含事件 A,或者事件 A 包含于事件 B,记作 $B \supset A$ 或者 $A \subset B$.若用集合论的术语来表达,则有 $\forall \omega \in A \Rightarrow \omega \in B$.图 6-1 直观地描绘了事件 B 包含事件 A.

例题 3 一批产品中有合格产品与不合格产品,合格产品中有一、二、三等品,从中随机抽取一件,是合格品记作 A,是一等品记作 B,显然 B 发生时 A 一定发生,因此 $B \subset A$.

若事件 A,B 相互包含,即 $A \subset B$,且 $B \subset A$,则事件 A,B 相等,记作 $A = B$.

例题 4 在掷骰子的试验中,记 $A = \{$掷出 3 点或 6 点$\}$,$B = \{$掷出 3 的倍数点$\}$,这两个事件表面上看起来是不同的两种说法,其实表示了同一件事,因而 $A = B$.

2. 事件的和

若事件 A 与事件 B 至少有一个发生的事件,称之为事件 A 与事件 B 的和(并),记作 $A + B$ 或 $A \cup B$.若用集合论的术语来表达,则有
$$A + B = \{\omega | \omega \in A \text{ 或 } \omega \in B\}.$$
图 6-2 直观地表示了和事件 $A + B$.

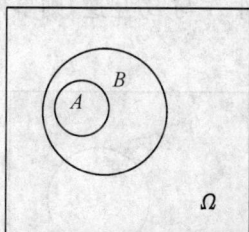

图 6-1

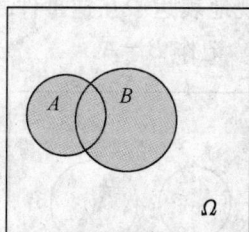

图 6-2

例题 5 在 10 件产品中,有 8 件正品,2 件次品,从中任意取 2 件,记作 $A_1 = \{$恰有 1 件次品$\}$,$A_2 = \{$恰有 2 件次品$\}$,$B = \{$至少有 1 件次品$\}$.

由于 $B = \{$至少有 1 件次品$\}$的含义是所取出的 2 件产品中,或者是 $A_1 = \{$恰有 1 件次品$\}$,或者是 $A_2 = \{$恰有 2 件次品$\}$,二者必有一发生,因此 $B = A_1 + A_2$.

3. 事件的积

事件 A 与事件 B 同时发生的事件,称为事件 A 与事件 B 的积,记作 AB.若用集合论的

术语来表达，则有 $AB=\{\omega|\omega\in A\ \text{且}\ \omega\in B\}$. 图 6-3 直观地表达了积事件，有时也把事件的积称为事件的交.

例题 6 设 $A=\{$甲厂生产的产品$\}$，$B=\{$合格品$\}$，$C=\{$甲厂生产的合格品$\}$，则 $C=AB$.

根据事件积的定义可知，对任一事件 A，有

$$A\Omega=A,A\varnothing=\varnothing.$$

4. 事件的差

若事件 A 发生而事件 B 不发生的事件称为事件 A 与事件 B 的差，记作 $A-B$. 若用集合论的术语来达，则有 $A-B=\{\omega|\omega\in A\ \text{且}\ \omega\notin B\}$. 图 6-4 直观地表达了差事件.

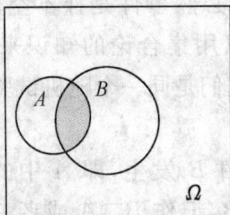 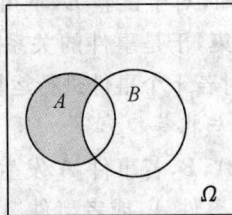

图 6-3   图 6-4

例题 7 设 $A=\{$甲厂生产的产品$\}$，$C=\{$甲厂生产的合格品$\}$，$D=\{$甲厂生产的不合格品$\}$，则 $D=A-C$.

5. 互斥事件（或不相容事件）

若事件 A 与事件 B 满足 $AB=\varnothing$，则称事件 A 与 B 是互不相容（或互斥）. 图 6-5 直观地表达了互斥事件.

例题 8 掷一颗骰子，设 $A=\{$偶数点$\}$，$B=\{$奇数点$\}$，则事件 A 与 B 是互斥的，即 $AB=\varnothing$.

6. 互逆事件（或对立事件）

若在随机试验中，事件 A 与 B 必有一个事件且仅有一个事件发生，则称事件 A 与 B 是互逆事件（或对立事件），记作 $A=\bar{B}$. 若用集合论的术语来表达，则有 $A=\bar{B}=\{\omega|\omega\in\Omega\ \text{且}\ \omega\notin B\}$. 图 6-6 直观地表达了互逆事件. 显然，如果事件 A 与 B 互逆，则事件 B 也是 A 的逆事件（或对立事件），记作 $B=\bar{A}$.

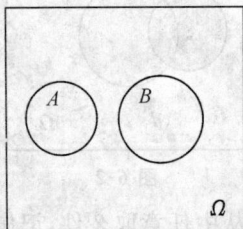 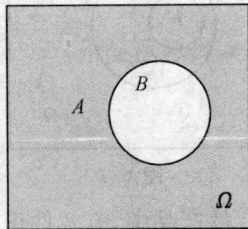

图 6-5   图 6-6

例题 9 在 10 件产品中，有 8 件正品，2 件次品，从中任取 2 件，设 $A=\{$取出的均是正品$\}$，$B=\{$至少 1 件次品$\}$，则 $B=\bar{A}$.

根据互逆事件定义可知，若事件 A 与事件 B 互逆，则有 $A+B=\Omega$，$AB=\varnothing$. 对任意事件 A,B 也可得如下结论：

(1) $A-B=A\bar{B}$；(2) $\bar{\bar{A}}=A$.

注意 互逆与互斥是不同的概念,互逆必互斥,但互斥不一定互逆.例如,事件{射中 10 环}与{射中 9 环}是互斥的,但不是互逆的,因为不能说{没有射中 10 环}就一定有{射中 9 环},{射中 10 环}的逆事件是{没有射中 10 环}.

根据以上事件的 6 种关系,在进行运算时,经常要用到下述定律:

设有事件 A,B,C,则有

交换律 $A+B=B+A$, $AB=BA$.

结合律 $(A+B)+C=A+(B+C)$, $(AB)C=A(BC)$.

分配律 $(A+B)C=AC+BC$, $A(B+C)=AB+AC$.

德·摩根律 $\overline{A+B}=\bar{A}\bar{B}$, $\overline{AB}=\bar{A}+\bar{B}$.

例题 10 以直径和长度为衡量一种零件是否合格的指标,规定两项指标中有一项不合格则认为此零件不合格.设 $A=\{$零件直径合格$\}$, $B=\{$零件长度合格$\}$, $C=\{$零件合格$\}$,则
$$\bar{A}=\{零件直径不合格\}, \bar{B}=\{零件长度不合格\}, \bar{C}=\{零件不合格\}.$$
于是
$$C=AB, \bar{C}=\bar{A}+\bar{B},$$
即
$$\overline{AB}=\bar{A}+\bar{B}.$$

练习 3 试用事件 A,B,C 表示下列事件:

(1) 事件 A,B,C 发生中至少有一个发生;

(2) 事件 A 发生,而事件 B,C 不发生;

(3) 事件 A,B,C 中恰有一个发生;

(4) 事件 A,B,C 均发生;

(5) 事件 A,B,C 中恰有 2 个发生;

(6) 事件 A,B,C 中至多一个发生.

解

日期：_____   教师：_____

6.3 概率的统计定义与古典概型

学习内容：频率、概率、古典概率的定义.
目的要求：理解频率、概率、古典概率的定义.
重点难点：概率、古典概率的定义与应用.

课前探讨

1. 阐述频率的定义.
2. 阐述概率的定义.
3. 阐述古典概率的定义.
4. 频率、概率、古典概率的应用，并举例（各 2 个）.

课堂讲习

案例 抛掷硬币试验结果表：

抛掷次数(n)	正面朝上次数(m)	占总次数的比值(m/n)
2 048	1 061	0.518 1
4 040	2 048	0.506 9
12 000	6 019	0.501 6
24 000	12 012	0.500 5
30 000	14 984	0.499 6
72 088	36 124	0.501 1

　　当抛掷次数很多时，出现正面的次数占总次数的比值是稳定的，接近于常数 0.5，并在它附近摆动.

6.3.1 概率的定义

为得到概率的统计定义，先建立频率的概念.

定义 1 若在同一条件下将试验 E 重复 N 次，事件 A 发生了 m 次，则称比值 $\dfrac{m}{N}$ 为事件

A 在 N 次重复试验中发生的**频率**，记为 $f_N(A)$，即

$$f_N(A) = \frac{m}{N}. \tag{1}$$

人们在实践中发现，当重复试验次数 N 较大时，事件发生的频率往往可以大致反映事件发生的可能性的大小. 为了解决更一般场合下概率的定义与计算问题，历史上许多人做了大量的实验来研究频率，发现频率具有稳定性：当 N 很大时，频率值 $f_N(A)$ 会在某个常值附近摆动，而随着试验次数 N 的增大，这种摆动幅度会越来越小，这个常值就是概率.

定义2 在一个随机试验中，如果随着试验次数的增大，事件 A 出现的频率 $\frac{m}{N}$ 在某个常数 p 附近摆动，则称 p 为事件 A 的概率，记作 $P(A) = p$，此概率称为**统计概率**.

例题1 对某电视机厂生产的电视机进行抽样检测的数据如下：

抽取台数	50	100	200	300	500	1 000
优等品数	40	92	192	285	478	954

(1) 计算表中优等品的各个频率；

(2) 该厂生产的电视机优等品的概率是多少？

解 (1) 抽样台数为 50 时，频率 $f_{50}(A) = \dfrac{40}{50} = 0.800$；

抽样台数为 100 时，频率 $f_{100}(A) = \dfrac{92}{100} = 0.920$；

抽样台数为 200 时，频率 $f_{200}(A) = \dfrac{192}{200} = 0.960$；

抽样台数为 300 时，频率 $f_{300}(A) = \dfrac{285}{300} = 0.950$；

抽样台数为 500 时，频率 $f_{500}(A) = \dfrac{478}{500} = 0.956$；

抽样台数为 1 000 时，频率 $f_{1\,000}(A) = \dfrac{954}{1\,000} = 0.954$.

(2) 厂生产的电视机优等品的概率 $P(A) = 0.950$.

练习1 某批乒乓球产品质量检查结果表如下：

抽取球数 n	50	100	200	500	1 000	2 000
优等品数 m	45	92	194	470	954	1 902

(1) 计算表中优等品的各个频率；

(2) 该批乒乓球优等品的概率是多少？

解

6.3.2 古典概率

若试验 E 具有如下 2 个特征：

(1) 有限性：E 的样本空间 Ω 只含有有限个元素 $\omega_1, \omega_2, \cdots, \omega_n$；

(2) 等可能性：E 的各基本事件 $\{\omega_1\}, \{\omega_2\}, \cdots, \{\omega_n\}$ 出现的可能性相等，

则称 E 为**古典型随机试验**（或**古典概型**）.

例如"投掷硬币"、"掷骰子"等试验就具备以上 2 个条件，所以属于古典概型.

根据古典概型的特点，我们可以定义任一随机事件 A 的概率.

定义 3 如果古典概型中的所有基本事件的个数是 n，事件 A 包含的基本事件的个数是 m，则事件 A 的概率为

$$P(A) = \frac{m}{n} = \frac{\text{事件 } A \text{ 包含的基本事件的个数}}{\text{所有基本事件的个数}},$$

并称此概率为**古典概率**.

例题 2 投掷一枚均匀的骰子，用 A 表示出现的点数小于 3 的事件，求事件 A 发生的概率.

解 因为样本空间为 $\Omega = \{1, 2, 3, 4, 5, 6\}$，

所以 $n = 6$.

又由于 $A = \{1, 2\}$，故 $m = 2$，所以根据古典概率的计算公式，有

$$P(A) = \frac{m}{n} = \frac{2}{6} = \frac{1}{3}.$$

例题 3 袋中有 7 个红球 3 个白球，从中任取 3 个球，求事件取到 2 个红球、1 个白球的概率.

解 令 A 表示取到 2 个红球、1 个白球，从袋中 10 个球中任取 3 个，共有 $C_{10}^3 = 120$ 种取法，故 $n = 120$.

事件 A 是从 7 个红球中取 2 个，3 个白球中取到 1 个，

故

$$m = C_7^2 \cdot C_3^1 = 63,$$

所以

$$P(A) = \frac{m}{n} = \frac{63}{120} = \frac{21}{40}.$$

练习 2 设盒中有 8 个球，其中红球 3 个，白球 5 个.

(1) 若从中随机取出一球，事件 A 为 $\{$取出的是红球$\}$，事件 B 为 $\{$取出的白球$\}$，求 $P(A), P(B)$；

(2) 若从中随机取出两球，事件 C 为 $\{2$ 个都是白球$\}$，事件 D 为 $\{$一红一白$\}$，求 $P(C), P(D)$；

(3) 若从中随机取出 5 球，事件 E 为 $\{$取到的 5 个球恰有 2 个白球$\}$，求 $P(E)$.

解

日期：＿＿＿＿＿＿＿＿＿＿＿＿＿＿＿＿　　　教师：＿＿＿＿＿＿＿＿＿＿＿＿＿＿＿＿

6.4　几何概率与概率的性质

学习内容：几何概率的概念及概率的性质.

目的要求：理解几何概率的概念，会应用概率的性质.

重点难点：概率的性质，几何概率的概念.

课前探讨

1. 阐述几何概率的定义，并举例（至少 2 个）.

2. 阐述概率的性质.

3. 讨论概率的性质的应用，并举例（至少 2 个）.

课堂讲习

6.4.1　几何概率

概率的古典定义利用等可能性的概念，成功解决了古典概型中的概率计算问题. 能否突破古典概型关于"基本事件总数有限"的限制，将这种做法推广到无限多结果而又有某种可能性的场合呢？对这一问题的研究便产生了概率的几何定义.

设试验 E 的样本空间 Ω 为某一区域，且其任一基本事件的发生具有等可能性，则称 E **为几何型随机试验**（或**几何概型**）.

可见几何概型与古典概型一样具有"**等可能性**"，但其样本空间含无限多样本点且形成一个几何区域. 基于"等可能性"，古典概率被定义为"部分"比"全体"，那么对于几何概型，如果能够度量其"部分"与"全体"，其事件的概率也应定义为二者之比.

定义　若几何型随机试验 E 的事件 A 的度量大小为 $\mu(A)$，E 的样本空间 Ω 的度量大小为 $\mu(\Omega)$，则事件 A 发生的概率为

$$P(A) = \frac{\mu(A)}{\mu(\Omega)},$$

并称此概率为**几何概率**.

由于几何概型的特点，任一具体的几何概型问题都可以看做向一有界区域 Ω 随机投一点，因而求几何概率的关键是确定该问题样本空间所成的几何区域以及有利于事件 A 的样本点所成的子区域.

例题 1 设公共汽车每 5 min 一班,求乘客等车不超过 1 min 的概率.

解 设乘客的到站时刻为 t,他到站后来的第一辆车到站时刻为 t_0,由于乘客在 t_0-5 与 t_0 之间的任一时刻到站是等可能的,问题归结为向直线区域

$$\Omega = \{t \mid t_0 - 5 < t \leqslant t_0\}$$

随机投一点,而 $A = \{$等车不超过 1 min$\} = \{t \mid t_0 - 1 \leqslant t \leqslant t_0\}$,故

$$P(A) = \frac{\mu(A)}{\mu(\Omega)} = \frac{t_0 - (t_0 - 1)}{t_0 - (t_0 - 5)} = \frac{1}{5}.$$

6.4.2 概率的性质

无论哪一种概率都有以下 3 条基本性质:

(1) 对任意事件 A,有 $0 \leqslant P(A) \leqslant 1$;

(2) 对必然事件 Ω,$P(\Omega) = 1$;

(3) 不可能事件 $\varnothing$,$P(\varnothing) = 0$.

由这 3 条基本性质,可推出概率的下述重要性质.

性质 1(概率的加法原理) 若 $A_1, A_2, A_3, \cdots, A_n$ 是两两互斥的事件,则

$$P\left(\sum_{i=1}^{n} A_i\right) = \sum_{i=1}^{n} P(A_i).$$

即互斥事件之和的概率等于各事件的概率之和.

例题 2 有产品 50 个,其中 45 个正品,5 个次品,从中任取 3 个,求有次品的概率.

解 设 $A = \{$有次品$\}$,$A_i = \{$有 i 个次品$\}$($i = 1, 2, 3$),抽取时,A_1, A_2, A_3 不可能同时发生,故 A_1, A_2, A_3 是两两互斥的,所以

$$A = A_1 + A_2 + A_3,$$

$$P(A) = P(A_1 + A_2 + A_3) = P(A_1) + P(A_2) + P(A_3) = \frac{C_5^1 C_{45}^2}{C_{50}^3} + \frac{C_5^2 C_{45}^1}{C_{50}^3} + \frac{C_5^3}{C_{50}^3} \approx 0.276\ 0.$$

练习 1 假设向 3 个相邻的军火库投掷一个炸弹,炸中第一个军火库的概率为 0.025,其余两个各为 0.1,只要炸中一个,另两个也要发生爆炸,求军火库发生爆炸的概率.

解

性质 2 设 A 为任一随机事件,则

$$P(\overline{A}) = 1 - P(A).$$

性质 2 表明:如果正面计算事件 A 的概率有困难,则可以先求其逆事件 $\overline{A}$ 的概率,再利用此性质得其所求.

例题 3 某集体有 6 人是 1980 年 9 月出生的,求其中至少有 2 人是同一天出生的概率.

解 设 A 表示事件 $\{6$ 人中至少有 2 人同一天出生$\}$,显然 A 包含以下情况:

事件 A_1:恰有 2 个人同一天出生;

事件 A_2:恰有 3 个人同一天出生;

事件 A_3:恰有 4 个人同一天出生;

事件 A_4:恰有 5 个人同一天出生;

事件 A_5：6 个人同一天出生.

于是 $A=A_1+A_2+A_3+A_4+A_5$，显然 $A_i(i=1,2,\cdots,5)$ 之间是两两互斥的，由性质 1 知：
$$P(A)=P(A_1)+P(A_2)+P(A_3)+P(A_4)+P(A_5).$$

上式计算是比较繁琐的，因此考虑用逆事件 $\overline{A}$ 计算，用 A_0 表示事件 {6 人中没有同一天出生}，则 $A_0+A_1+A_2+A_3+A_4+A_5=A_0+A=\Omega$.

又因为 $A_0A=\varnothing$，所以 $A_0=\overline{A}$，于是 $P(A)=1-P(\overline{A})=1-P(A_0)$.

由于 9 月共有 30 天，每个人可以在这 30 天里的任何一天出生，于是全部可能情况共有
$$30\times30\times30\times30\times30\times30=30^6$$
种不同情况，没有任何 2 人生日相同就是 30 中取 6 的排列
$$A_{30}^6=30\times29\times28\times27\times26\times25.$$

这就是 A_0 包含基本事件的个数，于是
$$P(A_0)=\left(\frac{1}{30}\right)^6\times30\times29\times28\times27\times26\times25\approx0.586\,4.$$

因此 $\qquad P(A)=1-P(A_0)=1-0.586\,4=0.413\,6.$

练习 2　某射手在一次射击中命中 9 环的概率是 0.28，命中 8 环的概率是 0.19，不够 8 环的概率是 0.29，计算这个射手在一次射击中命中 9 环或 10 环的概率.

解

性质 3　设 A,B 是两事件，若 $A\subset B$，则有 $P(B-A)=P(B)-P(A)$.

性质 4　对任意两个事件 A,B，有 $P(A+B)=P(A)+P(B)-P(AB)$.

性质 4 可以用几何图形解释，如图 6-7 所示，整个矩形面积为 1，$P(A+B)$ 可以用阴影部分的面积表示，$P(A)+P(B)$ 是图中 A 的面积与 B 的面积之和，它减去重复计算了一次的 AB 的面积，剩下的就是图中阴影部分的面积.

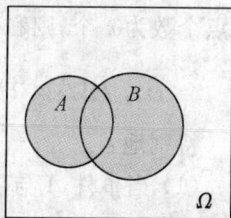

图 6-7

例题 4　某设备由甲、乙两个部件组成，当超载负荷时，各自出故障的概率分别为 0.90 和 0.85，同时出故障的概率是 0.80，求超载负荷时至少有一个出故障的概率.

解　设 A 表示 {甲部件出故障}，B 表示 {乙部件出故障}，则
$$P(A)=0.90,P(B)=0.85,P(AB)=0.80.$$

于是 $P(A+B)=P(A)+P(B)-P(AB)=0.90+0.85-0.80=0.95$，
即超载负荷时至少有一个部件出故障的概率是 0.95.

性质 4 也可以推广到多个事件相加的情形，下面给出 3 个随机事件的加法公式：
$$P(A+B+C)=P(A)+P(B)+P(C)-P(AB)-P(BC)-P(AC)+P(ABC).$$

练习 3　在标有 1～1 000 号的奖券中，规定偶数或者 3 的倍数号中奖，甲从中随机抽取一张，求甲中奖的概率.

解

日期：＿＿＿＿＿＿＿＿＿＿＿＿＿＿＿＿＿ 教师：＿＿＿＿＿＿＿＿＿＿＿＿＿＿＿＿＿

6.5 概率的加法公式

学习内容：概率的加法公式.
目的要求：理解概率的加法公式,会用概率的加法公式进行计算.
重点难点：概率的加法公式,概率的加法公式的应用.

课前探讨

1. 写出概率的加法公式.
2. 讨论概率的加法公式的应用,并举例(至少 2 个).

课堂讲习

某一随机试验产生了一个样本空间 Ω,在古典概型下,样本空间的元素(样本点)为有限个,设为 n 个,设事件 A 的样本点个数为 m_1 个,事件 B 的样本点为 m_2 个,积事件 AB 的样本点个数为 r 个,则和事件 $A\bigcup B$ 所包含的样本点的个数为 m_1+m_2-r 个,则

$$P(A\bigcup B)=\frac{m_1+m_2-r}{n}=\frac{m_1}{n}+\frac{m_2}{n}-\frac{r}{n}=P(A)+P(B)-P(AB).$$

特别地,
(1) 当事件 A 与事件 B 互斥,即 $AB=\varnothing$ 时,$P(A\bigcup B)=P(A)+P(B)$;
(2) $P(\overline{A})=1-P(A)$;
(3) 对于 n 个两两互斥的事件 $A_1,A_2,\cdots,A_n$,则有以下公式成立:
$$P(A_1\bigcup A_2\bigcup\cdots\bigcup A_n)=P(A_1)+P(A_2)+\cdots+P(A_n);$$
(4) 对于 3 个事件 A,B,C 有如下公式成立:
$$P(A\bigcup B\bigcup C)=P(A)+P(B)+P(C)-P(AB)-P(AC)-P(BC)+P(ABC).$$

定理 1 若事件 A,B 互不相容,则 $P(A+B)=P(A)+P(B)$.

如图 6-8 所示,事件 $A+B$ 有 m_1+m_2 个等概率基本事件,则

$$P(A+B)=\frac{m_1+m_2}{n}=\frac{m_1}{n}+\frac{m_2}{n}=P(A)+P(B).$$

推理 1 若有限个事件 $A_1,A_2,\cdots,A_n$ 互不相容,则
$$P(A_1+A_2+\cdots+A_n)=P(A_1)+P(A_2)+\cdots+P(A_n).$$

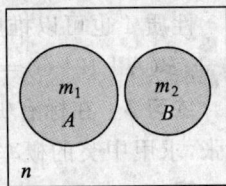

图 6-8

194

推理 2 若事件 $A_1, A_2, \cdots, A_n$ 互不相容，且 $A_1 + A_2 + \cdots + A_n = U$，则
$$P(A_1) + P(A_2) + \cdots + P(A_n) = 1.$$

推理 3 对立事件的概率满足 $P(A) = 1 - P(\bar{A})$.

例题 1 袋中有 5 个红球 4 个白球，从中任取 3 个，求其中至少有 1 个红球的概率.

解 设 A 表示取出的 3 个球中至少有 1 个红球，A_i 表示取出的 3 个球中有 i 个红球，$i = 1, 2, 3$，则 $A = A_1 \cup A_2 \cup A_3$，且 A_1, A_2, A_3 两两互斥.

根据概率的性质得

$$P(A) = P(A_1) + P(A_2) + P(A_3)$$

$$= \frac{C_5^1 \cdot C_4^2}{C_9^3} + \frac{C_5^2 \cdot C_4^1}{C_9^3} + \frac{C_5^3 \cdot C_4^0}{C_9^3} = \frac{20}{21}.$$

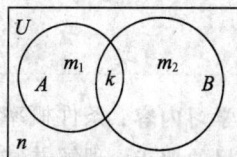

图 6-9

定理 2 设 A, B 为任意两个事件，则 $P(A + B) = P(A) + P(B) - P(AB)$.

如图 6-9 所示，AB 基本事件个数为 k，$A + B$ 基本事件个数为 $m_1 + m_2 - k$.

因此 $P(A + B) = \dfrac{m_1 + m_2 - k}{n} = \dfrac{m_1}{n} + \dfrac{m_2}{n} - \dfrac{k}{n} = P(A) + P(B) - P(AB).$

注意 加法公式可推广到有限个事件的情形.

例如，若 A, B, C 为任意 3 个事件，则

$$P(A + B + C) = P(A) + P(B) + P(C) - P(AB) - P(BC) - P(AC) + P(ABC).$$

练习 1 袋中装有 2 个红球，3 个白球，4 个黑球. 每次从中任取 1 个并放回，连取 2 次，求：(1) 取得的两球中无红球的概率；

(2) 取得的两球中无白球的概率；

(3) 取得的两球中无红球或无白球的概率.

解

练习 2 一盒试样共有 20 支，放置一段时间后发现，其中有 6 支澄明度较差，有 5 支标记已不清楚，有 4 支澄明度和标记都不合要求. 现从中随意取出 1 支，求这一支无任何上述问题的概率.

解

日期：_____   教师：_____

6.6 条件概率与乘法公式

学习内容：条件概率的定义与乘法公式.
目的要求：理解并掌握条件概率的定义，会使用条件概率的定义计算简单的习题.
重点难点：条件概率的定义，条件概率的乘法公式.

课前探讨

10 只产品中有 7 只正品，3 只次品，从中取 2 次，每次取 1 只，取后不放回，问在第一次取得次品（或第一次取得正品）的条件下，第二次取得正品的概率是多少？

课堂讲习

案例 某家电器商店库存有甲、乙两联营厂生产的相同牌号的冰箱 100 台. 甲厂生产的 40 台中有 5 台次品，乙厂生产的 60 台中有 10 台次品. 工商质检队随机地从库存的冰箱中抽检 1 台. 试求抽检到 1 台是次品（记为事件 A）的概率有多大. 其答案是

$$P(A) = \frac{15}{100}.$$

如果商店有意让质检队从甲厂生产的冰箱中抽检 1 台，那么这 1 台是次品的概率有多大？由于样本空间不再是全部库存的冰箱，而是缩小到甲厂生产的冰箱，则这个概率为 $\frac{5}{40}$. 这两个概率不相同是容易理解的，因为在第二个问题中所抽到次品必是甲厂生产的，这比第一问题多了一个"附加条件"，设事件 B 表示｛抽到的产品是甲厂生产的｝，第二个问题可以看做在"已知 B 发生"的附加条件下求事件 A 的概率，这个概率便是条件概率，记作 $P(A|B)$，它表示｛在已知 B 发生的条件下，事件 A 的概率｝，前面已经算得

$$P(A|B) = \frac{5}{40}.$$

仔细观察后发现，$P(A|B)$ 与 $P(B)$，$P(AB)$ 之间有如下关系：

$$P(A|B) = \frac{5}{40} = \frac{\frac{5}{100}}{\frac{40}{100}} = \frac{P(AB)}{P(B)}.$$

6.6.1　条件概率概念

定义　在事件 B 发生的条件下事件 A 发生的概率，称为已知 B 时 A 的条件概率或 A 关于 B 的条件概率，记作 $P(A|B)$.

条件概率的计算公式为 $P(A|B) = \dfrac{P(AB)}{P(B)}$　$(P(B) \neq 0)$.

同理在事件 A 发生的条件下事件 B 发生的条件概率为

$$P(B|A) = \frac{P(AB)}{P(A)} \quad (P(A) \neq 0).$$

例题 1　某元件用满 6 000 小时未坏的概率是 $\dfrac{3}{4}$，用满 10 000 小时未坏的概率是 $\dfrac{1}{2}$，现有一个此种元件，已经用过 6 000 小时未坏，问它能用到 10 000 小时的概率.

解　设 A 表示{用满 10 000 小时未坏}，B 表示{用满 6 000 小时未坏}，则

$$P(B) = \frac{3}{4}, P(A) = \frac{1}{2}.$$

由于 $A \subset B$，$AB = A$，因而 $P(AB) = P(A) = \dfrac{1}{2}$，故

$$P(A|B) = \frac{P(AB)}{P(B)} = \frac{P(A)}{P(B)} = \frac{\dfrac{1}{2}}{\dfrac{3}{4}} = \frac{2}{3}.$$

练习 1　市场上供应的灯泡，甲厂产品占 70%，乙厂占 30%，甲厂产品的合格率是 95%，乙厂的合格率是 80%. 若用事件 A，$\overline{A}$ 分别表示甲、乙两厂的产品，B 表示产品为合格品，分别求出 $P(A)$，$P(\overline{A})$，$P(B|A)$，$P(B|\overline{A})$，$P(\overline{B}|A)$，$P(\overline{B}|\overline{A})$.

解

练习 2　设在一只盒子中混有新旧两种乒乓球共 40 只，在新球中白色的有 4 只，红色的有 6 只；在旧乒乓球中白色的有 20 只，红色的有 10 只. 现从盒子中任取一球，发现是新的，问这个球是白色球的概率是多少？

解

6.6.2 乘法公式

将条件概率公式以另一种形式写出，就是乘法公式的一般形式：

乘法公式 设 $P(A) \neq 0$，则有

$$P(AB) = P(A)P(B|A).$$

将 A, B 的位置对换，则可得到乘法公式的另一种形式：

$$P(AB) = P(B)P(A|B) \quad (P(B) \neq 0).$$

利用乘法公式可以计算两事件 A, B 同时发生的概率 $P(AB)$。

例题 2 已知盒子中装有 10 只电子元件，其中 6 只正品，从其中不放回地任取 2 次，每次取一只。问 2 次都取到正品的概率是多少？

解 设 A 表示 $\{第一次取到的是正品\}$，B 表示 $\{第二次取到的是正品\}$，则

$$P(A) = \frac{6}{10}, \quad P(B|A) = \frac{5}{9}.$$

2 次都取到正品的概率是

$$P(AB) = P(A)P(B|A) = \frac{6}{10} \times \frac{5}{9} = \frac{1}{3}.$$

乘法公式也可以推广到有限多个事件的情形，例如对于 3 个随机事件 A_1, A_2, A_3 $(P(A_1A_2) \neq 0)$ 有

$$P(A_1A_2A_3) = P(A_1)P(A_2|A_1)P(A_3|A_1A_2).$$

练习 3 10 个考签中有 4 个难签，3 人参加抽签（不放回），甲先、乙次、丙最后。分别求甲抽到难签，甲、乙都抽到难签，甲没抽到难签而乙抽到难签，甲、乙、丙都抽到难签的概率。

解

日期：_____ 　　 教师：_____

6.7　事件的独立性与伯努利概型

学习内容：事件的独立性与伯努利概型.
目的要求：熟练掌握事件的独立性定义，能区分互斥事件与独立事件，理解并掌握伯努利概型.
重点难点：事件的独立性的定义，伯努利概型以及二项概率公式应用.

课前探讨

1. 抛掷 3 枚硬币，求出现 3 次正面的概率？
2. 什么是 n 重伯努利概型？二项概率公式应用的前提是什么？

课堂讲习

6.7.1　事件的独立性概念

设 A,B 是试验 E 的两个事件，若 $P(A)>0$，一般地，A 的发生对 B 发生的概率是有影响的，这时 $P(B|A) \neq P(B)$，但在实际问题中还会有另一种情况，即事件 B 的发生与否不受事件 A 是否发生的影响，即

$$P(B|A)=P(B).$$

定义 1　如果两个事件 A,B 中任一事件的发生不影响另一事件发生的概率，即

$$P(A|B)=P(A) \text{ 或 } P(B|A)=P(B),$$

则称 A,B 为相互独立的事件，否则称其为是不独立的.

容易证明：

(1) 若事件 A 与事件 B 相互独立，则 A 与 $\bar{B}$，$\bar{A}$ 与 B，$\bar{A}$ 与 $\bar{B}$ 也相互独立；

(2) 若 $P(A)>0$，$P(B)>0$，则 A,B 相互独立与 A,B 不相容不能同时成立.

定理 1　两个事件 A,B 相互独立的充分必要条件是

$$P(AB)=P(A)P(B).$$

在实际应用中，事件的独立性往往不是根据定义来判断，而是根据实际意义来加以判断的.

例题 1　设甲、乙两射手独立地射击同一目标，他们击中目标的概率分别为 0.9 和 0.8，求在一次射击中目标被击中的概率.

解 设事件 A 表示{甲击中目标}，B 表示{乙击中目标}，C 表示{击中目标}，则有

$$P(A)=0.9, \quad P(B)=0.8.$$

又因为 $C=A+B$，且 A 与 B 相互独立，故

$$P(C)=P(A+B)=P(A)+P(B)-P(AB)$$
$$=P(A)+P(B)-P(A)P(B)=0.9+0.8-0.9\times0.8=0.98.$$

练习 1 甲，乙两人独立地破译一个密码，甲能单独破译的概率是 0.6，乙能单独破译的概率是 0.8，求此密码被破译的概率.

解

例题 2 甲、乙、丙 3 部机床独立工作，由一个工人照管，某短时间内它们不需要工人照管的概率分别为 0.9，0.8，0.85.求在这段时间内有机床需要工人照管的概率.

解 用事件 A,B,C 分别表示在这段时间内机床甲、乙、丙不需要工人照管.依题意，A，B，C 相互独立，并且

$$P(A)=0.9, P(B)=0.8, P(C)=0.85,$$
$$P(\overline{ABC})=1-P(ABC)=1-P(A)P(B)P(C)=1-0.612=0.388.$$

练习 2 若例题 2 中 3 部机床性能相同，设 $P(A)=P(B)=P(C)=0.8$，求这段时间内恰有一部机床需要人照管的概率.

解

6.7.2 n 重独立试验概型

定义 2 若试验 E 单次试验的结果只有两个 $A,\overline{A}$，且 $P(A)=p$ 保持不变，将试验 E 在相同条件下独立地重复做 n 次，称这 n 次试验为 n 重独立试验序列，这个试验模型称为 n 重独立试验序列概型，也称为 n 重伯努利概型，简称伯努利概型.

下面讨论 n 重伯努利概型中事件 A 发生 k 次的概率.

例题 3 设有一批产品，次品率为 p，现进行有放回地抽取，即任取一个产品，检查其是正品还是次品后放回去，再进行第二次抽取，问任取 n 次取到 2 个次品的概率是多少？

解 先讨论 $n=4$ 的情形.

设 A_i 表示{第 i 次抽得的是次品}$(i=1,2,3,4)$，则 $\overline{A_i}$ 表示{第 i 次抽得的是正品}.在 4 次试验中，抽得两次次品的方式有 $C_4^2=6$ 种：

$$A_1A_2\overline{A_3}\,\overline{A_4}, \ A_1\overline{A_2}A_3\overline{A_4}, \ A_1\overline{A_2}\,\overline{A_3}A_4,$$
$$\overline{A_1}A_2A_3\overline{A_4}, \overline{A_1}A_2\overline{A_3}A_4, \overline{A_1}\,\overline{A_2}A_3A_4.$$

以上各事件中任何两种方式都是互斥的，因此在 4 次试验中恰抽得 2 个次品的概率是

$$P(恰抽得 2 个次品) = P(A_1 A_2 \overline{A_3} \overline{A_4}) + P(A_1 \overline{A_2} A_3 \overline{A_4}) + \cdots + P(\overline{A_1} \overline{A_2} A_3 A_4).$$

由于抽得次品的概率都是一样的，即 $P(A_i) = p$，且各次试验是相互独立的，于是有

$$P(A_1 A_2 \overline{A_3} \overline{A_4}) = P(A_1) P(A_2) P(\overline{A_3}) P(\overline{A_4}) = p^2 (1-p)^{4-2}.$$

同理有

$$P(A_1 \overline{A_2} A_3 \overline{A_4}) = \cdots = P(\overline{A_1} \overline{A_2} A_3 A_4) = p^2 (1-p)^{4-2}.$$

于是

$$\begin{aligned} P(恰抽得 2 个次品) &= p^2 (1-p)^{4-2} + p^2 (1-p)^{4-2} + \cdots + p^2 (1-p)^{4-2} \\ &= C_4^2 p^2 (1-p)^{4-2}. \end{aligned}$$

推广到一般情形，n 次重复试验中事件 A 发生 $k (0 \leqslant k \leqslant n)$ 次的概率为

$$P_k = P_n(k) = C_n^k p^k (1-p)^{n-k} \quad (k = 0, 1, 2, \cdots, n).$$

可以证明

$$\sum_{k=0}^n P_k = \sum_{k=0}^n C_n^k p^k (1-p)^{n-k} = (p + 1 - p)^n = 1.$$

定理 2 若单次试验中事件 A 发生的概率 $p(0 < p < 1)$，则在 n 次重复试验中有

$$P(A \text{ 发生 } k \text{ 次}) = C_n^k p^k q^{n-k} \quad (q = 1-p, k = 0, 1, 2, \cdots, n).$$

注意到 $C_n^k p^k q^{n-k}$ 刚好是二项式的展开式中的第 $k+1$ 项，故定理 2 也称为二项概率计算公式.

例题 4 某射手每次击中目标的概率是 0.6，如果射击 5 次，试求至少击中 2 次的概率.

解 $\begin{aligned} P(至少击中 2 次) &= \sum_{k=2}^5 P(击中 k 次) = 1 - P(击中 0 次) - P(击中 1 次) \\ &= 1 - C_5^0 (0.6)^0 (0.4)^5 - C_5^1 (0.6)^1 (0.4)^4 \approx 0.913. \end{aligned}$

练习 3 某篮球运动员投篮命中的概率是 0.9，如果连续投篮 4 次，试求命中 3 次的概率.

解

二项概率公式应用的前提是"n 重独立重复试验". 实际中，真正完全重复的现象并不常见，常见的只不过是近似的重复. 尽管如此，仍可用上述二项概率公式作近似处理.

例题 5 某种产品的次品为 5%，该产品的总数很大，且抽出样品的数量相对较小，因而可以当做是有放回抽样处理，这样做会有一些误差，但误差不会太大，抽出 20 个样品检验，可看做进行了 20 次独立试验，每一次是否为次品可看成是一次试验的结果，因此 20 个该产品中恰有 2 个次品的概率是

$$P(恰有 2 个次品) = C_{20}^2 (0.05)^2 (0.95)^{18} \approx 0.189.$$

日期：_____ 教师：_____

6.8 随机变量

> **学习内容**：随机变量.
> **目的要求**：熟练掌握随机变量的定义和随机变量的分类.
> **重点难点**：随机变量的定义和随机变量的分类,用随机变量 ξ 表示随机事件的结果.

课前探讨

1. 随机试验的结果能否与一个实数对应起来？并举例说明（至少 2 个）.
2. 离散型随机变量和连续型随机变量有何区别？

课堂讲习

6.8.1 随机变量的概念

为了全面地研究随机试验的结果,揭示客观存在着的统计规律,我们将随机试验的结果与一个实数对应起来,将随机试验的结果数量化.事实上,有许多随机试验的结果本身就是一个实数.例如,在掷骰子试验中,用数字 $1,2,3,4,5,6$ 分别表示"出现的点数是 $1,2,3,4,5,6$".当然也有一些随机试验的结果本身不是一个实数,这时我们可以设法将其量化.

例题 1 考察"抛硬币"这一试验,它有两个可能结果："正面向上"或"反面向上".为了便于研究,我们将每一个结果用一个实数来代替.例如,用数"1"代表"正面向上",用"0"代表"反面向上".这样,当我们讨论试验结果时,就可以简单地说成结果是数 1 或者数 0.

建立这种数量化关系,实际上就相当于引入一个变量 X,对于试验的两个结果,将 X 的值分别定为 1 或 0.这样的变量 X 随着试验的不同结果而取不同的值.如果与试验的样本空间 $\Omega=\{\omega\}=\{$正面向上,反面向上$\}$ 联系起来,那么,对应于样本空间的不同元素,变量 X 取不同的值,因而 X 是定义在样本空间上的函数,即

$$X=\begin{cases} 0, & \omega=\text{反面向上}, \\ 1, & \omega=\text{正面向上}. \end{cases}$$

由于试验结果的出现是随机的,因而 $X(\omega)$ 的取值也是随机的,我们称 $X(\omega)$ 为随机变量,其一般定义如下：

定义 设 E 是随机试验,它的样本空间是 $\Omega=\{\omega\}$（这里我们用 ω 代表样本空间中的所有元素）.如果对于每一个 $\omega\in\Omega$,有一个实数 $X(\omega)$ 与之对应,这样就得到一个定义在 Ω 上

的单值实函数 $X = X(\omega)$，称为随机变量，记作 X 或 ξ.

引入随机变量 X 后，就可以用随机变量 X 来描述事件.如在例题 1 中，X 取值为 1 写成 $\{X=1\}$，它表示事件 $\{$正面向上$\}$；X 取值为 0 写成 $\{X=0\}$，它表示事件 $\{$反面向上$\}$.由于随机变量 X 的取值随试验的结果而定，而试验的各个结果的出现有一定的概率，因而 X 取各个值也有一定的概率，例如在例题 1 中，有

$$P(X=1) = P(\text{正面向上}) = \frac{1}{2}.$$

如上所述，随机变量是定义在样本空间 Ω 上的单值实函数 $X = X(\omega)$，它与普通函数的定义有类似之处，但也有本质区别，主要包括以下方面：第一，随机变量随着试验的结果不同而取不同的值，因而在试验之前只知道它可能取值的范围，而不能预知它取什么值；第二，随机变量取各个值有一定的概率，而不像普通函数那样给定一个 x 值，就有一个确定的 y 值与之对应；第三，普通函数是定义在实数轴上的，而随机变量是定义在样本空间上的（样本空间的元素不一定是实数）.

例题 2　60 只乒乓球中有 6 只次品，从中任取 5 件，将取出的次品数用随机变量 ξ 表示.

解　$\{\xi = k\} = \{$取出 k 件次品$\}$　$(k=0,1,2,3,4,5)$

练习 1　20 只灯管中有 4 只次品，从中从中任取 3 件，将取出的次品数用随机变量 ξ 表示.

解

例题 3　某射手连续向一目标射击，直到命中为止，将射击次数用随机变量 ξ 表示.

解　$\{\xi = k\} = \{$射击了 k 次命中$\}$　$(k=0,1,2,\cdots)$

练习 2　某运动员进行连续投篮练习，直到投进篮筐为止，将投篮次数用随机变量 ξ 表示.

解

例题 4 对灯泡的使用寿命进行检测,将灯泡的使用寿命用随机变量 ξ 表示.

解 $\{\xi\}=\{\xi$ 可能取 $[0,+\infty)$ 内的任一值 $\}$.

6.8.2 随机变量的分类

对于随机变量的分类,首先按描述实际问题所需变量个数分为一维与多维;其次,随机变量的维数被认定之后,可按其取值方式继续进行分类.

随机变量按其取值情况可分为两类.在随机试验中,如果随机变量的所有可能取值是有限个或可列无限多个,这种随机变量称为离散型随机变量,否则称为连续型随机变量.

对于随机变量,本书只讨论离散型和连续型两类.

对一个随机变量 ξ 不仅要了解它取哪些值,还要了解它取这些值的规律,即取各个值的概率.

日期：_____   教师：_____

6.9 离散型随机变量及其分布

> **学习内容**：离散型随机变量及其分布．
>
> **目的要求**：熟练掌握离散型随机变量定义及有关定义，掌握二点分布和二项分布并能
> 够计算相应题目，理解并掌握随机变量的分布函数．
>
> **重点难点**：二点分布、二项分布和随机变量的分布函数．

课前探讨

（1）阐述离散型随机变量概念．

（2）什么是两点分布和二项分布？

课堂讲习

6.9.1 离散型随机变量的分布列

1. 离散型随机变量的概念

定义 1 如果随机变量 X 只取有限个或可列无限多个值，而且以确定的概率取这些不同的值，则称 X 为离散型随机变量．

例如，在掷硬币的随机试验中的随机变量只可能取 $0,1$ 两个值，它是一个离散型随机变量．又如电话交换台一分钟内收到的呼唤次数可能取 $0,1,\cdots$，因此也是一个离散型随机变量．而检验灯泡寿命，它所可能取的值充满一个区间，其值是无法按一定次序一一列举出来的，所以它是一个非离散型随机变量．

因此，要掌握一个离散型随机变量 X 的统计规律，必须且只需知道 X 的所有可能取的值以及取每一个可能值的概率．

定义 2 设离散型随机变量 X 所有可能取的值为 $x_k(k=1,2,\cdots)$，X 取这些可能值的概率即事件 $\{X=x_k\}$ 的概率为

$$P(X=x_k)=p_k,k=1,2,\cdots$$

且 p_k 满足如下两个条件：

（1）$p_k \geqslant 0, k=1,2,\cdots$；

（2）$\displaystyle\sum_{k=1}^{\infty} p_k = 1.$

205

称式 $P(X=x_k)=p_k,k=1,2,\cdots$ 为离散型随机变量的概率分布或分布律.分布律也可以用下表形式来表示.

X	x_1	x_2	$\cdots$	x_k	$\cdots$
$P(X=x_k)$	p_1	p_2	$\cdots$	p_k	$\cdots$

例题 1 盒中有编号为 $1,2,3,4,5$ 的 5 个小球,从中随机抽取 3 个,每个球被抽到的机会相等.以 X 表示被抽到的 3 个球中的最大号码,试求 X 的分布率.

解 显然,X 所有可能取的值为 $3,4,5$.它是一个离散型随机变量,属于等可能概型,其中样本空间 Ω 中的基本事件总数 $n=C_5^3=10$.

而事件 $\{X=3\}$ 的基本事件数 $k_1=C_3^3=1$(即只能从 $1,2,3$ 这 3 个数中取 3 个,才能使号码 3 为最大).

事件 $\{X=4\}$ 的基本事件数为 $k_2=C_3^2 C_1^1=3$(即只能从 $1,2,3$ 这 3 个数中取两个,再将 4 取出来,才能保证数码 4 为最大).

事件 $\{X=5\}$ 的基本事件数为 $k_3=C_4^2 C_1^1=6$(即只能从 $1,2,3,4$ 这 4 个数中取两个,再将 5 取出来,才能保证数码 5 为最大).

于是所求的分布律如下表所示:

X	3	4	5
$P(X=x_k)$	$\dfrac{1}{10}$	$\dfrac{3}{10}$	$\dfrac{6}{10}$

$$P(X=3)=\frac{1}{10},P(X=4)=\frac{3}{10},P(X=5)=\frac{6}{10}.$$

练习 1 在例题 1 中,若 X 表示被抽到的 3 个球中的最小号码,试求 X 的分布率.

解

2.几个重要的离散型随机变量

(1)二点分布.

定义 3 设随机变量 X 只可能取 0 与 1 两个值,它的分布律是

$$P(X=k)=p^k(1-p)^{1-k},\ k=0,1\ (0<p<1).$$

则称 X 服从二点分布(也称 $0-1$ 分布).其分布律也可用右表表示.

对于一个随机试验 E,如果它的样本空间只包含两个元素,即 $\Omega=\{e_1,e_2\}$,我们总能在 Ω 上定义一个服从二点分布的随机变量

X	0	1
$p(X=x_k)$	$1-p$	p

$$X = X(\omega) = \begin{cases} 0, & \text{当 } \omega = e_1, \\ 1, & \text{当 } \omega = e_2 \end{cases}$$

来描述这个随机试验的结果. 例如, 对新生婴儿的性别进行登记, 检查产品的质量是否合格, 市场情况的好坏以及前面多次讨论过的"抛硬币"试验等都可以用两点分布的随机变量来描述.

(2) 二项分布.

对于伯努利试验, 事件 A 在 n 次试验中出现 k 次的概率为

$$P(A \text{ 发生 } k \text{ 次}) = C_n^k p^k q^{n-k} \quad (q = 1 - p, k = 0, 1, 2, \cdots, n),$$

且满足

① $P_n(k) \geqslant 0, k = 0, 1, \cdots, n;$

② $\sum_{k=0}^{n} P_n(k) = \sum_{k=0}^{n} C_n^k p^k q^{n-k} = (p + q)^n = 1.$

注意到 $C_n^k p^k q^{n-k}$ 刚好是二项式 $(p + q)^n$ 的展开式中出现 p^k 的一项, 故我们称随机变量服从二项分布.

定义 4 设随机变量 X 的分布律为

$$P(X = k) = C_n^k p^k q^{n-k}, k = 0, 1, \cdots, n,$$

其中 $0 < p < 1, q = 1 - p$, 则称 X 服从参数 n, p 的二项分布, 记为 $X \sim B(n, p)$.

特别地, 当 $n = 1$ 时, 二项分布化为

$$P(X = k) = p^k q^{1-k},$$

这就是二点分布.

事实上, 二项分布可以作为描绘射手射击 n 次, 其中有 $k(k = 0, 1, 2, \cdots, n)$ 次击中目标的概率分布情况的一个数学模型, 也可以作为随机地抛掷硬币 n 次, 落地时出现 k 次"正面"的概率分布情况的数学模型. 当然, 二项分布还可以作为从一批足够多的产品中任意抽取 n 件, 其中有 k 件次品的概率分布的模型. 总之, 二项分布是由伯努利试验产生的.

例题 2 进口某种货物 n 件, 如果每件货物可能为不合格品的概率是 p, 问 n 件货物中有 k 件不合格品的概率是多少?

解 用 X 记 n 件货物中的不合格品数, 则 $X \sim B(n, p)$, 所以 n 件货物中有 k 件不合格品的概率为

$$P(X = k) = C_n^k p^k (1 - p)^{n-k} \quad (0 \leqslant k \leqslant n).$$

练习 2 袋中有 4 个白球和 6 个黑球, 现在有放回地取 3 次, 每次取 1 个, 设 3 次中取到白球的次数为随机变量 ξ, 求 ξ 的分布.

解

6.9.2 随机变量的分布函数

分布函数是描述随机变量的另一个重要工具,不论是对离散型随机变量还是对非离散型随机变量都适用. 特别是对于非离散型随机变量,由于可能取的值不能逐个列举出来,因而就不能像离散型随机变量那样可以用分布律来描述. 其次,人们所遇到的非离散型随机变量通常任取一指定的实数值的概率都等于 0. 对于这样的随机变量,人们往往并不关心它取某一个指定的实数值的概率,而是要研究这种随机变量所取的值落在某个区间内的概率. 例如,在灯泡的寿命试验中,我们对寿命 t 取某一个具体值(例如 1 250 小时)的概率并不感兴趣,而研究 t 落在某个区间(例如 $500 < t \leqslant 1\ 500$)的概率更具有实际意义.

一般地,对于随机变量 X,为了研究 $P(x_1 < X \leqslant x_2)$(其中 x_1, x_2 为给定的实数),由于

$$P(x_1 < X \leqslant x_2) = P(X \leqslant x_2) - P(X \leqslant x_1).$$

所以只要知道 $P(X \leqslant x_2)$ 和 $P(X \leqslant x_1)$,就可以通过 $P(x_1 < X \leqslant x_2) = P(X \leqslant x_2) - P(X \leqslant x_1)$ 求出 $P(x_1 < X \leqslant x_2)$.

定义 5 设 X 是一个随机变量,x 是任意实数,则函数

$$F(x) = P(X \leqslant x)$$

称为 X 的分布函数.

对于任意实数 $x_1, x_2 (x_1 < x_2)$,有

$$P(x_1 < X \leqslant x_2) = P(X \leqslant x_2) - P(X \leqslant x_1) = F(x_2) - F(x_1).$$

因此,若已知 X 的分布函数,就可以用上式计算出 X 落在任一区间 $(x_1, x_2]$ 上的概率,从这个意义上说,分布函数完整地描述了随机变量的统计规律性.

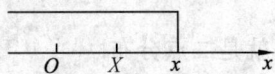

图 6-9

如果将 X 看成是数轴上的随机点的坐标,那么分布函数 $F(x)$ 在 x 处的函数值就表示 X 在区间 $(-\infty, x]$ 上的概率(见图 6-9)

设 $F(x)$ 是随机变量 X 的分布函数,则它具有下述基本性质:

(1) $F(x)$ 是一个不减函数;

(2) $0 \leqslant F(x) \leqslant 1$,且

$$F(-\infty) = \lim_{x \to -\infty} F(x) = 0,$$
$$F(+\infty) = \lim_{x \to +\infty} F(x) = 1;$$

(3) $F(x+0) = F(x)$,即 $F(x)$ 是右连续的.

日期：_____　　　教师：_____

6.10　连续型随机变量及其分布(一)

> **学习内容**：连续型随机变量及其分布.
> **目的要求**：熟练掌握连续型随机变量及其概率密度函数和分布函数的定义,熟练掌握
> 　　　　　　密度函数的性质,会求连续型随机变量的分布函数及其在区间上的概率.
> **重点难点**：概率密度函数及其在区间上的概率,求分布函数.

课前探讨

1. 回顾分布函数的概念.
2. 回顾离散型随机变量的概念.
3. 回顾广义积分的计算方法.
4. 阐述密度函数的定义.
5. 阐述密度函数的性质.
6. 阐述密度函数的注意事项.
7. 阐述均匀分布的概念.
8. 写出均匀分布的密度函数.
9. 写出均匀分布的分布函数.

课堂讲习

> **案例**　设 ξ 在 $[-a,+a]$ 上服从均匀分布,其中 $a \geqslant 1$,且 $P(\xi>1)=\dfrac{1}{3}$,求常数 a 并计算 $P(-1<\xi<1)$.

6.10.1　连续型随机变量及其密度函数

对于连续型随机变量 ξ,由于其可能的取值不能一一列出,因此不能像离散型随机变量那样来描述它.此外,非离散型随机变量 ξ 可以取某一区间内的所有值,这时求 ξ 取某个特定值的概率意义不大,因此转而研究 ξ 落在某个区间内的概率,即 $P\{a \leqslant \xi \leqslant b\}$.

1. 概率密度定义

一般地,对于随机变量 ξ,若存在定义在 $(-\infty,+\infty)$ 内的非负函数 $p(x)$,使 ξ 在任意区

间$(-\infty, x]$上的取值的概率为$P(\xi \leqslant x) = \int_{-\infty}^{x} p(t)\mathrm{d}t$，则把$\xi$称为连续型随机变量，把$p(x)$称为$\xi$的概率密度函数或概率密度.

根据定义，容易证明：

(1) 连续型随机变量ξ取区间内任一值的概率为零，即$P(\xi = C) = 0$.

(2) 连续型随机变量ξ在任一区间上取值的概率与是否包含区间端点无关，即

$$P(a < \xi < b) = P(a \leqslant \xi < b) = P(a < \xi \leqslant b) = P(a \leqslant \xi \leqslant b) = \int_a^b p(x)\mathrm{d}x.$$

(3) $P(a \leqslant \xi \leqslant b) = \int_a^b p(x)\mathrm{d}x = \int_{-\infty}^b p(x)\mathrm{d}x - \int_{-\infty}^a p(x)\mathrm{d}x = F(b) - F(a)$.

值得注意的是，密度函数$p(x)$在某一点处的函数值不表示随机变量ξ取此点值的概率，而表示ξ在此点处概率分布的密集程度；分布函数$F(x)$在某一点处的函数值，表示随机变量ξ落在区间$(-\infty, x]$上的概率.

2. 概率密度函数$p(x)$的性质

(1) $p(x) \geqslant 0$；

(2) $\int_{-\infty}^{+\infty} p(x)\mathrm{d}x = 1$.

反之，如果一个函数$p(x)$具有上述两个性质，则可以把它看成是某个连续型随机变量的密度函数.

由以上所述可知，若已知连续型随机变量ξ的密度函数，则ξ在任一区间内取值的概率都可以通过定积分算出. 因此，密度函数全面描述了连续型随机变量的统计规律，以后求某个连续型随机变量ξ的概率分布，就是求它的密度函数.

例题 1 设连续型随机变量ξ的概率密度为

$$p(x) = \begin{cases} a\cos x, & -\dfrac{\pi}{2} \leqslant x \leqslant \dfrac{\pi}{2} \\ 0, & \text{其他}. \end{cases}$$

(1) 求系数a；

(2) 求分布函数$F(x)$；

(3) 求$P\left(-\dfrac{\pi}{3} \leqslant \xi \leqslant \dfrac{\pi}{3}\right)$.

解 (1) 由概率密度的性质(2)可知$\int_{-\infty}^{+\infty} p(x)\mathrm{d}x = 1$.

而

$$\int_{-\infty}^{+\infty} p(x)\mathrm{d}x = \int_{-\frac{\pi}{2}}^{\frac{\pi}{2}} p(x)\mathrm{d}x = 2a,$$

所以$2a = 1$，得$a = \dfrac{1}{2}$.

(2) 当$x < -\dfrac{\pi}{2}$时，有

$$F(x) = \int_{-\infty}^{x} p(x)\mathrm{d}x = \int_{-\infty}^{x} 0 \cdot \mathrm{d}x = 0.$$

当$-\dfrac{\pi}{2} \leqslant x < \dfrac{\pi}{2}$时，有

$$F(x) = \int_{-\infty}^{x} p(t) \mathrm{d}t = \int_{-\infty}^{-\frac{\pi}{2}} 0 \mathrm{d}t + \int_{-\frac{\pi}{2}}^{x} \frac{1}{2} \cos t \mathrm{d}t = \frac{1}{2} (\sin x + 1).$$

当 $x \geqslant \dfrac{\pi}{2}$ 时,有

$$F(x) = \int_{-\infty}^{x} p(t) \mathrm{d}t = \int_{-\infty}^{-\frac{\pi}{2}} 0 \cdot \mathrm{d}t + \int_{-\frac{\pi}{2}}^{\frac{\pi}{2}} \frac{1}{2} \cos t \mathrm{d}t + \int_{\frac{\pi}{2}}^{x} 0 \cdot \mathrm{d}t = 1.$$

所以

$$F(x) = \begin{cases} 0, & x < -\dfrac{\pi}{2}, \\ \dfrac{1}{2}(\sin x + 1), & -\dfrac{\pi}{2} \leqslant x < \dfrac{\pi}{2}, \\ 1, & x \geqslant \dfrac{\pi}{2}. \end{cases}$$

(3) $P\left(-\dfrac{\pi}{3} \leqslant X \leqslant \dfrac{\pi}{3}\right) = F\left(\dfrac{\pi}{3}\right) - F\left(-\dfrac{\pi}{3}\right)$

$$= \frac{1}{2} \sin\left(\frac{\pi}{3} + 1\right) - \left[\frac{1}{2}\left(\sin\left(-\frac{\pi}{3}\right) + 1\right)\right] = \frac{\sqrt{3}}{2}.$$

练习   设连续型随机变量 ξ 的概率密度为 $p(x) = A \mathrm{e}^{-|x|}$ $x \in (-\infty, +\infty)$.

(1) 试确定 A 的值;

(2) 求 ξ 的分布函数;

(3) 求 $P\left(-\dfrac{1}{2} \leqslant \xi \leqslant \dfrac{1}{2}\right)$.

解

6.10.2   均匀分布

设连续型随机变量 ξ 具有概率密度

$$p(x) = \begin{cases} \dfrac{1}{b-a}, & a < x < b, \\ 0, & \text{其他}, \end{cases}$$

则称 ξ 在区间 (a, b) 上服从**均匀分布**.

服从均匀分布的随机变量 ξ 的分布函数为

$$F(x) = \begin{cases} 0, & x < a, \\ \dfrac{x-a}{b-a}, & a \leqslant x < b, \\ 1, & x \geqslant b. \end{cases}$$

例题 2   在数值计算中,由于"四舍五入"引起的误差 ξ 是服从均匀分布的随机变量. 如果只要求保留小数点后两位数,则第三位是服从在区间 $(-0.005,0.005)$ 上的均匀分布的随机变量 ξ.

(1) 求 ξ 的概率密度和分布函数;

(2) 求误差在 $(0.003,0.006)$ 上的概率.

解   (1) 由定义知, ξ 的概率密度为

$$p(x)=\begin{cases}\dfrac{1}{0.01}, & -0.005<x<0.005,\\ 0, & \text{其他}.\end{cases}$$

其分布函数为

$$F(x)=\begin{cases}0, & x<-0.005,\\ \dfrac{x+0.005}{0.01}, & -0.005\leqslant x<0.005,\\ 1, & x\geqslant 0.005.\end{cases}$$

(2) $P(0.003\leqslant\xi\leqslant 0.006)=F(0.006)-F(0.003)=1-0.8=0.2.$

日期：_____   教师：_____

6.11　连续型随机变量及其分布(二)

学习内容：正态分布与标准正态分布.

目的要求：熟练掌握正态分布和标准正态分布的定义、密度函数、分布函数,熟练掌握
正态分布和标准正态分布的性质,会利用查表求各种区间上的概率.

重点难点：正态分布和标准正态分布的密度函数与分布函数,求在各种区间上的概率.

课前探讨

1. 回顾分布函数的概念.

2. 阐述正态分布的概念.

3. 写出正态分布的密度函数.

4. 写出正态分布的分布函数.

5. 阐述正态分布的密度函数图像的特点.

6. 阐述标准正态分布的概念.

7. 写出标准正态分布的密度函数.

8. 写出标准正态分布的分布函数.

9. 阐述标准正态分布函数的图像特点.

10. 如何计算在区间上的概率?

课堂讲习

> **案例**　设 $\xi \sim N(-1, 4^2)$,求 $P(-5 \leqslant X \leqslant 2)$,$P(|X+1| \leqslant 8)$.

连续型随机变量的分布有很多,上一节介绍了常见的均匀分布,实际上有许多的随机
变量是服从正态分布的,例如,人的身高、植物的生长、测量零件长度的误差等.

1. 正态分布的定义

设连续型随机变量 X 具有概率密度

$$f(x) = \frac{1}{\sqrt{2\pi}\sigma} e^{-\frac{(x-\mu)^2}{2\sigma^2}}, \quad -\infty < x < +\infty \tag{1}$$

其中 $\mu, \sigma(\sigma > 0)$ 为常数,则称 X 服从参数为 μ, σ 的**正态分布**,记为 $X \sim N(\mu, \sigma^2)$.

$f(x)$ 的图形如图 6-10 所示. 它具有以下性质：

① 曲线 $y=f(x)$ 关于 $x=\mu$ 对称，这表明对于任意 $h>0$ 有

$$P(\mu-h<X\leqslant\mu)=P(\mu<X\leqslant\mu+h).$$

② 当 $x=\mu$ 时取到最大值

$$f(\mu)=\frac{1}{\sqrt{2\pi}\sigma}. \tag{2}$$

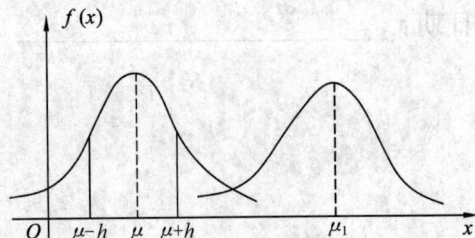

图 6-10

x 离 μ 越远，$f(x)$ 的值越小，这表明对于同样长度的区间，当区间离 μ 越远时，X 落在这个区间上的概率越小.

③ 在 $x=\mu\pm\sigma$ 处曲线有拐点，曲线以 Ox 轴为渐近线.

另外，如果固定 σ，改变 μ 的值，则图形沿着 Ox 轴平移，而不改变其形状（见图 6-10）. 可见正态分布的概率密度曲线 $y=f(x)$ 的位置完全由参数 μ 所确定，μ 称为位置参数.

如果固定 μ，改变 σ 的值，则由最大值的公式可知，当 σ 越小时图形变得越尖，因而 X 落在 μ 附近的概率越大；而当 σ 越大时，图形变得越平缓，因而 X 落在 μ 附近的概率越小（见图 6-11）.

服从正态分布的随机变量 X 的分布函数为

$$F(x)=\frac{1}{\sqrt{2\pi}\sigma}\int_{-\infty}^{x}e^{-\frac{(t-\mu)^2}{2\sigma^2}}dt \tag{3}$$

它的图形如图 6-12 所示.

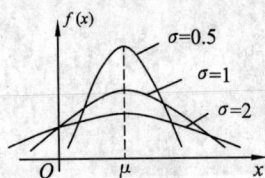

图 6-11

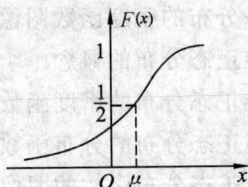

图 6-12

2. 标准正态分布

特别地，在上述 (1) 和 (3) 式中，当 $\mu=0$，$\sigma=1$ 时，称 X 服从标准正态分布，记为 $X\sim N(0,1)$. 其概率密度和概率分布函数分别用 $\varphi(x)$ 和 $\Phi(x)$ 表示，即有

$$\varphi(x)=\frac{1}{\sqrt{2\pi}}e^{-\frac{x^2}{2}}\ (-\infty<x<+\infty),$$

$$\Phi(x)=\frac{1}{\sqrt{2\pi}}\int_{-\infty}^{x}e^{-\frac{t^2}{2}}dt.$$

易知 $\Phi(-x)=1-\Phi(x).$

标准正态分布的概率密度 $\varphi(x)$ 除具有一般概率密度的性质之外，还有下列性质（见图 6-13）：

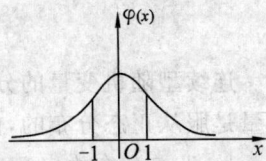

图 6-13

(1) $\varphi(x)$ 有各阶导数；

(2) $\varphi(-x)=\varphi(x)$，即 $\varphi(x)$ 的图形关于 y 轴对称；

(3) $\varphi(x)$ 在 $(-\infty,0)$ 内严格单调上升，在 $(0,+\infty)$ 内严格单调下降，在 $x=0$ 达到最大

值

$$\varphi(0)=\frac{1}{\sqrt{2\pi}}\approx0.398\ 9;$$

（4）$\varphi(x)$ 在 $x=\pm1$ 处有两个拐点；

（5）$\lim\limits_{x\to\infty}\varphi(x)=0$，即曲线 $y=\varphi(x)$ 以 Ox 为水平渐近线.

例题 1 设随机变量 $X\sim N(0,1)$，求 $P(X<1.65)$，$P(1.65\leqslant X<2.09)$，$P(X\geqslant2.09)$.

解 查附录Ⅱ得 $P(X<1.65)=\Phi(1.65)=0.950\ 5$；

$P(1.65\leqslant X<2.09)=\Phi(2.09)-\Phi(1.65)=0.981\ 7-0.950\ 5=0.031\ 2$；

$P(X\geqslant2.09)=1-P(X<2.09)=1-0.981\ 7=0.018\ 3$.

练习 1 设随机变量 $X\sim N(0,1)$，求 $P(X<2.2)$，$P(0.5\leqslant X<0.55)$，$P(X\geqslant1.5)$.

解

一般地，若随机变量 X 服从正态分布，即 $X\sim N(\mu,\sigma^2)$，只需通过一个线性变换就能将它化成标准正态分布.

定理 若随机变量 $X\sim N(\mu,\sigma^2)$，则 $Z=\dfrac{X-\mu}{\sigma}\sim N(0,1)$.

例题 2 设 $X\sim N(1,0.2^2)$，求 $P(X<1.2)$ 及 $P(0.7\leqslant X<1.1)$.

解 设 $Z=\dfrac{X-\mu}{\sigma}=\dfrac{X-1}{0.2}$，则 $Z\sim N(0,1)$，于是

$$P(X<1.2)=P\left(Z<\frac{1.2-1}{0.2}\right)=P(Z<1)=\Phi(1)=0.841\ 3.$$

$$P(0.7\leqslant X<1.1)=P\left(\frac{0.7-1}{0.2}\leqslant Z<\frac{1.1-1}{0.2}\right)=P(-1.5\leqslant Z<0.5)$$
$$=\Phi(0.5)-\Phi(-1.5)=\Phi(0.5)+\Phi(1.5)-1$$
$$=0.691\ 5+0.933\ 2-1=0.624\ 7.$$

练习 2 设随机变量 $X\sim N(1,4)$，求 $P(1<X\leqslant1.6)$.

解

练习 3 设随机变量 $X\sim N(0,0.6^2)$，求 $P(X>0)$，$P(0.2<X<1.8)$.

解

日期：＿＿＿＿＿＿＿＿＿＿＿＿＿＿＿＿＿　　　　教师：＿＿＿＿＿＿＿＿＿＿＿＿＿＿＿＿＿

6.12　随机变量的数字特征——数学期望

学习内容：随机变量的数字特征——数学期望.

目的要求：熟练掌握离散型随机变量和连续型随机变量的数学期望的定义及其求法，会求离散型随机变量和连续型随机变量函数的数学期望，熟练掌握数学期望的性质.

重点难点：离散型随机变量的数学期望及其性质，连续型随机变量的数学期望.

课前探讨

1. 回顾二点分布的相关信息.
2. 回顾均匀分布的相关信息.
3. 回顾二项分布的相关信息.
4. 何为随机变量函数？
5. 阐述数学期望的性质.
6. 如何求概率？
7. 阐述二项分布的数学期望的定义.
8. 阐述指数分布的数学期望的定义.

课堂讲习

从前面的学习可以看出，分布函数（或密度函数、分布列）给出了随机变量的一种最完全的描述. 因此，从原则上讲，若要全面认识和分析随机现象，就应当求出随机变量的分布，但对许多实际问题来说，要想精确地求出其分布是很困难的. 其实，通过对现实问题的分析，人们发现对某些随机现象的认识并不要求了解它的确切分布，而只需掌握某些重要特征即可. 这些特征往往更能集中地反映随机现象的特点. 例如要评价两个不同厂家生产的灯泡的质量，人们最关心的是谁家的灯泡使用的平均寿命更长些，而不需要知道其寿命的完全分布，同时还要考虑其寿命与平均寿命的偏离程度等，这些数据反映了它在某些方面的重要特征.

人们把刻画随机变量（或其分布）某些特征的确定的数值称为随机变量的数字特征.

课堂讲习

案例　甲、乙二人进行射击比赛,分别以 ξ,η 表示他们命中的环数,其分布列分别为

$$\xi \sim \begin{pmatrix} 8 & 9 & 10 \\ 0.3 & 0.1 & 0.6 \end{pmatrix}, \eta \sim \begin{pmatrix} 8 & 9 & 10 \\ 0.2 & 0.5 & 0.3 \end{pmatrix}$$

试问谁的技术好些?

解　这个问题的答案并不是一眼就能看得出的.这说明了分布列虽然完整地描述了离散型随机变量的概率特征,但是却不够"集中"地反映出它的变化情况,因此人们有必要找出一些量来更集中、更概括地描述随机变量,这些量多是某种平均值.

若在上述问题中,两个射手各射 N 枪,则他们打中靶的总环数大约是:

甲　$8 \times 0.3N + 9 \times 0.1N + 10 \times 0.6N = 9.3N$;

乙　$8 \times 0.2N + 9 \times 0.5N + 10 \times 0.3N = 9.1N$.

平均起来甲每枪射中 9.3 环,乙每枪射中 9.1 环,因此可以认为甲射手的本领要好些.

从平均命中的环数看,射手甲的射击水平显然高于乙的射击水平.同时我们也看到,这种反映随机变量取值的"平均数"显然不是一般意义下的"算术平均数",而是以随机变量的一切可能取的值与取值的概率乘积之和,它是一种加权平均数,其权重就是相应的概率.我们称这种加权平均数为随机变量的数学期望.

6.12.1　离散型随机变量的数学期望

定义 1　设离散型随机变量 ξ 的分布律为

$$P(\xi = x_k) = p_k, k = 1, 2, \cdots,$$

则称 $\sum\limits_{k=1}^{\infty} x_k p_k$ 为随机变量 ξ 的数学期望,简称期望或均值,记作 $E(\xi) = \sum\limits_{k=1}^{\infty} x_k p_k$.

例题 1　一个年级有 100 人,年龄组成为:17 岁的 2 人,18 岁的 2 人,19 岁的 30 人,20 岁的 56 人,21 岁的 10 人,求该年级学生的平均年龄.

解　$17 \times \dfrac{2}{100} + 18 \times \dfrac{2}{100} + 19 \times \dfrac{30}{100} + 20 \times \dfrac{56}{100} + 21 \times \dfrac{10}{100} = 19.7$ 岁.

例题 2　设 ξ 服从二点分布,求 $E(\xi)$.

解　由于 ξ 的分布列为

ξ	0	1
p_k	$1-p$	p

则

$$E(\xi) = 0 \times (1-p) + 1 \times p = p.$$

同理可以证明:若 $\xi \sim B(n, p)$,则 $E(\xi) = np$.

例题 3　已知在 100 件产品中有 10 件次品,从中任意取 5 件,求次品数 ξ 的数学期望.

解　ξ 的概率分布为 $P(\xi = k) = \dfrac{C_{10}^{k} C_{90}^{5-k}}{C_{100}^{5}}, k = 0, 1, \cdots, 5$.

由此算出概率分布律(见下表).

ξ	0	1	2	3	4	5
p_k	0.583	0.340	0.070	0.007	≈ 0	≈ 0

再由数学期望公式，得

$$E(\xi)=0\times 0.583+1\times 0.340+2\times 0.070+3\times 0.007+4\times 0+5\times 0=0.501.$$

练习 1 一批产品中有一、二、三等品及废品 4 种，相应比例分别为 60%，20%，10% 及 10%，若各等级产品的产值分别为 6 元、4.8 元、4 元及 0 元，求产品的平均产值.

解

6.12.2 连续型随机变量的数学期望

设连续型随机变量 ξ，其概率密度是 $p(x)$，注意到 $p(x)\mathrm{d}x$ 的作用与离散型随机变量中的 p_k 相类似，故有如下定义.

定义 2 设连续型随机变量 ξ 的概率密度是 $p(x)$，若积分 $\int_{-\infty}^{+\infty}|x|\,p(x)\mathrm{d}x$ 收敛，则称积分 $\int_{-\infty}^{+\infty}xp(x)\mathrm{d}x$ 为随机变量 ξ 的**数学期望**，记作 $E(\xi)=\int_{-\infty}^{+\infty}xp(x)\mathrm{d}x$.

例题 4 设 ξ 在 $[a,b]$ 上服从均匀分布，求 $E(\xi)$.

解 由于 ξ 的密度函数为 $p(x)=\begin{cases}\dfrac{1}{b-a}, & a\leqslant x\leqslant b, \\ 0, & \text{其他},\end{cases}$

于是

$$E(\xi)=\int_{-\infty}^{+\infty}xp(x)\mathrm{d}x=\int_a^b\frac{x}{b-a}\mathrm{d}x=\frac{1}{2}(a+b).$$

练习 2 设连续型随机变量 ξ 的密度函数为

$$p(x)=\begin{cases}x+\dfrac{1}{2}, & 0\leqslant x\leqslant 1, \\ 0, & \text{其他}.\end{cases}$$

求 $E(\xi)$.

解

6.12.3 随机变量函数的数学期望

定理 设随机变量 η 为随机变量 ξ 的函数，即 $\eta=f(\xi)$，这里 $f(x)$ 为连续的实值函数，以下讨论，如何从 ξ 的分布求 $E(\eta)$.

(1) 若 ξ 为离散型随机变量，其概率分布为 $p(\xi = x_k) = p_k, k = 1, 2, \cdots,$

则
$$E(\eta) = E[f(\xi)] = \sum_{k=1}^{\infty} f(x_k) p_k.$$

(2) 若 ξ 为连续型随机变量，其密度函数为 $f(x)$，则 $E(\eta) = E[f(\xi)] = \int_{-\infty}^{+\infty} f(x) p(x) \mathrm{d}x.$

例题 5 设随机变量的分布律为

ξ	0	1	2
p	$\frac{1}{2}$	$\frac{1}{8}$	$\frac{3}{8}$

求 $E(\xi^2)$.

解 $E(\xi^2) = 0^2 \times \frac{1}{2} + 1^2 \times \frac{1}{8} + 2^2 \times \frac{3}{8} = \frac{13}{8}.$

6.12.4 数学期望的性质

随机变量的数学期望具有下列重要性质：

(1) 设 C 为常数，则有 $E(C) = C$；

(2) 设 ξ 是一个随机变量，C 是常数，则有 $E(C\xi) = CE(\xi)$；

(3) 设 ξ, η 是两个随机变量，则有 $E(\xi + \eta) = E(\xi) + E(\eta)$；

(4) 设 ξ, η 是相互独立的随机变量，则有 $E(\xi\eta) = E(\xi) \cdot E(\eta)$. 这一性质可以推广到任意有限个相互独立的随机变量之积的情况.

以上性质不论对离散型随机变量还是连续型随机变量都成立.

例题 6 设 ξ 的分布律为

ξ	-1	0	1	2
p	0.3	0.2	0.4	0.1

求：$E(2\xi + 1), E(\xi^2 - 2).$

解 $E(2\xi + 1) = 2E(\xi) + 1 = 2[(-1) \times 0.3 + 0 \times 0.2 + 1 \times 0.4 + 2 \times 0.1] + 1 = 1.6,$

$E(\xi^2 - 2) = E(\xi^2) - 2 = [(-1)^2 \times 0.3 + 0^2 \times 0.2 + 1^2 \times 0.4 + 2^2 \times 0.1] - 2 = -0.9.$

练习 3 设随机变量 ξ 的分布律为

ξ	-2	0	2
p	0.4	0.3	0.3

求：$E(\xi), E(\xi^2), E(3\xi^2 + 5).$

解

日期：_____   教师：_____

6.13 随机变量的数字特征——方差

学习内容：随机变量的数字特征——方差.

目的要求：熟练掌握方差的定义及其计算公式,会求离散型随机变量和连续型随机变量的方差,熟记常用的分布的方差公式,熟练掌握方差的性质.

重点难点：方差的计算公式和常用的公式,常见分布的方差以及方差的性质.

课前探讨

1. 回顾二点分布及其数学期望.

2. 回顾均匀分布及其数学期望.

3. 回顾二项分布及其数学期望.

4. 回顾正态分布及其数学期望.

5. 阐述方差的定义.

6. 写出方差的计算公式.

7. 写出常见分布的方差.

8. 阐述方差的性质.

课堂讲习

  案例 有一批灯泡,已知其平均寿命 $E(\xi)=1\,000$(小时),但仅由这一指标并不能判定这些灯泡的质量好坏.事实上,可能其中绝大部分灯泡的寿命都在 $950\sim1\,500$ 小时,也可能其中一半是高质量的,它们的寿命大约有 $1\,300$ 小时,而另一半的质量却很差,其寿命大约只有 700 小时,为了评定这批灯泡质量的好坏,还需要进一步考察灯泡的寿命 ξ 与均值 $E(\xi)=1\,000$ 的偏差程度.若偏离程度小,说明这批灯泡的质量比较稳定,从这个意义上讲,我们认为其质量较好,否则就认为质量较差.由此可见,研究随机变量与其均值的偏离程度也是十分必要的.那么,究竟用怎样的量去度量这个偏离程度呢?容易看到 $E\{|\xi-E(\xi)|\}$ 能度量随机变量 ξ 与其均值 $E(\xi)$ 的偏离程度,但由于上式带有绝对值,运算不方便,因此,通常用量 $E\{[\xi-E(\xi)]^2\}$ 来度量随机变量 ξ 与其均值 $E(\xi)$ 的偏离程度.

6.13.1　方差的定义

设 ξ 是一个随机变量，$E(\xi)$ 是其数学期望，若 $E\{[\xi-E(\xi)]^2\}$ 存在，则称它为 ξ 的方差，记为 $D(\xi)$，即 $D(\xi)=E\{[\xi-E(\xi)]^2\}$，显然 $D(\xi)\geqslant0$.方差的算术平方根称为标准差或均方差，即 $\sigma(\xi)=\sqrt{D(\xi)}=\sqrt{E\{[\xi-E(\xi)]^2\}}$.

按定义，随机变量 ξ 的方差表达了 ξ 的取值与其数学期望的偏离程度.若 ξ 取值比较集中，则 $D(\xi)$ 较小；反之，若 ξ 取值比较分散，则 $D(\xi)$ 较大.因此，$D(\xi)$ 是衡量 ξ 取值的分散程度的一个尺度.

6.13.2　方差的计算公式

(1) 对于离散型随机变量 ξ，其分布列为 $P(\xi=x_k)=p_k,k=1,2,\cdots$

则
$$D(\xi)=\sum_{k=1}^{\infty}[x_k-E(\xi)]^2p_k.$$

(2) 对于连续型随机变量 ξ，其概率密度函数为 $p(x)$，

则
$$D(\xi)=\int_{-\infty}^{+\infty}[x-E(\xi)]^2\cdot p(x)\mathrm{d}x.$$

(3) 由数学期望的性质可以证明，随机变量 ξ 的方差还可按
$$D(\xi)=E(\xi^2)-[E(\xi)]^2$$
进行计算.

例题 1　设 ξ 服从二点分布，求 $D(\xi)$.

解　由于 ξ 的分布列为

ξ	0	1
p	$1-p$	p

显然有 $E(\xi)=0\times(1-p)+1\times p=p,E(\xi^2)=0^2\times(1-p)+1^2\times p=p$，

则
$$D(\xi)=E(\xi^2)-[E(\xi)]^2=p-p^2=p(1-p).$$

例题 2（均匀分布的方差）　设随机变量 ξ 在区间 (a,b) 上服从均匀分布，其概率密度为
$$p(x)=\begin{cases}\dfrac{1}{b-a}, & a<x<b,\\ 0, & 其他.\end{cases}　求 E(\xi),D(\xi).$$

解　数学期望为 $E(\xi)=\int_a^b x\cdot\dfrac{1}{b-a}\mathrm{d}x=\dfrac{a+b}{2}$，即数学期望位于区间的中点.

$$E(\xi^2)=\int_a^b x^2\cdot\dfrac{1}{b-a}\mathrm{d}x=\dfrac{1}{3}(A^2+ab+b^2),$$

方差为 $D(\xi)=E(\xi^2)-[E(\xi)]^2=\dfrac{1}{3}(A^2+ab+b^2)-\left(\dfrac{a+b}{2}\right)^2=\dfrac{1}{12}(b-a)^2.$

也就是说，服从均匀分布的随机变量 ξ 的数学期望和方差分别为 $\dfrac{a+b}{2},\dfrac{1}{12}(b-a)^2$.

例题 3　设随机变量 ξ 具有概率密度 $p(x)=\begin{cases}1+x, & -1<x<0,\\ 1-x, & 0\leqslant x<1,\\ 0, & 其他,\end{cases}$　求 $E(\xi),D(\xi)$.

解
$$E(\xi) = \int_{-1}^{0} x(1+x)\,\mathrm{d}x + \int_{0}^{1} x(1-x)\,\mathrm{d}x = 0,$$

$$E(\xi^2) = \int_{-1}^{0} x^2(1+x)\,\mathrm{d}x + \int_{0}^{1} x^2(1-x)\,\mathrm{d}x = \frac{1}{6}.$$

于是得
$$D(\xi) = E(\xi^2) - [E(\xi)]^2 = \frac{1}{6}.$$

同理可推得：(1) 设 $\xi \sim B(n,p)$，则 $D(\xi) = np(1-p)$.

(2) 设 $\xi \sim N(\mu, \sigma^2)$，则 $E(\xi) = \mu$，$D(\xi) = \sigma^2$.

也就是说，正态随机变量的概率密度中的两个参数 μ 和 σ^2 分别就是该随机变量的数学期望和方差，σ 为其标准差．因此，正态随机变量的分布完全可以由它的数学期望和方差所确定．

练习 1 测出两批手表的走时误差（以整秒计）有如下分布律：

甲批：

ξ	-1	0	1
p	0.1	0.8	0.1

乙批：

η	-2	-1	0	1	2
p	0.1	0.2	0.4	0.2	0.1

试问甲、乙两批手表哪批走时要准确些？

解

练习 2 若随机变量 ξ 服从二项分布，且 $E(\xi) = 2.4$，$D(\xi) = 1.44$，求二项分布的参数 n 和 p.

解

6.13.3 方差的性质

随机变量的方差具有下列重要性质：

(1) 设 C 是常数，则 $D(C) = 0$；

(2) 设 ξ 是随机变量，C 是常数，则有 $D(C\xi) = C^2 D(\xi)$；

（3）设 ξ,η 是两个相互独立的随机变量,则有 $D(\xi+\eta)=D(\xi)+D(\eta)$.

这一性质可以推广到任意有限多个相互独立的随机变量之和的情况.

以上性质不论对离散型随机变量还是对连续型随机变量都成立.

例题 4 设 $E(\xi)=-3,E(\xi^2)=11$,求 $E(2-4\xi),D(2-4\xi)$.

解
$$E(2-4\xi)=2-4E(\xi)=2-4(-3)=14,$$
$$D(\xi)=E(\xi^2)-[E(\xi)]^2=11-(-3)^2=2,$$
$$D(2-4\xi)=(-4)^2D(\xi)=16\times2=32.$$

练习 3 设 $E(\xi)=-5,E(\xi^2)=16$,求 $E(3-5\xi),D(3\xi-2),D(4-6\xi)$.

解

练习 4 若 $\xi\sim B\left(3,\dfrac{2}{5}\right)$,求 $E(\xi),D(\xi),D(5\xi)$.

解

日期：_____   教师：_____

6.14　第6模块习题课

> **学习内容**：统计技术.
> **目的要求**：熟练掌握统计概率、古典概率和条件概率、加法公式与乘法公式,理解随机变量,熟练掌握4种常见的分布以及它们的密度函数、分布函数,会求各种区间上的概率,熟练计算随机变量的数学期望与方差.
> **重点难点**：古典概率、密度函数、数学期望与方差、条件概率的计算.

课前探讨

1. 理解随机事件的概念时,要深刻体会它的"随机"性.
2. 了解事件之间的关系及其运算.
3. 注意事件互斥(互不相容)与互逆两个概念的联系和区别.
4. 回顾随机变量与随机事件之间的联系.
5. 正态分布的密度函数图像的特点.
6. 计算概率时常用到排列、组合,回顾有关的知识.
7. 理解条件概率的意义.
8. 乘法公式应用时注意条件概率的使用.
9. 何为数学正态分布和标准正态分布?
10. 何为数学期望与方差?

内容精要

（1）理解随机事件的概念时,要深刻体会它的"随机性",也就是说,随机事件是可能发生也可能不发生的,了解事件之间的关系及其运算,善于将某些复杂的事件表示为若干个简单事件的和或积.注意事件互斥(互不相容)与互逆两个概念的联系和区别.理解事件的独立性概念.

（2）古典概型和伯努利概型是两个比较基本而又重要的试验概型,应用时要注意两个概型所需要的条件以及所求随机事件的含义.

（3）统计概率、古典概率和条件概率是3个不同意义下的概率.统计概率就是概率的统计定义,是从大量重复试验中随机事件频率的稳定性引出的.它给出了实际问题中计算概率的一种近似方法——用频率代替概率(试验次数较多时使用).古典概型要求试验中基本

事件个数有限、互斥且等概率,计算时常用到排列、组合,读者需复习有关的知识.条件概率 $P(B|A)$ 是指在事件 A 已经发生的条件下 B 发生的概率,它可利用定义计算.

（4）加法公式就事件之间的关系而言,分为互不相容和一般情形两种公式：

$$P(A+B)=P(A)+P(B)\ (A,B\ 互斥),$$

$$P(A+B)=P(A)+P(B)-P(AB).$$

乘法公式就事件之间的关系而言,分为相互独立和一般情形两个公式,应用时注意条件概率的使用：

$$P(AB)=P(A)P(B)\ (A,B\ 独立),$$

$$P(AB)=P(B)P(A|B)=P(A)P(B|A).$$

实际中常用到两个事件是独立的加法公式：

$$P(A+B)=P(A)+P(B)-P(A)P(B).$$

加法公式和乘法公式中事件的个数都可以从两个事件推广到有限多个.

（5）理解随机变量的概念时,首先要弄清楚随机变量与随机事件之间的联系：随机变量 X 取某个数值 $X=a$ 或取某个范围内的数值 $X<b$ 或 $c<X<d$ 等都是随机事件；其次要清楚随机变量与普通变量的区别：随机变量的取值是与一定的概率相关的,而普通变量的取值没有这一点.

（6）随机变量的取值范围是与概率相联系的,因此研究随机变量重要的就是研究它的概率分布（或概率密度）.

（7）数字特征是从不同侧面刻画随机变量分布特征的数值.本模块主要介绍数学期望和方差两个数字特征.由于统计中最常用的一些随机变量的分布函数的参数一般都与期望和方差有关,因此掌握好这两个数字特征很重要.

（8）本模块介绍了几个常用的分布——二点分布、二项分布、均匀分布、正态分布、标准正态分布,要记住它们的分布律或概率密度,同时结合它们的实际背景理解它们的含义.

习题讲解

1. 选择题

（1）若事件 A 和 B 相互独立,则有_____.

A. $AB=\varnothing$　　　　　　　　　　B. $P(A+B)=P(A)+P(B)$

C. $P(AB)=P(A)$　　　　　　　　　　D. $P(A|B)=P(A)$

（2）10 个彩票中有一个中奖,无放回顺序抽取,每次取一个,则第二次抽到"有"的概率是_____

A. $\dfrac{1}{10}$　　　　　B. $\dfrac{2}{10}$　　　　　C. $\dfrac{1}{9}$　　　　　D. $\dfrac{2}{9}$

（3）若_____成立,则 A,B 互为对立事件.

A. $AB=\varnothing$　　　　　　　　　　B. $P(A+B)=P(A)+P(B)$

C. $P(A)+P(B)=1$　　　　　　　　　D. $AB=\varnothing$ 且 $A+B=\Omega$

（4）设 $X\sim B\left(4,\dfrac{1}{3}\right)$,则 $P(X=3)=$_____.

A. $\dfrac{3}{4}$　　　　　B. $\dfrac{8}{81}$　　　　　C. $\dfrac{8}{27}$　　　　　D. $\dfrac{1}{27}$

(5) 设随机变量 X_1，X_2 都服从正态分布 $N(\mu,\sigma^2)$，且 X_1，X_2 相互独立，则 $E(X_1-X_2)$ 和 $D(X_1-X_2)$ 应为_____.

A. $0,0$ B. $0,2\sigma^2$ C. $2\mu,0$ D. $2\mu,2\sigma^2$

(6) 设 $Y=aX+b$，其中. X 是随机变量，a，b 是常数，则_____成立.

A. $E(Y)=aE(X)+b$，$D(Y)=aD(X)+b$

B. $E(Y)=aE(X)+b$，$D(Y)=A^2D(X)+b^2$

C. $E(Y)=aE(X)+b$，$D(Y)=D(X)+b^2$

D. $E(Y)=aE(X)+b$，$D(Y)=A^2D(X)$

(7) 设 $X\sim N(\mu,\sigma^2)$，$\Phi(x)$ 为标准正态分布函数，则 $P(a\leqslant x\leqslant b)=$_____.

A. $\Phi(b)-\Phi(a)$ B. $\Phi(b-\mu)-\Phi(a-\mu)$

C. $\Phi\left(\dfrac{b-\mu}{\sigma}\right)-\Phi\left(\dfrac{a-\mu}{\sigma}\right)$ D. $\Phi\left(\dfrac{b-\mu}{\sigma^2}\right)-\Phi\left(\dfrac{a-\mu}{\sigma^2}\right)$

2. 填空题

(1) 某射手的射击命中率为 p，独立射击 4 次，则

① 恰好射中了 3 次的概率为_____；

② 至多射中了 3 次的概率为_____.

(2) 甲、乙两炮同时向一架敌机射击，已知甲炮的击中率是 0.5，乙炮的击中率是 0.6，甲、乙两炮都击中的概率是 0.3，则飞机被击中的概率为_____.

(3) 已知 $P(A)=0.6$，$P(B)=0.8$，$P(B|\overline{A})=0.2$，则 $P(A|B)=$_____.

(4) 掷两枚骰子，出现"点数和为偶数"的概率为_____.

(5) 设随机变量 X 的分布列 $P(X=k)=\dfrac{k}{15}$，$k=1,2,3,4,5$，则 $P\left(\dfrac{1}{2}<X<\dfrac{5}{2}\right)=$

_____.

(6) 设 $X\sim B(n,p)$，且 $E(X)=6$，$D(X)=3.6$，则 $n=$_____.

(7) 当 X 与 Y 相互独立时，方差 $D(2X-3Y)=$_____.

3. 解答题

(1) 假设有甲、乙两批种子，发芽率分别为 0.8 和 0.7，在这两批种子中各取一粒，求：

① 两粒都发芽的概率；

② 至少有一粒发芽的概率；

③ 恰有一粒发芽的概率.

（2）某集体有50名同学，求其中至少有2人是同一天生日的概率.

（3）某一车间里有12台车床，由于工艺上的原因，每台车床时常要停车.设这台车床停车（或开车）是相互独立的，且在任一时刻处于停车状态的概率为0.3，计算在任一指定时刻里有2台车床处于停车状态的概率.

（4）设随机变量 X 服从两点分布 $P(X=1)=p$，$P(X=0)=1-p$，求 X 的分布函数.

（5）设随机变量 Z 在$[0,10]$上服从均匀分布.
① 试写出 Z 的密度函数；
② 试求概率 $P(Z<3)$，$P(Z\geqslant6)$ 与 $P(3<Z\leqslant8)$.

(6) 已知某罐装饮料的重量服从正态分布 $N(245,2.5^2)$,净重在 (245 ± 5)mL 的范围内属于合格品,求合格品的概率.

(7) 设某射手每次击中目标的概率是 0.9,现连续射击 30 次,求:
① "击中目标的次数 X"的概率分布;② $E(X),D(X)$.

附录 I　常用积分公式

1. 含有 $ax+b$ 的积分 $(a\neq 0)$

(1) $\displaystyle\int \frac{\mathrm{d}x}{ax+b} = \frac{1}{a}\ln|ax+b|+C$

(2) $\displaystyle\int (ax+b)^{\mu}\mathrm{d}x = \frac{1}{a(\mu+1)}(ax+b)^{\mu+1}+C \quad (\mu\neq -1)$

(3) $\displaystyle\int \frac{x}{ax+b}\mathrm{d}x = \frac{1}{a^2}(ax+b-b\ln|ax+b|)+C$

(4) $\displaystyle\int \frac{x^2}{ax+b}\mathrm{d}x = \frac{1}{a^3}\left[\frac{1}{2}(ax+b)^2-2b(ax+b)+b^2\ln|ax+b|\right]+C$

(5) $\displaystyle\int \frac{\mathrm{d}x}{x(ax+b)} = -\frac{1}{b}\ln\left|\frac{ax+b}{x}\right|+C$

(6) $\displaystyle\int \frac{\mathrm{d}x}{x^2(ax+b)} = -\frac{1}{bx}+\frac{a}{b^2}\ln\left|\frac{ax+b}{x}\right|+C$

(7) $\displaystyle\int \frac{x}{(ax+b)^2}\mathrm{d}x = \frac{1}{a^2}\left(\ln|ax+b|+\frac{b}{ax+b}\right)+C$

(8) $\displaystyle\int \frac{x^2}{(ax+b)^2}\mathrm{d}x = \frac{1}{a^3}\left(ax+b-2b\ln|ax+b|-\frac{b^2}{ax+b}\right)+C$

(9) $\displaystyle\int \frac{\mathrm{d}x}{x(ax+b)^2} = \frac{1}{b(ax+b)}-\frac{1}{b^2}\ln\left|\frac{ax+b}{x}\right|+C$

2. 含有 $\sqrt{ax+b}$ 的积分

(10) $\displaystyle\int \sqrt{ax+b}\,\mathrm{d}x = \frac{2}{3a}\sqrt{(ax+b)^3}+C$

(11) $\displaystyle\int x\sqrt{ax+b}\,\mathrm{d}x = \frac{2}{15a^2}(3ax-2b)\sqrt{(ax+b)^3}+C$

(12) $\displaystyle\int x^2\sqrt{ax+b}\,\mathrm{d}x = \frac{2}{105a^3}(15a^2x^2-12abx+8b^2)\sqrt{(ax+b)^3}+C$

(13) $\displaystyle\int \frac{x}{\sqrt{ax+b}}\mathrm{d}x = \frac{2}{3a^2}(ax-2b)\sqrt{ax+b}+C$

(14) $\displaystyle\int \frac{x^2}{\sqrt{ax+b}}\mathrm{d}x = \frac{2}{15a^3}(3a^2x^2-4abx+8b^2)\sqrt{ax+b}+C$

(15) $\displaystyle\int \frac{\mathrm{d}x}{x\sqrt{ax+b}} = \begin{cases} \dfrac{1}{\sqrt{b}}\ln\left|\dfrac{\sqrt{ax+b}-\sqrt{b}}{\sqrt{ax+b}+\sqrt{b}}\right|+C\,(b>0) \\[4mm] \dfrac{2}{\sqrt{-b}}\arctan\sqrt{\dfrac{ax+b}{-b}}+C\,(b<0) \end{cases}$

(16) $\int \dfrac{\mathrm{d}x}{x^2\sqrt{ax+b}} = -\dfrac{\sqrt{ax+b}}{bx} - \dfrac{a}{2b}\int \dfrac{\mathrm{d}x}{x\sqrt{ax+b}}$

(17) $\int \dfrac{\sqrt{ax+b}}{x}\mathrm{d}x = 2\sqrt{ax+b} + b\int \dfrac{\mathrm{d}x}{x\sqrt{ax+b}}$

(18) $\int \dfrac{\sqrt{ax+b}}{x^2}\mathrm{d}x = -\dfrac{\sqrt{ax+b}}{x} + \dfrac{a}{2}\int \dfrac{\mathrm{d}x}{x\sqrt{ax+b}}$

3. 含有 $x^2 \pm a^2$ 的积分

(19) $\int \dfrac{\mathrm{d}x}{x^2+a^2} = \dfrac{1}{a}\arctan \dfrac{x}{a} + C$

(20) $\int \dfrac{\mathrm{d}x}{(x^2+a^2)^n} = \dfrac{x}{2(n-1)a^2(x^2+a^2)^{n-1}} + \dfrac{2n-3}{2(n-1)a^2}\int \dfrac{\mathrm{d}x}{(x^2+a^2)^{n-1}}$

(21) $\int \dfrac{\mathrm{d}x}{x^2-a^2} = \dfrac{1}{2a}\ln\left|\dfrac{x-a}{x+a}\right| + C$

4. 含有 $ax^2+b(a>0)$ 的积分

(22) $\int \dfrac{\mathrm{d}x}{ax^2+b} = \begin{cases} \dfrac{1}{\sqrt{ab}}\arctan\sqrt{\dfrac{a}{b}}\,x + C(b>0) \\[3mm] \dfrac{1}{2\sqrt{-ab}}\ln\left|\dfrac{\sqrt{a}x-\sqrt{-b}}{\sqrt{a}x+\sqrt{-b}}\right| + C(b<0) \end{cases}$

(23) $\int \dfrac{x}{ax^2+b}\mathrm{d}x = \dfrac{1}{2a}\ln|ax^2+b| + C$

(24) $\int \dfrac{x^2}{ax^2+b}\mathrm{d}x = \dfrac{x}{a} - \dfrac{b}{a}\int \dfrac{\mathrm{d}x}{ax^2+b}$

(25) $\int \dfrac{\mathrm{d}x}{x(ax^2+b)} = \dfrac{1}{2b}\ln\dfrac{x^2}{|ax^2+b|} + C$

(26) $\int \dfrac{\mathrm{d}x}{x^2(ax^2+b)} = -\dfrac{1}{bx} - \dfrac{a}{b}\int \dfrac{\mathrm{d}x}{ax^2+b}$

(27) $\int \dfrac{\mathrm{d}x}{x^3(ax^2+b)} = \dfrac{a}{2b^2}\ln\dfrac{|ax^2+b|}{x^2} - \dfrac{1}{2bx^2} + C$

(28) $\int \dfrac{\mathrm{d}x}{(ax^2+b)^2} = \dfrac{x}{2b(ax^2+b)} + \dfrac{1}{2b}\int \dfrac{\mathrm{d}x}{ax^2+b}$

5. 含有 $ax^2+bx+c(a>0)$ 的积分

(29) $\int \dfrac{\mathrm{d}x}{ax^2+bx+c} = \begin{cases} \dfrac{2}{\sqrt{4ac-b^2}}\arctan\dfrac{2ax+b}{\sqrt{4ac-b^2}} + C(b^2<4ac) \\[3mm] \dfrac{1}{\sqrt{b^2-4ac}}\ln\left|\dfrac{2ax+b-\sqrt{b^2-4ac}}{2ax+b+\sqrt{b^2-4ac}}\right| + C(b^2>4ac) \end{cases}$

(30) $\int \dfrac{x}{ax^2+bx+c}\mathrm{d}x = \dfrac{1}{2a}\ln|ax^2+bx+c| - \dfrac{b}{2a}\int \dfrac{\mathrm{d}x}{ax^2+bx+c}$

6. 含有 $\sqrt{x^2+a^2}(a>0)$ 的积分

(31) $\int \dfrac{\mathrm{d}x}{\sqrt{x^2+a^2}} = \operatorname{arsh}\dfrac{x}{a} + C_1 = \ln(x+\sqrt{x^2+a^2}) + C$

(32) $\displaystyle\int \frac{\mathrm{d}x}{\sqrt{(x^2+a^2)^3}} = \frac{x}{a^2\sqrt{x^2+a^2}} + C$

(33) $\displaystyle\int \frac{x}{\sqrt{x^2+a^2}}\mathrm{d}x = \sqrt{x^2+a^2} + C$

(34) $\displaystyle\int \frac{x}{\sqrt{(x^2+a^2)^3}}\mathrm{d}x = -\frac{1}{\sqrt{x^2+a^2}} + C$

(35) $\displaystyle\int \frac{x^2}{\sqrt{x^2+a^2}}\mathrm{d}x = \frac{x}{2}\sqrt{x^2+a^2} - \frac{a^2}{2}\ln(x+\sqrt{x^2+a^2}) + C$

(36) $\displaystyle\int \frac{x^2}{\sqrt{(x^2+a^2)^3}}\mathrm{d}x = -\frac{x}{\sqrt{x^2+a^2}} + \ln(x+\sqrt{x^2+a^2}) + C$

(37) $\displaystyle\int \frac{\mathrm{d}x}{x\sqrt{x^2+a^2}} = \frac{1}{a}\ln\frac{\sqrt{x^2+a^2}-a}{|x|} + C$

(38) $\displaystyle\int \frac{\mathrm{d}x}{x^2\sqrt{x^2+a^2}} = -\frac{\sqrt{x^2+a^2}}{a^2 x} + C$

(39) $\displaystyle\int \sqrt{x^2+a^2}\,\mathrm{d}x = \frac{x}{2}\sqrt{x^2+a^2} + \frac{a^2}{2}\ln(x+\sqrt{x^2+a^2}) + C$

(40) $\displaystyle\int \sqrt{(x^2+a^2)^3}\,\mathrm{d}x = \frac{x}{8}(2x^2+5a^2)\sqrt{x^2+a^2} + \frac{3}{8}a^4\ln(x+\sqrt{x^2+a^2}) + C$

(41) $\displaystyle\int x\sqrt{x^2+a^2}\,\mathrm{d}x = \frac{1}{3}\sqrt{(x^2+a^2)^3} + C$

(42) $\displaystyle\int x^2\sqrt{x^2+a^2}\,\mathrm{d}x = \frac{x}{8}(2x^2+a^2)\sqrt{x^2+a^2} - \frac{a^4}{8}\ln(x+\sqrt{x^2+a^2}) + C$

(43) $\displaystyle\int \frac{\sqrt{x^2+a^2}}{x}\mathrm{d}x = \sqrt{x^2+a^2} + a\ln\frac{\sqrt{x^2+a^2}-a}{|x|} + C$

(44) $\displaystyle\int \frac{\sqrt{x^2+a^2}}{x^2}\mathrm{d}x = -\frac{\sqrt{x^2+a^2}}{x} + \ln(x+\sqrt{x^2+a^2}) + C$

7. 含有 $\sqrt{x^2-a^2}\,(a>0)$ 的积分

(45) $\displaystyle\int \frac{\mathrm{d}x}{\sqrt{x^2-a^2}} = \frac{x}{|x|}\mathrm{arch}\frac{|x|}{a} + C_1 = \ln|x+\sqrt{x^2-a^2}| + C$

(46) $\displaystyle\int \frac{\mathrm{d}x}{\sqrt{(x^2-a^2)^3}} = -\frac{x}{a^2\sqrt{x^2-a^2}} + C$

(47) $\displaystyle\int \frac{x}{\sqrt{x^2-a^2}}\mathrm{d}x = \sqrt{x^2-a^2} + C$

(48) $\displaystyle\int \frac{x}{\sqrt{(x^2-a^2)^3}}\mathrm{d}x = -\frac{1}{\sqrt{x^2-a^2}} + C$

(49) $\displaystyle\int \frac{x^2}{\sqrt{x^2-a^2}}\mathrm{d}x = \frac{x}{2}\sqrt{x^2-a^2} + \frac{a^2}{2}\ln|x+\sqrt{x^2-a^2}| + C$

(50) $\displaystyle\int \frac{x^2}{\sqrt{(x^2-a^2)^3}}\mathrm{d}x = -\frac{x}{\sqrt{x^2-a^2}} + \ln|x+\sqrt{x^2-a^2}| + C$

(51) $\displaystyle\int \frac{\mathrm{d}x}{x\sqrt{x^2-a^2}} = \frac{1}{a}\arccos\frac{a}{|x|} + C$

(52) $\int \dfrac{\mathrm{d}x}{x^2\sqrt{x^2-a^2}} = \dfrac{\sqrt{x^2-a^2}}{a^2x} + C$

(53) $\int \sqrt{x^2-a^2}\,\mathrm{d}x = \dfrac{x}{2}\sqrt{x^2-a^2} - \dfrac{a^2}{2}\ln|x+\sqrt{x^2-a^2}| + C$

(54) $\int \sqrt{(x^2-a^2)^3}\,\mathrm{d}x = \dfrac{x}{8}(2x^2-5a^2)\sqrt{x^2-a^2} + \dfrac{3}{8}a^4\ln|x+\sqrt{x^2-a^2}| + C$

(55) $\int x\sqrt{x^2-a^2}\,\mathrm{d}x = \dfrac{1}{3}\sqrt{(x^2-a^2)^3} + C$

(56) $\int x^2\sqrt{x^2-a^2}\,\mathrm{d}x = \dfrac{x}{8}(2x^2-a^2)\sqrt{x^2-a^2} - \dfrac{a^4}{8}\ln|x+\sqrt{x^2-a^2}| + C$

(57) $\int \dfrac{\sqrt{x^2-a^2}}{x}\,\mathrm{d}x = \sqrt{x^2-a^2} - a\arccos\dfrac{a}{|x|} + C$

(58) $\int \dfrac{\sqrt{x^2-a^2}}{x^2}\,\mathrm{d}x = -\dfrac{\sqrt{x^2-a^2}}{x} + \ln|x+\sqrt{x^2-a^2}| + C$

8. 含有 $\sqrt{a^2-x^2}\,(a>0)$ 的积分

(59) $\int \dfrac{\mathrm{d}x}{\sqrt{a^2-x^2}} = \arcsin\dfrac{x}{a} + C$

(60) $\int \dfrac{\mathrm{d}x}{\sqrt{(a^2-x^2)^3}} = \dfrac{x}{a^2\sqrt{a^2-x^2}} + C$

(61) $\int \dfrac{x}{\sqrt{a^2-x^2}}\,\mathrm{d}x = -\sqrt{a^2-x^2} + C$

(62) $\int \dfrac{x}{\sqrt{(a^2-x^2)^3}}\,\mathrm{d}x = \dfrac{1}{\sqrt{a^2-x^2}} + C$

(63) $\int \dfrac{x^2}{\sqrt{a^2-x^2}}\,\mathrm{d}x = -\dfrac{x}{2}\sqrt{a^2-x^2} + \dfrac{a^2}{2}\arcsin\dfrac{x}{a} + C$

(64) $\int \dfrac{x^2}{\sqrt{(a^2-x^2)^3}}\,\mathrm{d}x = \dfrac{x}{\sqrt{a^2-x^2}} - \arcsin\dfrac{x}{a} + C$

(65) $\int \dfrac{\mathrm{d}x}{x\sqrt{a^2-x^2}} = \dfrac{1}{a}\ln\dfrac{a-\sqrt{a^2-x^2}}{|x|} + C$

(66) $\int \dfrac{\mathrm{d}x}{x^2\sqrt{a^2-x^2}} = -\dfrac{\sqrt{a^2-x^2}}{a^2x} + C$

(67) $\int \sqrt{a^2-x^2}\,\mathrm{d}x = \dfrac{x}{2}\sqrt{a^2-x^2} + \dfrac{a^2}{2}\arcsin\dfrac{x}{a} + C$

(68) $\int \sqrt{(a^2-x^2)^3}\,\mathrm{d}x = \dfrac{x}{8}(5a^2-2x^2)\sqrt{a^2-x^2} + \dfrac{3}{8}a^4\arcsin\dfrac{x}{a} + C$

(69) $\int x\sqrt{a^2-x^2}\,\mathrm{d}x = -\dfrac{1}{3}\sqrt{(a^2-x^2)^3} + C$

(70) $\int x^2\sqrt{a^2-x^2}\,\mathrm{d}x = \dfrac{x}{8}(2x^2-a^2)\sqrt{a^2-x^2} + \dfrac{a^4}{8}\arcsin\dfrac{x}{a} + C$

(71) $\int \dfrac{\sqrt{a^2-x^2}}{x}\,\mathrm{d}x = \sqrt{a^2-x^2} + a\ln\dfrac{a-\sqrt{a^2-x^2}}{|x|} + C$

(72) $\displaystyle\int \frac{\sqrt{a^2-x^2}}{x^2}\mathrm{d}x = -\frac{\sqrt{a^2-x^2}}{x} - \arcsin\frac{x}{a} + C$

9. 含有 $\sqrt{\pm ax^2+bx+c}\,(a>0)$ 的积分

(73) $\displaystyle\int \frac{\mathrm{d}x}{\sqrt{ax^2+bx+c}} = \frac{1}{\sqrt{a}}\ln|2ax+b+2\sqrt{a}\sqrt{ax^2+bx+c}| + C$

(74) $\displaystyle\int \sqrt{ax^2+bx+c}\,\mathrm{d}x = \frac{2ax+b}{4a}\sqrt{ax^2+bx+c} +$

$$\frac{4ac-b^2}{8\sqrt{a^3}}\ln|2ax+b+2\sqrt{a}\sqrt{ax^2+bx+c}| + C$$

(75) $\displaystyle\int \frac{x}{\sqrt{ax^2+bx+c}}\mathrm{d}x = \frac{1}{a}\sqrt{ax^2+bx+c} -$

$$\frac{b}{2\sqrt{a^3}}\ln|2ax+b+2\sqrt{a}\sqrt{ax^2+bx+c}| + C$$

(76) $\displaystyle\int \frac{\mathrm{d}x}{\sqrt{c+bx-ax^2}} = -\frac{1}{\sqrt{a}}\arcsin\frac{2ax-b}{\sqrt{b^2+4ac}} + C$

(77) $\displaystyle\int \sqrt{c+bx-ax^2}\,\mathrm{d}x = \frac{2ax-b}{4a}\sqrt{c+bx-ax^2} + \frac{b^2+4ac}{8\sqrt{a^3}}\arcsin\frac{2ax-b}{\sqrt{b^2+4ac}} + C$

(78) $\displaystyle\int \frac{x}{\sqrt{c+bx-ax^2}}\mathrm{d}x = -\frac{1}{a}\sqrt{c+bx-ax^2} + \frac{b}{2\sqrt{a^3}}\arcsin\frac{2ax-b}{\sqrt{b^2+4ac}} + C$

10. 含有 $\sqrt{\pm\dfrac{x-a}{x-b}}$ 或 $\sqrt{(x-a)(b-x)}$ 的积分

(79) $\displaystyle\int \sqrt{\frac{x-a}{x-b}}\,\mathrm{d}x = (x-b)\sqrt{\frac{x-a}{x-b}} + (b-a)\ln(\sqrt{|x-a|}+\sqrt{|x-b|}) + C$

(80) $\displaystyle\int \sqrt{\frac{x-a}{b-x}}\,\mathrm{d}x = (x-b)\sqrt{\frac{x-a}{b-x}} + (b-a)\arcsin\sqrt{\frac{x-a}{b-a}} + C$

(81) $\displaystyle\int \frac{\mathrm{d}x}{\sqrt{(x-a)(b-x)}} = 2\arcsin\sqrt{\frac{x-a}{b-a}} + C\,(a<b)$

(82) $\displaystyle\int \sqrt{(x-a)(b-x)}\,\mathrm{d}x = \frac{2x-a-b}{4}\sqrt{(x-a)(b-x)} +$

$$\frac{(b-a)^2}{4}\arcsin\sqrt{\frac{x-a}{b-a}} + C\,(a<b)$$

11. 含有三角函数的积分

(83) $\displaystyle\int \sin x\,\mathrm{d}x = -\cos x + C$

(84) $\displaystyle\int \cos x\,\mathrm{d}x = \sin x + C$

(85) $\displaystyle\int \tan x\,\mathrm{d}x = -\ln|\cos x| + C$

(86) $\displaystyle\int \cot x\,\mathrm{d}x = \ln|\sin x| + C$

(87) $\displaystyle\int \sec x\,\mathrm{d}x = \ln\left|\tan\left(\frac{\pi}{4}+\frac{x}{2}\right)\right| + C = \ln|\sec x+\tan x| + C$

(88) $\int \csc x \, dx = \ln \left| \tan \dfrac{x}{2} \right| + C = \ln \left| \csc x - \cot x \right| + C$

(89) $\int \sec^2 x \, dx = \tan x + C$

(90) $\int \csc^2 x \, dx = -\cot x + C$

(91) $\int \sec x \tan x \, dx = \sec x + C$

(92) $\int \csc x \cot x \, dx = -\csc x + C$

(93) $\int \sin^2 x \, dx = \dfrac{x}{2} - \dfrac{1}{4} \sin 2x + C$

(94) $\int \cos^2 x \, dx = \dfrac{x}{2} + \dfrac{1}{4} \sin 2x + C$

(95) $\int \sin^n x \, dx = -\dfrac{1}{n} \sin^{n-1} x \cos x + \dfrac{n-1}{n} \int \sin^{n-2} x \, dx$

(96) $\int \cos^n x \, dx = \dfrac{1}{n} \cos^{n-1} x \sin x + \dfrac{n-1}{n} \int \cos^{n-2} x \, dx$

(97) $\int \dfrac{dx}{\sin^n x} = -\dfrac{1}{n-1} \cdot \dfrac{\cos x}{\sin^{n-1} x} + \dfrac{n-2}{n-1} \int \dfrac{dx}{\sin^{n-2} x}$

(98) $\int \dfrac{dx}{\cos^n x} = \dfrac{1}{n-1} \cdot \dfrac{\sin x}{\cos^{n-1} x} + \dfrac{n-2}{n-1} \int \dfrac{dx}{\cos^{n-2} x}$

(99) $\int \cos^m x \sin^n x \, dx = \dfrac{1}{m+n} \cos^{m-1} x \sin^{n+1} x + \dfrac{m-1}{m+n} \int \cos^{m-2} x \sin^n x \, dx$

$$= -\dfrac{1}{m+n} \cos^{m+1} x \sin^{n-1} x + \dfrac{n-1}{m+n} \int \cos^m x \sin^{n-2} x \, dx$$

(100) $\int \sin ax \cos bx \, dx = -\dfrac{1}{2(a+b)} \cos(a+b)x - \dfrac{1}{2(a-b)} \cos(a-b)x + C$

(101) $\int \sin ax \sin bx \, dx = -\dfrac{1}{2(a+b)} \sin(a+b)x + \dfrac{1}{2(a-b)} \sin(a-b)x + C$

(102) $\int \cos ax \cos bx \, dx = \dfrac{1}{2(a+b)} \sin(a+b)x + \dfrac{1}{2(a-b)} \sin(a-b)x + C$

(103) $\int \dfrac{dx}{a + b\sin x} = \dfrac{2}{\sqrt{a^2 - b^2}} \arctan \dfrac{a\tan \dfrac{x}{2} + b}{\sqrt{a^2 - b^2}} + C \quad (a^2 > b^2)$

(104) $\int \dfrac{dx}{a + b\sin x} = \dfrac{1}{\sqrt{b^2 - a^2}} \ln \left| \dfrac{a\tan \dfrac{x}{2} + b - \sqrt{b^2 - a^2}}{a\tan \dfrac{x}{2} + b + \sqrt{b^2 - a^2}} \right| + C \quad (a^2 < b^2)$

(105) $\int \dfrac{dx}{a + b\cos x} = \dfrac{2}{a+b} \sqrt{\dfrac{a+b}{a-b}} \arctan \left(\sqrt{\dfrac{a-b}{a+b}} \tan \dfrac{x}{2} \right) + C \quad (a^2 > b^2)$

(106) $\int \dfrac{dx}{a + b\cos x} = \dfrac{1}{a+b} \sqrt{\dfrac{a+b}{b-a}} \ln \left| \dfrac{\tan \dfrac{x}{2} + \sqrt{\dfrac{a+b}{b-a}}}{\tan \dfrac{x}{2} - \sqrt{\dfrac{a+b}{b-a}}} \right| + C \quad (a^2 < b^2)$

(107) $\displaystyle\int \frac{\mathrm{d}x}{a^2\cos^2 x + b^2\sin^2 x} = \frac{1}{ab}\arctan\left(\frac{b}{a}\tan x\right) + C$

(108) $\displaystyle\int \frac{\mathrm{d}x}{a^2\cos^2 x - b^2\sin^2 x} = \frac{1}{2ab}\ln\left|\frac{b\tan x + a}{b\tan x - a}\right| + C$

(109) $\displaystyle\int x\sin ax\,\mathrm{d}x = \frac{1}{a^2}\sin ax - \frac{1}{a}x\cos ax + C$

(110) $\displaystyle\int x^2\sin ax\,\mathrm{d}x = -\frac{1}{a}x^2\cos ax + \frac{2}{a^2}x\sin ax + \frac{2}{a^3}\cos ax + C$

(111) $\displaystyle\int x\cos ax\,\mathrm{d}x = \frac{1}{a^2}\cos ax + \frac{1}{a}x\sin ax + C$

(112) $\displaystyle\int x^2\cos ax\,\mathrm{d}x = \frac{1}{a}x^2\sin ax + \frac{2}{a^2}x\cos ax - \frac{2}{a^3}\sin ax + C$

12. 含有反三角函数的积分（其中 $a > 0$）

(113) $\displaystyle\int \arcsin\frac{x}{a}\,\mathrm{d}x = x\arcsin\frac{x}{a} + \sqrt{a^2 - x^2} + C$

(114) $\displaystyle\int x\arcsin\frac{x}{a}\,\mathrm{d}x = \left(\frac{x^2}{2} - \frac{a^2}{4}\right)\arcsin\frac{x}{a} + \frac{x}{4}\sqrt{a^2 - x^2} + C$

(115) $\displaystyle\int x^2\arcsin\frac{x}{a}\,\mathrm{d}x = \frac{x^3}{3}\arcsin\frac{x}{a} + \frac{1}{9}(x^2 + 2a^2)\sqrt{a^2 - x^2} + C$

(116) $\displaystyle\int \arccos\frac{x}{a}\,\mathrm{d}x = x\arccos\frac{x}{a} - \sqrt{a^2 - x^2} + C$

(117) $\displaystyle\int x\arccos\frac{x}{a}\,\mathrm{d}x = \left(\frac{x^2}{2} - \frac{a^2}{4}\right)\arccos\frac{x}{a} - \frac{x}{4}\sqrt{a^2 - x^2} + C$

(118) $\displaystyle\int x^2\arccos\frac{x}{a}\,\mathrm{d}x = \frac{x^3}{3}\arccos\frac{x}{a} - \frac{1}{9}(x^2 + 2a^2)\sqrt{a^2 - x^2} + C$

(119) $\displaystyle\int \arctan\frac{x}{a}\,\mathrm{d}x = x\arctan\frac{x}{a} - \frac{a}{2}\ln(a^2 + x^2) + C$

(120) $\displaystyle\int x\arctan\frac{x}{a}\,\mathrm{d}x = \frac{1}{2}(a^2 + x^2)\arctan\frac{x}{a} - \frac{a}{2}x + C$

(121) $\displaystyle\int x^2\arctan\frac{x}{a}\,\mathrm{d}x = \frac{x^3}{3}\arctan\frac{x}{a} - \frac{a}{6}x^2 + \frac{a^3}{6}\ln(a^2 + x^2) + C$

13. 含有指数函数的积分

(122) $\displaystyle\int a^x\,\mathrm{d}x = \frac{1}{\ln a}a^x + C$

(123) $\displaystyle\int \mathrm{e}^{ax}\,\mathrm{d}x = \frac{1}{a}\mathrm{e}^{ax} + C$

(124) $\displaystyle\int x\mathrm{e}^{ax}\,\mathrm{d}x = \frac{1}{a^2}(ax - 1)\mathrm{e}^{ax} + C$

(125) $\displaystyle\int x^n\mathrm{e}^{ax}\,\mathrm{d}x = \frac{1}{a}x^n\mathrm{e}^{ax} - \frac{n}{a}\int x^{n-1}\mathrm{e}^{ax}\,\mathrm{d}x$

(126) $\displaystyle\int xa^x\,\mathrm{d}x = \frac{x}{\ln a}a^x - \frac{1}{(\ln a)^2}a^x + C$

(127) $\displaystyle\int x^n a^x\,\mathrm{d}x = \frac{1}{\ln a}x^n a^x - \frac{n}{\ln a}\int x^{n-1}a^x\,\mathrm{d}x$

$(128) \int e^{ax} \sin bx \, dx = \dfrac{1}{a^2 + b^2} e^{ax} (a \sin bx - b \cos bx) + C$

$(129) \int e^{ax} \cos bx \, dx = \dfrac{1}{a^2 + b^2} e^{ax} (b \sin bx + a \cos bx) + C$

$(130) \int e^{ax} \sin^n bx \, dx = \dfrac{1}{a^2 + b^2 n^2} e^{ax} \sin^{n-1} bx (a \sin bx - nb \cos bx)$
$$+ \dfrac{n(n-1)b^2}{a^2 + b^2 n^2} \int e^{ax} \sin^{n-2} bx \, dx$$

$(131) \int e^{ax} \cos^n bx \, dx = \dfrac{1}{a^2 + b^2 n^2} e^{ax} \cos^{n-1} bx (a \cos bx + nb \sin bx)$
$$+ \dfrac{n(n-1)b^2}{a^2 + b^2 n^2} \int e^{ax} \cos^{n-2} bx \, dx$$

14. 含有对数函数的积分

$(132) \int \ln x \, dx = x \ln x - x + C$

$(133) \int \dfrac{dx}{x \ln x} = \ln |\ln x| + C$

$(134) \int x^n \ln x \, dx = \dfrac{1}{n+1} x^{n+1} \left(\ln x - \dfrac{1}{n+1} \right) + C$

$(135) \int (\ln x)^n dx = x(\ln x)^n - n \int (\ln x)^{n-1} dx$

$(136) \int x^m (\ln x)^n dx = \dfrac{1}{m+1} x^{m+1} (\ln x)^n - \dfrac{n}{m+1} \int x^m (\ln x)^{n-1} dx$

15. 含有双曲函数的积分

$(137) \int \text{sh} \, x \, dx = \text{ch} \, x + C$

$(138) \int \text{ch} \, x \, dx = \text{sh} \, x + C$

$(139) \int \text{th} \, x \, dx = \text{lnch} \, x + C$

$(140) \int \text{sh}^2 x \, dx = -\dfrac{x}{2} + \dfrac{1}{4} \text{sh} \, 2x + C$

$(141) \int \text{ch}^2 x \, dx = \dfrac{x}{2} + \dfrac{1}{4} \text{sh} \, 2x + C$

16. 定积分

$(142) \displaystyle\int_{-\pi}^{\pi} \cos nx \, dx = \int_{-\pi}^{\pi} \sin nx \, dx = 0$

$(143) \displaystyle\int_{-\pi}^{\pi} \cos mx \sin nx \, dx = 0$

$(144) \displaystyle\int_{-\pi}^{\pi} \cos mx \cos nx \, dx = \begin{cases} 0, & m \neq n \\ \pi, & m = n \end{cases}$

$(145) \displaystyle\int_{-\pi}^{\pi} \sin mx \sin nx \, dx = \begin{cases} 0, & m \neq n \\ \pi, & m = n \end{cases}$

(146) $\int_0^\pi \sin mx \sin nx \, \mathrm{d}x = \int_0^\pi \cos mx \cos nx \, \mathrm{d}x = \begin{cases} 0, & m \neq n \\ \dfrac{\pi}{2}, & m = n \end{cases}$

(147) $I_n = \int_0^{\frac{\pi}{2}} \sin^n x \, \mathrm{d}x = \int_0^{\frac{\pi}{2}} \cos^n x \, \mathrm{d}x$

$I_n = \dfrac{n-1}{n} I_{n-2}$

$= \begin{cases} I_n = \dfrac{n-1}{n} \cdot \dfrac{n-3}{n-2} \cdot \cdots \cdot \dfrac{4}{5} \cdot \dfrac{2}{3} \ (n \text{ 为大于 1 的正奇数}), I_1 = 1 \\ I_n = \dfrac{n-1}{n} \cdot \dfrac{n-3}{n-2} \cdot \cdots \cdot \dfrac{3}{4} \cdot \dfrac{1}{2} \cdot \dfrac{\pi}{2} (n \text{ 为正偶数}), I_0 = \dfrac{\pi}{2} \end{cases}$

附录 II   标准正态分布数值表

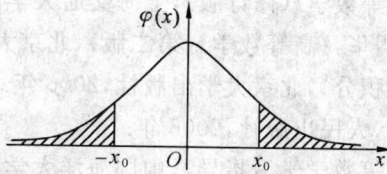

$$\Phi(x) = \frac{1}{\sqrt{2\pi}} \int_{-\infty}^{x} e^{-\frac{t^2}{2}} dt \ (x \geqslant 0), \Phi(-x) = 1 - \Phi(x)$$

x	0.00	0.01	0.02	0.03	0.04	0.05	0.06	0.07	0.08	0.09
0.0	0.500 0	0.504 0	0.508 0	0.512 0	0.516 0	0.519 9	0.523 9	0.527 9	0.531 9	0.535 9
0.1	0.539 8	0.543 8	0.547 8	0.551 7	0.555 7	0.559 6	0.563 6	0.567 5	0.571 4	0.575 3
0.2	0.579 3	0.583 2	0.587 1	0.591 0	0.594 8	0.598 7	0.602 6	0.606 4	0.610 3	0.614 1
0.3	0.617 9	0.621 7	0.625 5	0.629 3	0.633 1	0.636 8	0.640 6	0.644 3	0.648 0	0.651 7
0.4	0.655 4	0.659 1	0.662 8	0.666 4	0.670 0	0.673 6	0.677 2	0.680 8	0.684 4	0.687 9
0.5	0.691 5	0.695 0	0.698 5	0.701 9	0.705 4	0.708 8	0.712 3	0.715 7	0.719 0	0.722 4
0.6	0.725 7	0.729 1	0.732 4	0.735 7	0.738 9	0.742 2	0.745 4	0.748 6	0.751 7	0.754 9
0.7	0.758 0	0.761 1	0.764 2	0.767 3	0.770 3	0.773 4	0.776 4	0.779 4	0.782 3	0.785 2
0.8	0.788 1	0.791 0	0.793 9	0.796 7	0.799 5	0.802 3	0.805 1	0.807 8	0.810 6	0.813 3
0.9	0.815 9	0.818 6	0.821 2	0.823 8	0.826 4	0.828 9	0.831 5	0.834 0	0.836 5	0.838 9
1.0	0.841 3	0.843 8	0.846 1	0.848 5	0.850 8	0.853 1	0.855 4	0.857 7	0.859 9	0.862 1
1.1	0.864 3	0.866 5	0.868 6	0.870 8	0.872 9	0.874 9	0.877 0	0.879 0	0.881 0	0.883 0
1.2	0.884 9	0.886 9	0.888 8	0.890 7	0.892 5	0.894 4	0.896 2	0.898 0	0.899 7	0.901 5
1.3	0.903 2	0.904 9	0.906 6	0.908 2	0.909 9	0.911 5	0.913 1	0.914 7	0.916 2	0.917 7
1.4	0.919 2	0.920 7	0.922 2	0.923 6	0.925 1	0.926 5	0.927 8	0.929 2	0.930 6	0.931 9
1.5	0.933 2	0.934 5	0.935 7	0.937 0	0.938 2	0.939 4	0.940 6	0.941 8	0.943 0	0.944 1
1.6	0.945 2	0.946 3	0.947 4	0.948 4	0.949 5	0.950 5	0.951 5	0.952 5	0.953 5	0.954 5
1.7	0.955 4	0.956 4	0.957 3	0.958 2	0.959 1	0.959 9	0.960 8	0.961 6	0.962 5	0.963 3
1.8	0.964 1	0.964 8	0.965 6	0.966 4	0.967 1	0.967 8	0.968 6	0.969 3	0.970 0	0.970 6
1.9	0.971 3	0.971 9	0.972 6	0.973 2	0.973 8	0.974 4	0.975 0	0.975 6	0.976 2	0.976 7
2.0	0.977 2	0.977 8	0.978 3	0.978 8	0.979 3	0.979 8	0.980 3	0.980 8	0.981 2	0.981 7
2.1	0.982 1	0.982 6	0.983 0	0.983 4	0.983 8	0.984 2	0.984 6	0.985 0	0.985 4	0.985 7
2.2	0.986 1	0.986 4	0.986 8	0.987 1	0.987 4	0.987 8	0.988 1	0.988 4	0.988 7	0.989 0
2.3	0.989 3	0.989 6	0.989 8	0.990 1	0.990 4	0.990 6	0.990 9	0.991 1	0.991 3	0.991 6
2.4	0.991 8	0.992 0	0.992 2	0.992 5	0.992 7	0.992 9	0.993 1	0.993 2	0.993 4	0.993 6
2.5	0.993 8	0.994 0	0.994 1	0.994 3	0.994 5	0.994 6	0.994 8	0.994 9	0.995 1	0.995 2
2.6	0.995 3	0.995 5	0.995 6	0.995 7	0.995 9	0.996 0	0.996 1	0.996 2	0.996 3	0.996 4
2.7	0.996 5	0.996 6	0.996 7	0.996 8	0.996 9	0.997 0	0.997 1	0.997 2	0.997 3	0.997 4
2.8	0.997 4	0.997 5	0.997 6	0.997 7	0.997 7	0.997 8	0.997 9	0.997 9	0.998 0	0.998 1
2.9	0.998 1	0.998 2	0.998 2	0.998 3	0.998 4	0.998 4	0.998 5	0.998 5	0.998 6	0.998 6
3.0	0.998 7	0.999 0	0.999 3	0.999 5	0.999 7	0.999 8	0.999 8	0.999 9	0.999 9	1.000 0

注：本表最后一行自左至右依次是 $\Phi(3.0), \cdots, \Phi(3.9)$ 的值.

参 考 文 献

[1] 贾明斌,沙淑波：《高等数学》(修订版),上海交通大学出版社,2009 年.

[2] 刘书田,冯翠莲,侯明华：《高等数学》(第二版),北京大学出版社,2004 年.

[3] 刘书田,孙惠玲：《微积分》,北京大学出版社,2006 年.

[4] 沙淑波：《高等数学》,人民出版社,2006 年.

[5] 沙淑波,王金平：《高等数学学习指导》,中国海洋大学出版社,2003 年.

[6] 冉兆平：《高等数学》,上海财经大学出版社,2006 年.

[7] 张凤祥,刘贵基：《高等数学——微积分》,兰州大学出版社,2002 年.

[8] 顾静相：《经济数学基础》(第二版),高等教育出版社,2004 年.

[9] 关叶青,张凤林：《经济数学》,立信会计出版社,2006 年.

[10] 贺新瑜：《应用数学》(高职分册),东北财经大学出版社,2003 年.

[11] 金路：《微积分》,北京大学出版社,2006 年.

[12] 高汝熹：《高等数学》(经济和管理类专业用),复旦大学出版社,1988 年.

[13] 邓成梁：《经济管理数学》(第二版),华中科技大学出版社,2001 年.

[14] 冯翠莲,赵益坤：《应用经济数学》,高等教育出版社,2006 年.

[15] 同济大学概率统计教研组：《概率统计》(第二版),同济大学出版社,2000 年.

[16] 夏勇,汪晓空：《经济数学基础——微积分及其应用》,清华大学出版社,2004 年.

[17] 叶鹰,李萍,刘小茂：《概率论与数理统计》(第二版),华中科技大学出版社,2004 年.

[18] 于信,徐史明：《高等应用数学》,北京大学出版社,2007 年.

高等数学习题册

— 土建类 —

班　　级＿＿＿＿＿＿＿＿

学生姓名＿＿＿＿＿＿＿＿

学　　号＿＿＿＿＿＿＿＿

江苏大学出版社
JIANGSU UNIVERSITY PRESS

高等数学习题集

—— 土建类 ——

1.1 初等函数

1. 求下列函数的反函数

（1）$y=\dfrac{1-x}{1+x}$；

（2）$y=3+\ln(x+1)$；

（3）$y=\sqrt[3]{2x-1}$；

（4）$y=1-x^2\ (x<0)$.

2. 求下列函数由简单函数的复合过程

（1）$y=\sin x^3$；

（2）$y=\arccos\dfrac{1}{x}$；

（3）$y=\cos\sqrt{x}$；

（4）$y=\ln\tan 3x$；

(5) $y = \sin^2(1 + 2x)$.

3. 计算题

设 $f(x) = 2^x$，$g(x) = \sqrt{x}$，求：

(1) $g[f(x)]$；

(2) $f[g(x)]$.

1.2 数列的极限

1. 观察并写出下列数列的极限值

(1) $y_n = \dfrac{n}{n+1}$ ＿＿＿＿＿＿＿＿＿＿＿＿＿＿＿＿＿＿＿＿＿＿ .

(2) $y_n = n(-1)^n$ ＿＿＿＿＿＿＿＿＿＿＿＿＿＿＿＿＿＿＿＿＿＿ .

(3) $y_n = \sin \dfrac{n\pi}{2}$ ＿＿＿＿＿＿＿＿＿＿＿＿＿＿＿＿＿＿＿＿ .

(4) $y_n = 1 - \dfrac{1}{10^n}$ ＿＿＿＿＿＿＿＿＿＿＿＿＿＿＿＿＿＿＿ .

2. 求极限

(1) $\lim\limits_{n\to\infty}\left(3 - \dfrac{1}{n}\right)$;

(2) $\lim\limits_{n\to\infty}\dfrac{3n^2 - 2n + 1}{8 - n^2}$;

(3) $\lim\limits_{n\to\infty}\left[\dfrac{1}{1\times 3} + \dfrac{1}{2\times 4} + \dfrac{1}{3\times 5} + \cdots + \dfrac{1}{n\times(n+2)}\right]$.

3. 求下列无穷递缩等比数列的和

(1) $3, 1, \dfrac{1}{3}, \dfrac{1}{9}, \cdots$;

(2) $1, -\dfrac{1}{2}, \dfrac{1}{4}, -\dfrac{1}{8}, \cdots$;

(3) $1, -x, x^2, -x^3, \cdots (|x| < 1)$.

1.3 函数的极限

1. 求下列函数的极限

(1) $\lim\limits_{x \to +\infty} \left(\dfrac{1}{10}\right)^x$；

(2) $\lim\limits_{x \to -\infty} 2^x$；

(3) $\lim\limits_{x \to \frac{\pi}{4}} \tan x$；

(4) $\lim\limits_{x \to 3} (x^2 - 6x + 8)$；

2. 证明题

证明函数 $f(x) = \begin{cases} x^2 + 1, & x < 1, \\ 1, & x = 1, \\ -1, & x > 1 \end{cases}$ 在 $x \to 1$ 时极限不存在.

3. 解答题

(1) 设 $f(x) = \begin{cases} x, & x < 3, \\ 3x - 1, & x \geq 3, \end{cases}$ 作出 $f(x)$ 的图形，并讨论当 $x \to 3$ 时 $f(x)$ 的左、右极限.

(2) 设 $f(x) = \begin{cases} x + a, & x > 0, \\ e^{\frac{1}{x}} + 3, & x < 0, \end{cases}$ 若极限 $\lim\limits_{x \to 0} f(x)$ 存在，求常数 a 的值.

(3) 设 $f(x) = \begin{cases} 1 + \sin x, & x < 0, \\ a + e^x, & x > 0, \end{cases}$ 若极限 $\lim\limits_{x \to 0} f(x)$ 存在，求常数 a 的值.

1.4 无穷小量与无穷大量

1. 填空题

(1) 当 $x \to$ ＿＿＿＿＿或＿＿＿＿＿时，$f(x) = \dfrac{x}{x^2 - 4}$ 是无穷小；

当 $x \to$ ＿＿＿＿＿或＿＿＿＿＿时，$f(x) = \dfrac{x}{x^2 - 4}$ 是无穷大.

(2) 当 $x \to 0$ 时，与下列无穷小等价的无穷小分别是：

$\sin kx \sim$ ＿＿＿＿ $(k \neq 0)$; $\tan kx \sim$ ＿＿＿＿ $(k \neq 0)$; $e^{2x} - 1 \sim$ ＿＿＿＿;

$1 - \cos 3x^2 \sim$ ＿＿＿＿; $\ln(1 + 10x) \sim$ ＿＿＿＿; $\sqrt{1 + x^2} - 1 \sim$ ＿＿＿＿.

2. 选择题

(1) 当 $x \to 0$ 时，下列变量是无穷大的是＿＿＿＿.

A. $\cos \dfrac{1}{x}$　　　　　B. $\arctan \dfrac{1}{|x|}$　　　　　C. e^{-x}　　　　　D. $\ln |x|$

(2) 当 $x \to 1$ 时，$1 - x$ 是 $\dfrac{1}{2}(1 - x^2)$ 的＿＿＿＿无穷小.

A. 较低阶　　　　　B. 同阶　　　　　C. 等价　　　　　D. 较高阶

(3) 当 $n \to \infty$ 时，$\sin^2 \dfrac{1}{n}$ 与 $\dfrac{1}{n^k}$ 是等价的无穷小，则 $k =$ ＿＿＿＿.

A. 1　　　　　B. 2　　　　　C. 3　　　　　D. 4

3. 解答题

当 $x \to 1$ 时，$1 - x$ 与 $1 - \sqrt[3]{x}$ 是同阶无穷小还是等价无穷小？

4. 证明题

当 $x \to -3$ 时，$x^2 + 6x + 9$ 是比 $x + 3$ 较高阶的无穷小

1.5 极限的运算

1. 填空题

(1) $\lim\limits_{x\to 0}\dfrac{\sin kx}{x}=$ _____ $(k\neq 0)$；

(2) $\lim\limits_{x\to 0^+}\dfrac{\sin\sqrt{x}}{\sqrt{x}}=$ _____；

(3) $\lim\limits_{x\to 2}\dfrac{\sin(x-2)}{x-2}=$ _____；

(4) $\lim\limits_{x\to 0}\dfrac{\sin 3x}{5x}=$ _____.

2. 选择题

(1) $\lim\limits_{x\to\infty}x\sin\dfrac{1}{x}=$ _____.

A. 1   B. -1 C. 0   D. 不存在

(2) $\lim\limits_{x\to 1}\dfrac{\sin(1-x^2)}{1-x}=$ _____.

A. 1   B. -1 C. 2   D. $\dfrac{1}{2}$

3. 求下列各极限

(1) $\lim\limits_{x\to 1}\dfrac{x^2-1}{2x^2-x-1}$；

(2) $\lim\limits_{x\to -1}\dfrac{\sqrt{x+5}-2}{x+1}$；

(3) $\lim\limits_{x\to 0}\dfrac{x^2}{1-\sqrt{1+x^2}}$；

(4) $\lim\limits_{n\to\infty}\dfrac{2n+1}{\sqrt{n^2+n}}$；

(5) $\lim\limits_{x\to 0}\dfrac{\tan 2x}{\sin 3x}$；

(6) 求 $\lim\limits_{x\to\infty}\left(1+\dfrac{3}{x}\right)^x$.

1.6 函数的连续性（一）

1. 填空题

(1) 函数 $f(x) = \dfrac{x^2-1}{x^2+2x-3}$ 的间断点有_____，其中_____是第_____

类间断点；_____是第_____类间断点；

(2) 已知函数 $f(x)$ 在 $x=x_0$ 处连续，且 $f(x_0)=\pi$，则 $\lim\limits_{x \to x_0}[3f(x)+5]=$_____．

2. 选择题

(1) 设 $f(x) = \begin{cases} e^x, & x<0, \\ a+x, & x \geqslant 0 \end{cases}$ 在 $x=0$ 处连续，则 $a=$_____．

A. 2   B. 1   C. -1 D. 0

(2) $x=1$ 是可去间断点的函数为_____．

A. $y = \dfrac{1}{x+1}$ B. $y = \dfrac{1}{x-1}$

C. $y = \dfrac{x^2+x-2}{x-1}$ D. $y = \begin{cases} x-1, x \leqslant 1 \\ 3-x, x>1 \end{cases}$

3. 求下列函数的间断点，并指明其类型

(1) $y = \dfrac{\sin x}{x}$;   (2) $y = \dfrac{x^2+x-2}{x^2-1}$.

4. 解答题

【冰融化所需要的热量】设 1 g 冰从 -40 ℃升到 100 ℃所需要的热量（单位：焦耳）为

$f(x) = \begin{cases} 2.1x+84, & -40 \leqslant x \leqslant 0, \\ 4.2x+420, & x \geqslant 0. \end{cases}$ 试问当 $x=0$ 时，函数是否连续？若不连续，指出其间断点

的类型，并解释其几何意义．

1.7 函数的连续性(二)

1. 选择题

选择题设函数 $f(x)$ 在 $[a,b]$ 上有定义，则方程 $f(x)=0$ 在 (a,b) 内有唯一实根的条件是_____.

A. $f(x)$ 在 $[a,b]$ 上连续

B. $f(x)$ 在 $[a,b]$ 上连续，且 $f(a)f(b)<0$

C. $f(x)$ 在 $[a,b]$ 上单调，且 $f(a)f(b)<0$

D. $f(x)$ 在 $[a,b]$ 上连续单调，且 $f(a)f(b)<0$

2. 求 k 值，使 $f(x)$ 在其定义域内连续

(1) $f(x)=\begin{cases}\dfrac{\sin 2x}{x}, & x<0,\\ 3x^2-2x+k, & x\geqslant 0;\end{cases}$

(2) $f(x)=\begin{cases}1+x\sin\dfrac{1}{x}, & x<0,\\ (x+k)^2, & x\geqslant 0.\end{cases}$

3. 证明题

(1) 方程 $x^3-4x^2+1=0$ 在区间 $(0,1)$ 内至少有一个根.

(2) 方程 $x=a\sin x+b(a>0,b>0)$ 至少有一个正根，且不超过 $a+b$.

1.8 第 1 模块习题课

1. 填空题

(1) 函数 $f(x)=\ln(2^x-4)+\arccos\dfrac{2x-1}{7}$ 的定义域是_____.

(2) 若 $f(e^x)=x^2-2x$，则 $f(x)=$_____.

(3) 函数 $y=\sin^2\ln x$ 是由_____复合而成的.

(4) $\lim\limits_{n\to\infty}\dfrac{1+3+5+\cdots+(2n-1)}{(2n-1)(2n+1)}=$_____.

(5) 设 $\lim\limits_{x\to-3}\dfrac{x-a}{x^3+27}=b$，则 $a=$_____，$b=$_____.

(7) 设函数 $f(x)=\begin{cases}2,x\neq2,\\0,x=2,\end{cases}$ 则 $\lim\limits_{x\to2}f(x)=$_____.

2. 选择题

(1) 若 $f\left(x+\dfrac{1}{x}\right)=x^2+\dfrac{1}{x^2}$，则 $f(x)=$_____.

A. x^2-2 B. $2-x^2$ C. $x+\dfrac{1}{x}$ D. $2x^2+\dfrac{1}{x^2}$

(2) 设 $f(x)$ 为奇函数，$g(x)$ 为偶函数，问以下函数是奇函数的是_____.

A. $f[f(x)]$ B. $g[f(x)]$ C. $f[g(x)]$ D. $g[g(x)]$

(3) 下列式子正确的是_____.

A. $\lim\limits_{x\to0}x\sin\dfrac{1}{x}=1$ B. $\lim\limits_{x\to\infty}x\sin\dfrac{1}{x}=0$

C. $\lim\limits_{x\to0}\dfrac{\sin x}{x}=1$ D. $\lim\limits_{x\to\frac{\pi}{2}}\dfrac{\sin x}{x}=1$

3. 求下列极限

(1) $\lim\limits_{x\to2}(x^2+5x+3)$;

(2) $\lim\limits_{x\to1}\dfrac{\sqrt{x^2+3}-2}{x-1}$;

(3) $\lim\limits_{x\to 0}\dfrac{(\mathrm{e}^{2x}-1)\tan x}{x\ln(1+3x)}$.

4. 解答题

设函数 $f(x)=\begin{cases}1+\sin x, & x\leqslant 0,\\ a+\mathrm{e}^x, & x>0,\end{cases}$ 问 a 为何值时，$f(x)$ 在其定义区间上连续?

2.1 导数及其运算法则

1. 设 $f'(x_0)=A$,用导数定义求下列极限

(1) $\lim\limits_{\Delta x \to 0} \dfrac{f(x_0+2\Delta x)-f(x_0)}{\Delta x}$；

(2) $\lim\limits_{\Delta x \to 0} \dfrac{f(x_0)-f(x_0+\Delta x)}{\Delta x}$.

2. 求下列函数的导数

(1) $y=\sin x+3^x+\tan\dfrac{\pi}{4}$；

(2) $y=x^3-2\cos x+\mathrm{e}^x+5$；

(3) $y=\left(x-\dfrac{1}{x}\right)\left(x^2+\dfrac{1}{x^2}\right)$；

(4) $y=\dfrac{\ln x+x}{x^2}$；

(5) $y=\dfrac{x-1}{x^2+1}$；

(6) $y=\dfrac{x}{\sin x}+\dfrac{\sin x}{x}$.

2.2 求导法则

1. 求下列函数的导数

(1) $y = \ln(\sec x)$；

(2) $y = \sin \sqrt{x^2 + 1}$；

(3) $y = (x^3 + 2x^2)^5$；

(4) $y = x^{(1+x^2)}\ (x > 0)$.

2. 求下列方程确定的隐函数的导数 $\dfrac{\mathrm{d}y}{\mathrm{d}x}$

(1) $x^2 + 2xy - y^2 = 2x$；

(2) $\arctan \dfrac{y}{x} = \ln \sqrt{x^2 + y^2}$.

3. 求由下列各参数方程所确定的函数 $y = f(x)$ 的导数 $\dfrac{\mathrm{d}y}{\mathrm{d}x}$

(1) $\begin{cases} x = \dfrac{1}{t+1}, \\ y = \dfrac{t}{(t+1)^2}; \end{cases}$

(2) $\begin{cases} x = \mathrm{e}^t \cos t, \\ y = \mathrm{e}^t \sin t, \end{cases}$ 求 $\dfrac{\mathrm{d}y}{\mathrm{d}x}\Big|_{t=\frac{\pi}{2}}$.

4. 求下列函数的 n 阶导数

(1) $y = \mathrm{e}^{ax}$；

(2) $y = \ln(x+1)$.

2.3 函数的微分

1. 填入适当函数，使下列等式成立

(1) $a\mathrm{d}x=\mathrm{d}($)；

(2) $bx\mathrm{d}x=\mathrm{d}($)；

(3) $\dfrac{1}{2\sqrt{x}}\mathrm{d}x=\mathrm{d}($)；

(4) $\dfrac{1}{x}\mathrm{d}x=\mathrm{d}($)；

(5) $\dfrac{1}{1+x^2}\mathrm{d}x=\mathrm{d}($)；

(6) $\dfrac{1}{\sqrt{1-x^2}}\mathrm{d}x=\mathrm{d}($)；

(7) $\sin 2x\mathrm{d}x=\mathrm{d}($)；

(8) $\cos ax\mathrm{d}x=\mathrm{d}($)；

(9) $e^{-3x}\mathrm{d}x=\mathrm{d}($)；

(10) $\sec x\cdot\tan x\mathrm{d}x=\mathrm{d}($).

2. 求下列函数的微分 $\mathrm{d}y$

(1) $y=\arcsin\sqrt{1-x^2}$；

(2) $y=\sin^2[\ln(3x+1)]$.

3. 解答题

(1) 近似计算 $e^{1.001}$ 的值.

(2) 近似计算 $\ln 0.98$ 的值.

13

2.4 微分中值定理

1. 验证下列函数满足罗尔定理的条件,并求出定理中的 ξ

(1) $f(x) = x^2 - x - 5, x \in [-2, 3]$;　　　　(2) $f(x) = x\sqrt{3-x}, x \in [0, 3]$.

2. 验证下列函数满足拉格朗日中值定理的条件,并求出定理中的 ξ

(1) $f(x) = \ln x, x \in [1, e]$;　　　　(2) $f(x) = 1 - x^2, x \in [0, 3]$.

3. 解答题

设 $f(x) = (x-1)(x-2)(x-3)(x-4)$,试用罗尔定理说明方程 $f'(x) = 0$ 根的情况,并求出根所在的范围.

4. 证明题

证明恒等式 $\arctan x = \arcsin \dfrac{x}{\sqrt{1+x^2}}$.

2.5 洛必达法则

1. 用洛必达法则求下列极限

(1) $\lim\limits_{x\to 0}\dfrac{\ln(x+1)}{x}$；

(2) $\lim\limits_{x\to 0}\dfrac{e^x-e^{-x}}{\sin x}$；

(3) $\lim\limits_{x\to a}\dfrac{\sin x-\sin a}{x-a}$；

(4) $\lim\limits_{x\to \pi}\dfrac{\sin 3x}{\tan 5x}$；

(5) $\lim\limits_{x\to \frac{\pi}{2}}\dfrac{\ln\sin x}{(\pi-2x)^2}$；

(6) $\lim\limits_{x\to a}\dfrac{x^m-a^m}{x^n-a^n}$．

2. 解答题

设函数 $f(x)$ 二阶连续可导，且 $f(0)=0$，$f'(0)=1$，$f''(0)=2$，试求 $\lim\limits_{x\to 0}\dfrac{f(x)-x}{x^2}$．

2.6 函数的单调性与极值

1. 求下列函数的单调增减区间

(1) $y = x^3 - 3x^2 + 5$；

(2) $y = x - \ln(1+x)$；

(3) $y = x - e^x$.

2. 求下列函数的极值

(1) $f(x) = x^3 - 9x^2 - 27$；

(2) $f(x) = x - \dfrac{3}{2} x^{\frac{2}{3}}$；

(3) $f(x) = x^3 (x-5)^2$.

3. 证明题

当 $x > 0$ 时，$1 + \dfrac{1}{2} x > \sqrt{1+x}$.

分数	

2.7 函数的最值，曲线的凹凸性与拐点

1. 求下列函数的最大值与最小值

(1) $f(x)=(x^2-3)(x^2-4x+1)$，$x\in[-2,4]$；

(2) $f(x)=1-\dfrac{2}{3}(x-2)^{\frac{2}{3}}$，$x\in[0,3]$.

2. 解答题

欲做一个容积为 $300\ m^3$ 的无盖圆柱形蓄水池，已知池底单位造价为周围单位造价的两倍，问蓄水池的尺寸怎样设计才能使总造价最低？

3. 讨论下列曲线的凹凸性与拐点

(1) $y=2x^2-x^3$；

(2) $y=\ln(1+x^2)$；

(3) $y=x+\dfrac{1}{x}$.

2.8 第 2 模块习题课

1. 选择题

(1) 函数 $f(x)$ 在点 x_0 处连续是在该点可导的_____.

A. 必要条件　　　　B. 充分条件　　　　C. 充要条件　　　　D. 无关条件

(2) 下列函数中,其导数为 $\sin 2x$ 的是_____.

A. $\cos 2x$　　　　B. $\cos^2 x$　　　　C. $-\cos 2x$　　　　D. $\sin^2 x$

(3) 已知 $f(x)$ 为奇函数,则 $f'(x)$ 是_____.

A. 奇函数　　　　B. 偶函数　　　　C. 非奇非偶函数　　　　D. 不确定

(4) 设 $y=f(\sin x)$ 且函数 $f(x)$ 可导,则 $\mathrm{d}y=$_____.

A. $f'(\sin x)\mathrm{d}x$　　　　　　　　　　B. $f'(\cos x)\mathrm{d}x$

C. $f'(\sin x)\cos x\mathrm{d}x$　　　　　　　D. $f'(\cos x)\cos x\mathrm{d}x$

(5) 设 $f(x)$ 在 (a,b) 可导,$a<x_1<x_2<b$,则至少有一点 $\xi\in(a,b)$,使_____.

A. $f(b)-f(a)=f'(\xi)(b-a)$　　　　　　B. $f(b)-f(a)=f'(\xi)(x_2-x_1)$

C. $f(x_2)-f(x_1)=f'(\xi)(b-a)$　　　　D. $f(x_2)-f(x_1)=f'(\xi)(x_2-x_1)$

(6) 设函数 $f(x)$ 在 x_0 点可导,则 $f'(x_0)=0$ 是 $f(x)$ 在 $x=x_0$ 取得极值的_____.

A. 必要但非充分条件　　　　　　　　B. 充分但非必要条件

C. 充分必要条件　　　　　　　　　　D. 无关条件

(7) 设函数 $f(x)$ 在 x_0 点二阶可导,且 $f'(x_0)=0$,$f''(x_0)=0$,则 $f(x)$ 在 $x=x_0$ 处_____.

A. 一定有极大值　　　　　　　　　　B. 一定有极小值

C. 不一定有极值　　　　　　　　　　D. 一定没有极值

2. 填空题

(1) 曲线 $y=(1+x)\ln x$ 在点 $(1,0)$ 处的切线方程为_____.

(2) 设 $f'(x_0)=A$,则极限 $\lim\limits_{\Delta x\to 0}\dfrac{f(x_0+\Delta x)-f(x_0-\Delta x)}{\Delta x}=$_____.

(3) 已知函数 $f(x)=\begin{cases} \mathrm{e}^x, & x\leqslant 0, \\ ax+b, & x>0 \end{cases}$ 在 $x=0$ 处可导,则 $a=$_____,$b=$_____.

3. 求下列函数的导数

(1) $y=(x^3-x)^5$;　　　　　　　　　　(2) $y=\ln\dfrac{a+x}{a-x}$;

(3) $y = \arcsin \sqrt{1-x^2}$.

4. 解答题

(1) 求由方程 $\cos(xy) = x$ 确定的隐函数的导数 $\dfrac{\mathrm{d}y}{\mathrm{d}x}$.

(2) 已知函数 $y = \dfrac{(x-1)^3}{2(x+1)^2}$,求函数的增减区间、极值、函数图形的凹凸区间以及拐点.

(3) 试确定 a,b,c 的值,使 $y = x^3 + ax^2 + bx + c$ 在点 $(1,-1)$ 处有拐点,且在 $x = 0$ 处有极大值 1,并求此函数的极小值.

日 期：＿＿＿＿＿＿＿＿＿＿＿＿＿

分数	

3.1　不定积分的概念与性质

1. 填空题

(1) 若 $f(x)$ 是 $\sin x$ 的一个原函数，则 $f(x) = $ ＿＿＿＿＿＿＿＿＿＿＿．

(2) 设 $\int f(x)\mathrm{d}x = \sin 3x + x^5 + C$，则 $f(x) = $ ＿＿＿＿＿＿＿＿＿＿＿．

(3) 若 $\ln x$ 是 $f(x)$ 的一个原函数，则 $\int f(x)\mathrm{d}x = $ ＿＿＿＿＿＿＿＿＿＿＿．

$\int f'(x)\mathrm{d}x = $ ＿＿＿＿＿＿＿＿＿＿＿，$\mathrm{d}\left(\int f(x)\mathrm{d}x\right) = $ ＿＿＿＿＿＿＿＿＿＿＿．

2. 解答题

设曲线通过点 $(1,2)$，且其上任一点处的切线斜率等于这点横坐标的两倍，求此曲线的方程．

3. 求下列不定积分

(1) $\int \dfrac{1}{x^3}\mathrm{d}x$；

(2) $\int x^2\sqrt{x}\,\mathrm{d}x$；

(3) $\int \dfrac{\mathrm{d}x}{x\sqrt[3]{x}}$．

3.2 直接积分法

求下列不定积分

(1) $\int \dfrac{2x^2}{1+x}\mathrm{d}x$；

(2) $\int \dfrac{3+2x^2}{x^2(1+x^2)}\mathrm{d}x$；

(3) $\int \dfrac{x^3+5x^2-13}{x+2}\mathrm{d}x$；

(4) $\int \dfrac{x-1}{\sqrt{x}+1}\mathrm{d}x$；

(5) $\int \dfrac{\sqrt{1+x^2}}{\sqrt{1-x^4}}\mathrm{d}x$；

(6) $\int 7^x \mathrm{e}^{3x}\mathrm{d}x$；

(7) $\int \dfrac{1}{\sin^2 x \cos^2 x}\mathrm{d}x$；

(8) $\int \dfrac{\cos 2x}{\sin^2 x \cos^2 x}\mathrm{d}x$；

(9) $\int \dfrac{3\cos 2x}{\sin x - \cos x}\mathrm{d}x$；

(10) $\int \dfrac{\mathrm{d}x}{1+\cos 2x}$；

(11) $\int \dfrac{1-2\tan^2 x}{\sin^2 x}\mathrm{d}x$；

(12) $\int \dfrac{2\sin x}{\cos^2 x}\mathrm{d}x$.

3.3 第一类换元积分法

1. 填空题

(1) $\mathrm{d}x = $ _____ $\mathrm{d}\left(1 - \dfrac{x}{a}\right)$；

(2) $\sin 2x\,\mathrm{d}x = $ _____ $\mathrm{d}(\cos 2x)$；

(3) $\dfrac{x\mathrm{d}x}{\sqrt{1-x^2}} = $ _____ $\mathrm{d}(\sqrt{1-x^2})$；

(4) $\mathrm{e}^{ax}\,\mathrm{d}x = $ _____ $\mathrm{d}(\mathrm{e}^{ax}+5)$.

2. 求下列积分

(1) $\displaystyle\int \dfrac{\mathrm{d}x}{1-2x}$；

(2) $\displaystyle\int \dfrac{\mathrm{d}x}{1+9x^2}$；

(3) $\displaystyle\int \dfrac{x\mathrm{d}x}{1+9x^2}$；

(4) $\displaystyle\int \dfrac{2x-1}{\sqrt{1-x^2}}\mathrm{d}x$；

(5) $\displaystyle\int \dfrac{x+1}{x^2+1}\mathrm{d}x$；

(6) $\displaystyle\int \mathrm{e}^{\sin x}\cos x\,\mathrm{d}x$；

(7) $\displaystyle\int \sin^5 x\,\mathrm{d}x$；

(8) $\displaystyle\int \sin^2 x\cos^3 x\,\mathrm{d}x$；

(9) $\displaystyle\int \dfrac{\cos\sqrt{x}}{\sqrt{x}}\mathrm{d}x$.

3.4　第二类换元积分法

求下列积分

(1) $\int \dfrac{2x-1}{\sqrt{1-x^2}}\mathrm{d}x$；

(2) $\int x\sqrt{x-2}\,\mathrm{d}x$；

(3) $\int \dfrac{1}{1+\mathrm{e}^x}\mathrm{d}x$；

(4) $\int \dfrac{\mathrm{d}x}{\sqrt{x}+\sqrt[3]{x}}$；

(5) $\int x\ \sqrt{x-2}\,\mathrm{d}x$；

(6) $\int \dfrac{\mathrm{d}x}{x^2\ \sqrt{4-x^2}}$；

(7) $\int \dfrac{x+1}{x^2+1}\mathrm{d}x$；

(8) $\int \dfrac{1}{1+\mathrm{e}^x}\mathrm{d}x.$

3.5 分部积分法

1. 填空题

(1) $\int e^{\sin x} \sin x \cos x \mathrm{d}x = $ ＿＿＿＿＿＿＿＿ .

(2) $\int x \cos 2x \mathrm{d}x = $ ＿＿＿＿＿＿＿ .

(3) 设 e^{-2x} 是 $f(x)$ 的一个原函数，则 $\int x f(x) \mathrm{d}x = $ ＿＿＿＿＿＿＿ .

2. 求下列不定积分

(1) $\int x \cos \dfrac{x}{2} \mathrm{d}x$；

(2) $\int x^2 e^{-x} \mathrm{d}x$；

(3) $\int x^4 \ln x \mathrm{d}x$；

(4) $\int e^{2x} \cos 3x \mathrm{d}x$；

(5) $\int_0^1 \arctan x \mathrm{d}x$.

3. 利用积分表求下列积分

(1) $\int \sqrt{3x^2 - 2} \mathrm{d}x$；

(2) $\int \dfrac{\mathrm{d}x}{x(2 + 3x)^2}$.

日期：_____

分数	

3.6 第 3 模块习题课

1. 填空题：

(1) $\dfrac{\mathrm{d}}{\mathrm{d}x}\left(\int x\mathrm{e}^{2x}\mathrm{d}x\right) =$ _____.

(2) 设 $f(x)$ 是函数 $\sin x$ 的一个原函数，则 $\int f(x)\mathrm{d}x =$ _____.

(3) $\int (\tan x + \cot x)^2\mathrm{d}x =$ _____.

(4) 设 e^{-x} 是 $f(x)$ 的一个原函数，则 $\int xf(x)\mathrm{d}x =$ _____.

(5) $\int (1-\sin^3 x)\dfrac{1}{1+x^2}\mathrm{d}x =$ _____.

(6) $\int \dfrac{1}{x}\cos(\ln x)\mathrm{d}x =$ _____.

(7) $\int \mathrm{e}^{2x}\mathrm{d}x =$ _____.

(8) $\int \dfrac{f'(x)\mathrm{d}x}{\sqrt{f(x)}} =$ _____.

2. 选择题

(1) 设函数 $f(x)$ 的一个原函数为 $\ln x$，则 $f'(x) =$ _____.

A. $\dfrac{1}{x}$ B. $-\dfrac{1}{x^2}$

C. $x\ln x$ D. e^x

(2) $\int (3\mathrm{e})^x\mathrm{d}x =$ _____.

A. $(3\mathrm{e})^x + C$ B. $3\mathrm{e}^x + C$

C. $\dfrac{1}{3}(3\mathrm{e})^x + C$ D. $\dfrac{(3\mathrm{e})^x}{\ln 3+1} + C$

(3) $\int \left(\dfrac{1}{\cos^2 x} - 1\right)\mathrm{d}\cos x =$ _____.

A. $\tan x - x + C$ B. $\tan x - \cos x + C$

C. $-\dfrac{1}{\cos x} \ \ x + C$ D. $-\dfrac{1}{\cos x} - \cos x + C$

(4) $\int \mathrm{e}^{\sin x}\sin x\cos x\mathrm{d}x =$ _____.

A. $\mathrm{e}^{\sin x} + C$ B. $\mathrm{e}^{\sin x}\sin x + C$

C. $\mathrm{e}^{\sin x}\cos x + C$ D. $\mathrm{e}^{\sin x}(\sin x - 1) + C$

3. 计算题

(1) $\int \dfrac{4x^2-1}{1+x^2}\mathrm{d}x$；

(2) $\int \dfrac{1+\sin 2x}{\cos x+\sin x}\mathrm{d}x$；

(3) $\int \dfrac{\sqrt{x-1}}{x}\mathrm{d}x$；

(4) $\int \dfrac{\mathrm{d}x}{x(1+\ln x)}$；

(5) $\int x^2 \sin x$；

(6) $\int \dfrac{\mathrm{d}x}{x^2+2x+2}$.

4.1 定积分的概念

1. 根据定积分的几何意义,求下列定积分的值(画出图形)

(1) $\int_0^3 (2x+1)\mathrm{d}x$;

(2) $\int_{-4}^4 \sqrt{16-x^2}\,\mathrm{d}x$;

(3) $\int_{-1}^1 x^3\mathrm{d}x$;

(4) $\int_0^{2\pi} \sin x\mathrm{d}x$.

2. 解答题

(1)【变速直线运动的路程】设物体做直线运动,已知速度 $v=v(t)$ 是时间间隔 $[T_1, T_2]$ 上 t 的连续函数,且 $v(t)\geqslant 0$,计算在这段时间内物体所经过的路程 s.

(2) 设生产某产品的总产量 $P(t)$ 对时间的变化率为 $y=f(t)$,在生产连续进行时,用定积分表示从 t_1 到 t_2 这段时间的总产量.

4.2 定积分的性质

1. 用定积分的性质比较下列各组积分值的大小

(1) $\int_0^1 x^n \mathrm{d}x$ 与 $\int_0^1 x^{n+1} \mathrm{d}x$；

(2) $\int_e^5 \ln x \mathrm{d}x$ 与 $\int_e^5 \ln^2 x \mathrm{d}x$；

(3) $\int_3^1 \mathrm{e}^x \mathrm{d}x$ 与 $\int_3^1 \mathrm{e}^{2x} \mathrm{d}x$.

2. 解答题

(1) 若 $f(x) = \begin{cases} 2, & x < 0, \\ \sqrt{25-x^2}, & 0 \leqslant x \leqslant 5, \end{cases}$ 求 $f(x)$ 在 $[-1, 5]$ 上的平均值.

(2) 已知 $\int_2^3 f(x)\mathrm{d}x = 8, \int_2^5 f(x)\mathrm{d}x = 3$，求 $\int_3^5 f(x)\mathrm{d}x$.

分数	

4.3 牛顿-莱布尼茨公式

1. 计算下列定积分

(1) $\displaystyle\int_a^b x^5 \, \mathrm{d}x$；

(2) $\displaystyle\int_1^{\sqrt{3}} \frac{1}{1+x^2} \, \mathrm{d}x$；

(3) $\displaystyle\int_{\frac{\pi}{4}}^{\frac{\pi}{3}} \frac{1}{\sin^2 x \cos^2 x} \, \mathrm{d}x$；

(4) $\displaystyle\int_0^3 |2-x| \, \mathrm{d}x$；

(5) $\displaystyle\int_0^{2\pi} |\sin x| \, \mathrm{d}x$；

(6) $\displaystyle\int_{\frac{\pi}{4}}^0 \frac{1}{1-\sin^2 x} \, \mathrm{d}x$；

(7) $\displaystyle\int_1^2 \frac{1}{\sqrt{x}} \, \mathrm{d}x$；

(8) $\displaystyle\int_0^{\frac{\pi}{4}} \tan^2 x \, \mathrm{d}x$.

2. 求下列各式对 x 的导数

(1) $\displaystyle\int_0^{\sqrt{x}} \sin t^2 \, \mathrm{d}t$；

(2) $\displaystyle\int_1^5 \frac{\sin x}{x^3(1+x)} \, \mathrm{d}x$；

(3) $\int_x^{x^2} \mathrm{e}^{-t^2} \mathrm{d}t$;

(4) $\int_1^{\sin x} \mathrm{e}^{2t} \mathrm{d}t$.

3. 求下列极限

(1) $\lim\limits_{x\to 0} \dfrac{\displaystyle\int_0^{x^2} \ln(1+t)\,\mathrm{d}t}{x^4}$;

(2) $\lim\limits_{x\to 0} \dfrac{\displaystyle\int_0^{x} \sin t\,\mathrm{d}t}{x^2}$;

(3) $\lim\limits_{x\to 0} \dfrac{1}{x^2} \displaystyle\int_0^{x} \arctan t\,\mathrm{d}t$.

4.4 定积分的计算

1. 求下列积分

(1) $\int_1^2 \frac{1}{x^2} e^{\frac{1}{x}} dx$；

(2) $\int_0^{\frac{\pi}{2}} \sin x \cos^3 x \, dx$；

(3) $\int_0^1 \frac{t}{(t^2+3)^2} dt$；

(4) $\int_1^e \frac{\cos(\ln x)}{x} dx$；

(5) $\int_{-1}^0 \frac{(2x+3) dx}{x^2+2x+2}$.

2. 求下列积分

(1) $\int_0^1 \frac{\sqrt{x}}{2-\sqrt{x}} dx$；

(2) $\int_1^{\sqrt{3}} \frac{dx}{x\sqrt{1+x^2}}$；

(3) $\int_0^1 x^2 \sqrt{1-x^2}\,dx.$

3. 求下列积分

(1) $\int_1^e \ln x\,dx$;

(2) $\int_0^1 \arctan x\,dx$;

(3) $\int_0^1 x e^{-x}\,dx$;

(4) $\int_0^\pi x \cos 2x\,dx$;

(5) $\int_0^{\frac{\pi}{2}} x^2 \sin x\,dx.$

4.5 定积分的应用

求由下列各曲线所围成的图形的面积

(1) $y=x^3, y=\sqrt{x}$；

(2) $y=\dfrac{1}{x}, y=2x, x=4$；

(3) $y^2=2-x, y=x$；

(4) $y=\sin x, y=\cos x, x=0, x=\dfrac{\pi}{2}$；

(5) $y^2=x, x+y-2=0.$

4.6 第 4 模块习题课

1. 选择题

(1) 设函数 $f(x)$ 的一个原函数为 $\ln x$，则 $f'(x)=$ ＿＿＿＿＿＿．

A. $\dfrac{1}{x}$

B. $-\dfrac{1}{x^2}$

C. $x\ln x$

D. e^x

(2) $\displaystyle\int (3e)^x \mathrm{d}x=$ ＿＿＿＿＿＿．

A. $(3e)^x + C$

B. $3e^x + C$

C. $\dfrac{1}{3}(3e)^x + C$

D. $\dfrac{(3e)^x}{\ln 3 + 1} + C$

(3) $\displaystyle\int \left(\dfrac{1}{\cos^2 x} - 1\right)\mathrm{d}\cos x =$ ＿＿＿＿＿＿．

A. $\tan x - x + C$

B. $\tan x - \cos x + C$

C. $-\dfrac{1}{\cos x} - x + C$

D. $-\dfrac{1}{\cos x} - \cos x + C$

(4) $\displaystyle\int e^{\sin x}\sin x\cos x\,\mathrm{d}x =$ ＿＿＿＿＿＿．

A. $e^{\sin x} + C$

B. $e^{\sin x}\sin x + C$

C. $e^{\sin x}\cos x + C$

D. $e^{\sin x}(\sin x - 1) + C$

(5) 设函数 $f(x)$ 在闭区间 $[a,b]$ 上连续，则由曲线 $y=f(x)$，直线 $x=a$，$x=b$ 及 x 轴所围成的平面图形的面积等于 ＿＿＿＿＿＿．

A. $\displaystyle\int_a^b f(x)\mathrm{d}x$

B. $-\displaystyle\int_a^b f(x)\mathrm{d}x$

C. $\left|\displaystyle\int_a^b f(x)\mathrm{d}x\right|$

D. $\displaystyle\int_a^b |f(x)|\,\mathrm{d}x$

(6) 如果 $\displaystyle\int_0^x f(t)\mathrm{d}t = x\sin x$，则 $f(x)=$ ＿＿＿＿＿＿．

A. $\sin x + x\cos x$

B. $\sin x - x\cos x$

C. $-\sin x + x\cos x$

D. $-\sin x - x\cos x$

(7) $\displaystyle\int_{e^2}^{e^5} \dfrac{1}{x\sqrt{\ln x - 1}}\mathrm{d}x =$ ＿＿＿＿＿＿．

A. 2

B. 1

C. $2(e^{\frac{5}{2}} - e)$

D. $\dfrac{14}{3}$

2. 计算题

(1) $\displaystyle\int \frac{4x^2-1}{1+x^2}dx$；

(2) $\displaystyle\int \frac{1+\sin 2x}{\cos x+\sin x}dx$；

(3) $\displaystyle\int \frac{\sqrt{x-1}}{x}dx$；

(4) $\displaystyle\int \frac{dx}{x(1+\ln x)}$；

(5) $\displaystyle\int x^2\sin x dx$；

(6) $\displaystyle\int_0^{\frac{\pi}{2}} x^2\sin x dx$．

3. 按要求做题

(1) 求极限 $\displaystyle\lim_{x\to 0}\frac{1}{x^2}\int_0^x \sin 2t dt$．

(2) 求由 $\displaystyle\int_0^y e^t dt+\int_0^x \cos t dt=0$ 所确定的隐函数 y 对 x 的导数 $\dfrac{dy}{dx}$．

(3) 求由曲线 $y=x^2-2x+2, y=x+6$ 所围成的平面图形的面积.

分数	

5.1　二阶、三阶行列式

计算下列行列式的值

(1) $\begin{vmatrix} 2 & 3 \\ 5 & -4 \end{vmatrix}$；

(2) $\begin{vmatrix} 4a-5b & 2b \\ -6a & -3b \end{vmatrix}$；

(3) $\begin{vmatrix} x+1 & x \\ x^2 & x^2-x+1 \end{vmatrix}$；

(4) $\begin{vmatrix} 1 & \log_b a \\ \log_a b & 1 \end{vmatrix}$；

(5) $\begin{vmatrix} 0 & a & 0 \\ b & c & d \\ 0 & e & 0 \end{vmatrix}$;

(6) $\begin{vmatrix} 1 & -2 & -1 \\ 2 & 0 & 0 \\ 3 & 1 & 1 \end{vmatrix}$;

(7) $\begin{vmatrix} 1 & 0 & 2 \\ -1 & 2 & 3 \\ 2 & -1 & 1 \end{vmatrix}$;

(8) $\begin{vmatrix} 2 & 1 & -1 \\ 0 & 2 & 1 \\ -1 & 3 & 5 \end{vmatrix}$;

(9) $\begin{vmatrix} 10 & 8 & 2 \\ 15 & 12 & 3 \\ 20 & 32 & 12 \end{vmatrix}$.

分数	

5.2 n 阶行列式

1. 计算下列行列式的值

(1) $\begin{vmatrix} 2 & 1 & 0 & 0 \\ 0 & -3 & 0 & 2 \\ 1 & 0 & -2 & 0 \\ 0 & 0 & 3 & 1 \end{vmatrix}$；

(2) $\begin{vmatrix} 1 & 2 & 3 & -1 \\ 1 & -1 & 0 & 2 \\ 0 & 1 & 0 & 1 \\ 0 & 0 & -1 & 2 \end{vmatrix}$；

(3) $\begin{vmatrix} 0 & & & & n \\ 1 & 0 & & & \\ & 2 & \ddots & & \\ & & \ddots & & 0 \\ & & & n-1 & 0 \end{vmatrix}$.

2. 证明题

(1) $\begin{vmatrix} a_1 & 0 & 0 & b_1 \\ 0 & a_2 & b_2 & 0 \\ 0 & c_2 & d_2 & 0 \\ c_1 & 0 & 0 & d_1 \end{vmatrix} = \begin{vmatrix} a_1 & b_1 \\ c_1 & d_1 \end{vmatrix} \begin{vmatrix} a_2 & b_2 \\ c_2 & d_2 \end{vmatrix}$;

(2) $\begin{vmatrix} a_{11} & a_{12} & c_{11} & c_{12} \\ a_{21} & a_{22} & c_{21} & c_{22} \\ 0 & 0 & b_{11} & b_{12} \\ 0 & 0 & b_{21} & b_{22} \end{vmatrix} = \begin{vmatrix} a_{11} & a_{12} \\ a_{21} & a_{22} \end{vmatrix} \begin{vmatrix} b_{11} & b_{12} \\ b_{21} & b_{22} \end{vmatrix}$

3. 解方程

$\begin{vmatrix} x-1 & 2 & 3 & -1 \\ 0 & x+1 & 0 & 2 \\ 0 & 0 & x-2 & 1 \\ 0 & 0 & 0 & x+2 \end{vmatrix} = 0.$

5.3 行列式的性质

利用行列式的性质证明以下各式

(1) $\begin{vmatrix} a^2c & ac & ab \\ ab & b & c \\ ad & d & a \end{vmatrix} = 0$；

(2) $\begin{vmatrix} a^2 & ab & b^2 \\ 1 & 1 & 1 \\ 2a & a+b & 2b \end{vmatrix} = (b-a)^3$；

(3) $\begin{vmatrix} a_1+tb_1 & a_2+tb_2 & a_3+tb_3 \\ b_1+c_1 & b_2+c_2 & b_3+c_3 \\ c_1 & c_2 & c_3 \end{vmatrix} = \begin{vmatrix} a_1 & a_2 & a_3 \\ b_1 & b_2 & b_3 \\ c_1 & c_2 & c_3 \end{vmatrix}$；

(4) $\begin{vmatrix} b+c & c+a & a+b \\ q+r & r+p & p+q \\ y+z & z+x & x+y \end{vmatrix} = 2\begin{vmatrix} a & b & c \\ p & q & r \\ x & y & z \end{vmatrix}$；

(5) $\begin{vmatrix} 0 & a & b & a \\ a & 0 & a & b \\ b & a & 0 & a \\ a & b & a & 0 \end{vmatrix} = b^2(b^2-4a^2)$.

5.4　行列式的计算

计算下列行列式的值

(1) $\begin{vmatrix} 1 & -2 & 3 \\ 7 & -8 & 9 \\ 4 & -5 & 7 \end{vmatrix}$;

(2) $\begin{vmatrix} 1 & 2 & 3 & 4 \\ 4 & 3 & 2 & 1 \\ 0 & 1 & 0 & -1 \\ 3 & 2 & 4 & 1 \end{vmatrix}$;

(3) $\begin{vmatrix} 1 & 2 & 3 & -1 \\ 1 & -1 & 0 & 2 \\ 0 & 1 & 0 & 1 \\ 0 & 0 & -1 & 3 \end{vmatrix}$;

(4) $D_n = \begin{vmatrix} x & a & \cdots & a \\ a & x & \cdots & a \\ \vdots & \vdots & & \vdots \\ a & a & \cdots & x \end{vmatrix}$;

(5) $\begin{vmatrix} 1 & 1 & 1 & 1 \\ 1 & 1-x & 1 & 1 \\ 1 & 1 & 2-x & 1 \\ 1 & 1 & 1 & 3-x \end{vmatrix}$;

(6) $\begin{vmatrix} 2 & 1 & 0 & 0 & 0 \\ 1 & 2 & 1 & 0 & 0 \\ 0 & 1 & 2 & 1 & 0 \\ 0 & 0 & 1 & 2 & 1 \\ 0 & 0 & 0 & 1 & 2 \end{vmatrix}$.

5.5 克莱姆法则

1. 用克莱姆法则求解下列方程组

(1) $\begin{cases} x+2y-z=-3, \\ 2x-y+3z=9, \\ -x+y+4z=6; \end{cases}$

(2) $\begin{cases} x+y-2z=-3, \\ 5x-2y+7z=22, \\ 2x-5y+4z=4; \end{cases}$

(3) $\begin{cases} x_1+x_2-x_3-x_4=0, \\ x_1-2x_2-x_3+x_4=1, \\ x_1+2x_2\qquad-2x_4=1, \\ 7x_1-3x_2+5x_3-2x_4=38. \end{cases}$

2. 证明题

当 a,b,c 互不相等时，线性方程组组 $\begin{cases} x_1+ax_2+a^2x_3=a^3, \\ x_1+bx_2+b^2x_3=b^3, \\ x_1+cx_2+c^2x_3=c^3 \end{cases}$ 有唯一解.

3. 解答题

(1) λ 取何值时,齐次线性方程组 $\begin{cases} (1-\lambda)x_1 - 2x_2 + 4x_3 = 0, \\ 2x_1 + (3-\lambda)x_2 + x_3 = 0, \\ x_1 + x_2 + (1-\lambda)x_3 = 0 \end{cases}$ 有非零解?

(2) 求一个二次多项式 $f(x) = ax^2 + bx + c$,满足 $f(-1) = -6, f(1) = -2, f(2) = -3$.

5.6 第 5 模块习题课(一)

1. 计算题

$$\begin{vmatrix} 5 & -1 & 6 & 7 \\ 1 & 3 & -1 & 2 \\ 4 & 5 & 0 & 1 \\ -1 & 6 & 2 & 4 \end{vmatrix}.$$

2. 用克莱姆法则求解方程组

(1) $\begin{cases} x+\ y+\ z=0, \\ 2x-5y-3z=10, \\ 4x+8y+2z=4; \end{cases}$

(2) $\begin{cases} x+y-z=a, \\ -x+y+z=b, \\ x-y+z=c; \end{cases}$

(3) $\begin{cases} x-\ y+z=2, \\ x+2y\ \ \ =1, \\ x\ \ \ \ -z=4. \end{cases}$

3. 证明题

判断线性方程组 $\begin{cases} x_1+3x_2-\ x_3+2x_4=0, \\ x_1-5x_2+3x_3-4x_4=0, \\ 2x_2+\ x_3-\ x_4=0, \\ -5x_1+\ x_2+3x_3-3x_4=0 \end{cases}$ 只有零解.

5.7 矩阵的概念，矩阵的运算（一）

解答题

(1) 设 $\begin{pmatrix} x & y \\ 2 & x-y \end{pmatrix} = \begin{pmatrix} 3 & -1 \\ 2 & z \end{pmatrix}$，求 x,y,z.

(2) 设 $\mathbf{A} = \begin{pmatrix} a & -1 & 3 \\ 0 & b & -4 \\ -5 & 8 & 7 \end{pmatrix}$，$\mathbf{B} = \begin{pmatrix} -2 & -1 & c \\ 0 & 1 & -4 \\ d & 8 & 7 \end{pmatrix}$，且 $\mathbf{A} = \mathbf{B}$，求 a,b,c,d.

(3) 设 $\mathbf{A} = \begin{pmatrix} 2 & -1 & 4 \\ 0 & 3 & 2 \end{pmatrix}$，$\mathbf{B} = \begin{pmatrix} 7 & 4 & 0 \\ -1 & 3 & 2 \end{pmatrix}$，求 $2\mathbf{A}+3\mathbf{B}$，$2\mathbf{A}-3\mathbf{B}$.

(4) 设 $\mathbf{A} = \begin{pmatrix} -1 & 2 & 3 & 1 \\ 0 & 2 & -1 & 3 \\ 4 & 2 & 0 & 5 \end{pmatrix}$，$\mathbf{B} = \begin{pmatrix} 1 & 2 & -1 & 0 \\ 4 & -3 & 1 & 1 \\ 1 & 0 & 2 & 5 \end{pmatrix}$，求 $2\mathbf{A}+3\mathbf{B}$，$2\mathbf{A}-3\mathbf{B}$.

(5) 设矩阵 $\mathbf{X}$ 满足 $\begin{pmatrix} -1 & 2 & 5 \\ 0 & 1 & 2 \end{pmatrix} + 2\mathbf{X} = 3\begin{pmatrix} 5 & 0 & -1 \\ 3 & 7 & 2 \end{pmatrix}$，求 $\mathbf{X}$.

(6) 已知 $\mathbf{A} = \begin{pmatrix} 3 & 0 & -1 & 2 \\ 2 & 8 & 3 & 1 \end{pmatrix}$，$\mathbf{B} = \begin{pmatrix} 5 & 6 & 3 & 2 \\ 2 & 4 & 7 & -1 \end{pmatrix}$，且 $\mathbf{A}+2\mathbf{X}=\mathbf{B}$，求 $\mathbf{X}$.

5.8 矩阵的运算(二)

1. 解答题

(1) 已知 $A = \begin{pmatrix} 3 & 6 & 2 \\ 2 & 4 & 7 \\ -1 & 2 & 5 \end{pmatrix}$，求 $A + A^{\mathrm{T}}$ 及 $A - A^{\mathrm{T}}$.

(2) 设 $A = \begin{pmatrix} 2 & -1 & 4 \\ 0 & 3 & -2 \end{pmatrix}$，$B = \begin{pmatrix} 7 & 4 & 0 \\ -1 & 3 & 2 \end{pmatrix}$，求 $A^{\mathrm{T}}B$，$B^{\mathrm{T}}A$.

(3) 已知 $A = \begin{pmatrix} 3 & 1 & 1 \\ 2 & 1 & 2 \\ 1 & 2 & 3 \end{pmatrix}$，$B = \begin{pmatrix} 1 & 1 & -1 \\ 2 & -1 & 0 \\ 1 & 0 & 1 \end{pmatrix}$，求 $AB - BA$.

2. 计算题

(1) $\begin{pmatrix} 1 & 0 \\ 0 & 1 \end{pmatrix} \begin{pmatrix} 3 & 2 \\ 5 & 6 \end{pmatrix}$;

(2) $\begin{pmatrix} 2 \\ 1 \\ -1 \\ 2 \end{pmatrix} (-2 \quad 1 \quad 0)$;

(3) $\begin{pmatrix} \lambda & 1 & 0 \\ 0 & \lambda & 1 \\ 0 & 0 & \lambda \end{pmatrix}^3$.

3. 证明题

(1) 已知 $\boldsymbol{AB} = \boldsymbol{BA}, \boldsymbol{AC} = \boldsymbol{CA}$, 求证: $\boldsymbol{A}(\boldsymbol{B}+\boldsymbol{C}) = (\boldsymbol{B}+\boldsymbol{C})\boldsymbol{A}$.

6. 设 $\boldsymbol{A}, \boldsymbol{B}$ 为 n 阶矩阵, 且 $\boldsymbol{A}$ 为对称矩阵, 证明: $\boldsymbol{B}^{\mathrm{T}}\boldsymbol{AB}$ 也是对称矩阵.

5.9 矩阵的初等变换与矩阵的秩

1. 用初等行变换将下列矩阵化为行最简形阶梯矩阵，并求矩阵的秩

(1) $A = \begin{pmatrix} 3 & 2 & 1 & 1 \\ 1 & 2 & -3 & 2 \\ 4 & 4 & -2 & 3 \end{pmatrix}$;

(2) $A = \begin{pmatrix} 1 & -1 & 2 \\ 2 & -2 & 4 \\ 3 & 0 & 6 \\ 2 & 1 & 4 \end{pmatrix}$.

2. 用初等行变换求下列矩阵的秩

(1) $A = \begin{pmatrix} 1 & 2 & -3 \\ -1 & -3 & 4 \\ 1 & 1 & -2 \end{pmatrix}$;

(2) $A = \begin{pmatrix} 1 & 2 & 2 & 11 \\ 1 & -3 & -3 & -14 \\ 3 & 1 & 1 & 8 \end{pmatrix}$;

(3) $A = \begin{pmatrix} 1 & 2 & 2 & 11 \\ 1 & 2 & -3 & -14 \\ 3 & 1 & 1 & 3 \\ 2 & 5 & 5 & 28 \end{pmatrix}$;

(4) $A = \begin{pmatrix} 1 & 0 & -1 & -1 & 2 \\ 0 & -1 & 2 & 3 & 1 \\ 1 & -1 & 1 & 2 & 3 \\ 1 & 2 & -5 & -7 & 0 \end{pmatrix}$.

5.10 逆矩阵的概念与求解

1. 求下列矩阵的逆矩阵

(1) $A = \begin{pmatrix} 1 & 2 & -3 \\ 0 & 1 & 2 \\ 0 & 0 & 1 \end{pmatrix}$;

(2) $A = \begin{pmatrix} 1 & 0 & 0 & 0 \\ a & 1 & 0 & 0 \\ a^2 & a & 1 & 0 \\ a^3 & a^2 & a & 1 \end{pmatrix}$.

2. 解答题

(1) 判断方阵 $A = \begin{pmatrix} 1 & 1 & 1 & 1 \\ 1 & -2 & -2 & -1 \\ 2 & 5 & -1 & 4 \\ 4 & 1 & 1 & 2 \end{pmatrix}$ 是否可逆？若可逆，求 A^{-1}.

(2) 求矩阵 $A = \begin{pmatrix} 1 & 0 & 1 \\ 2 & 1 & 0 \\ -3 & 2 & -5 \end{pmatrix}$ 的逆矩阵.

(3) 已知矩阵 $A = \begin{pmatrix} 1 & 0 & 1 \\ 2 & 1 & 0 \\ -3 & 2 & -5 \end{pmatrix}$, 求 $(E-A)^{-1}$.

5.11　第 5 模块习题课（二）

1. 求下列矩阵的秩

(1) $A = \begin{pmatrix} 1 & 0 & 2 & -1 \\ 2 & 0 & 3 & 1 \\ 3 & 0 & 4 & 3 \end{pmatrix}$;

(2) $A = \begin{pmatrix} 2 & -1 & 3 & -2 & 4 \\ 4 & -2 & 5 & 1 & 7 \\ 2 & -1 & 1 & 8 & 2 \end{pmatrix}$;

(3) $A = \begin{pmatrix} 1 & 0 & 1 \\ 1 & 1 & 0 \\ 0 & 1 & 1 \\ 0 & 0 & 1 \\ 0 & 1 & 0 \end{pmatrix}$.

2. 求下列矩阵的逆矩阵

(1) $A = \begin{pmatrix} \cos\theta & -\sin\theta \\ \sin\theta & \cos\theta \end{pmatrix}$;

(2) $\boldsymbol{A} = \begin{bmatrix} \lambda_1 & & & \\ & \lambda_2 & & \\ & & \ddots & \\ & & & \lambda_n \end{bmatrix}$ $(\lambda_1 \lambda_2 \cdots \lambda_n \neq 0)$;

(3) $\boldsymbol{A} = \begin{bmatrix} 3 & -2 & 0 & -1 \\ 0 & 2 & 2 & 1 \\ 1 & -2 & -3 & -2 \\ 0 & 1 & 2 & 1 \end{bmatrix}$.

6.1 排列组合

1. 7 人站成一排，

(1) 甲站在中间的不同排法有_____种；

(2) 甲、乙相邻的不同排法有_____种；

(3) 甲、乙不相邻的不同排法有_____种；

(4) 甲、乙、丙两两不相邻的不同排法有_____种；

(5) 甲站在乙的左边的不同排法有_____种；

(6) 甲不站在左端，乙不站在右端的不同排法有_____种.

2. 用 0,1,2,3,4,5 数字组成无重复数字的 5 位数，其中

(1) 这样的 5 位数的个数是_____；

(2) 奇数有_____个，偶数有_____个；

(3) 5 的倍数有_____个；

(4) 奇数位必须为奇数有_____个.

3. 100 件产品中有 4 件次品，现抽取 3 件检查，则

(1) 恰好有一件次品的取法有_____种；

(2) 既有正品又有次品的取法有_____种.

4. 6 本不同的书，

(1) 分成 3 堆，一堆一本，一堆两本，一堆 3 本，有_____分法；

(2) 分给甲、乙、丙 3 人，一人一本，一人两本，一人 3 本，有_____分法；

(3) 分成 3 堆，每堆两本，有_____分法；

(4) 分给甲、乙、丙 3 人，每人两本，有_____分法.

6.2 随机事件

解答题

(1) 指出下列事件是必然事件、不可能事件,还是随机事件:

① 某地 1 月 1 日刮西北风;

② 当 x 是实数时, $x^2 \geqslant 0$;

③ 手电筒的电池没电,灯泡发亮;

④ 一个电影院某天的上座率超过 50%.

(2) 指出下列事件是必然事件、不可能事件,还是随机事件:

① 抛一石块,下落.

② 在标准大气压下且温度低于 0 ℃时,冰融化;

③ 某人射击一次,中靶;

④ 如果 $a > b$,那么 $a - b > 0$;

⑤ 掷一枚硬币,出现正面;

⑥ 导体通电后,发热;

⑦ 从分别标有号数 1,2,3,4,5 的 5 张标签中任取一张,得到 4 号签;

⑧ 某电话机在 1 分钟内收到 2 次呼叫;

⑨ 没有水分,种子能发芽;

⑩ 在常温下,焊锡熔化.

(3) 向指定的目标射击 3 枪,以 A_1, A_2, A_3 表示事件"第一、二、三枪击中目标",试用 A_1, A_2, A_3 表示以下事件:

① 只击中第一枪;② 只击中一枪;③ 3 枪都未击中;④ 至少击中一枪.

(4) 掷一颗均匀的骰子,观察出现的点数,设事件 $A=$｛点数是 2,3 或 4｝,$B=$｛不小于 4 的点数｝,$C=$｛点数小于 3｝,$D=$｛点数为奇数｝,$E=$｛点数为偶数｝.试问:

① 哪些事件是对立事件? 哪些事件是互不相容事件?

② 下列各式分别表示什么事件: $\bar{A}B, \bar{A} \cup B, AB\bar{C}, \bar{A}C, A \cup E$.

6.3 概率的统计定义与古典概型

解答题

(1) 某人进行打靶练习，共射击 10 次，其中有 2 次中 10 环，有 3 次环中 9 环，有 4 次中 8 环，有 1 次未中靶，试计算此人中靶的概率．假设此人射击 1 次，试问中靶的概率约为多大？中 10 环的概率约为多大？

(2) 一个盒子中有大小相同的红颜色的球 4 个，白颜色的球 3 个．
① 从中摸出 2 个球，求两球恰好颜色不同的概率；
② 从中摸出 2 个球，求两球恰好颜色相同的概率．

(3) 一个均匀的正方形玩具的各个面上分别标以数字 1,2,3,4,5,6,将这个玩具先后抛掷 2 次．
计算：① 一共有多少种不同的结果？
② 其中向上的数之和是 5 的结果有多少种？
③ 向上的数之和是 5 的概率是多少？

(4) 从 0,1,2,3,4,5,6 中，任取 4 个数组成没有重复数字的 4 位数，求：
① 这个 4 位数是偶数的概率；
② 这个 4 位数能被 5 整除的概率．

6.4 几何概率与概率的性质

1. 选择题

(1) 已知事件 A 与 B 的概率都是 $\frac{1}{2}$，则下列结论一定正确的是＿＿＿＿＿.

A. $P(A+B)=1$ B. $P(\overline{A}\,\overline{B})=\frac{1}{4}$

C. $P(AB)=\frac{1}{2}$ D. $P(AB)=P(\overline{A}\,\overline{B})$

(2) 设 $P(A+B)=a, P(\overline{A})=b, P(\overline{B})=c$，则 $P(A\overline{B})=$ ＿＿＿＿＿.

A. $(a+c)c$ B. $a+c-1$ C. $a+b-c$ D. $(1-b)c$

(3) 从一批羽毛球产品中任取一个，其质量小于 4.8 g 的概率为 0.3，质量小于 4.85 g 的概率为 0.32，那么质量在 $[4.8, 4.85)$(g)范围内的概率是＿＿＿＿＿.

A. 0.62   B. 0.38   C. 0.02   D. 0.68

(4) 甲、乙两人下棋，下成和棋的概率是 $\frac{1}{2}$，乙获胜的概率是 $\frac{1}{3}$，则甲不胜的概率是

＿＿＿＿＿.

A. $\frac{1}{2}$ B. $\frac{5}{6}$ C. $\frac{1}{6}$ D. $\frac{2}{3}$

2. 解答题

(1) 某公务员去开会，他乘火车、轮船、汽车、飞机去的概率分别为 0.3，0.2，0.1，0.4.

① 求他乘火车或乘飞机去的概率；

② 求他不乘轮船去的概率；

③ 如果他去的概率为 0.5，请问他有可能是乘何种交通工具去的？

(2) 某射手射击一次击中 10 环、9 环、8 环的概率分别是 0.3，0.3，0.2，求他射击一次不够 8 环的概率.

6.5 概率的加法公式

解答题

(1) 在一个盒子内放有 20 个大小相同的小球,其中有 15 个红球,5 个白球,从中抽取 3 个,求至少有 1 个白球的概率.

(2) 一个线路上装有甲、乙两根保险丝,当电流超过一定量时,甲、乙保险丝被烧断的概率分别为 0.85 和 0.74,两根同时烧断的概率为 0.63,求至少有一根被烧断的概率.

(3) 在 $1,2,\cdots,100$ 中任取一数,求它能被 2 整除,或能被 5 整除的概率.

(4) 某班有 50 名学生,求至少有 1 名学生的生日在 1 月 1 日的概率.

6.6 条件概率与乘法公式

1. 填空题

(1) 若事件 A 与 B 满足 $P(A)=0.4$, $P(B)=0.3$, $P(B|A)=0.5$, $P(A+B)=$
_____.

(2) 设 10 件产品中有 4 件不合格品，从中任取 2 件，已知所取 2 件产品中有 1 件是不合格品，则另一件也是不合格品的概率为_____.

(3) 5 个乒乓球(3 个是新的，2 个是旧的)，每次取一个，无放回的取两次，第二次取得新球的概率为_____.

2. 计算题

设 A,B 为两个随机事件，已知 $P(A|B)=0.3$, $P(B|A)=0.4$, $P(\overline{A}|\overline{B})=0.7$, 求 $P(A+B)$ 的值.

6.7　事件的独立性与伯努利概型

1. 选择题

(1) 对于任意二事件 A 和 B，有_____.

A. 若 $AB \neq \varnothing$，则 A,B 一定独立　　　B. 若 $AB \neq \varnothing$，则 A,B 有可能独立

C. 若 $AB = \varnothing$，则 A,B 一定独立　　　D. 若 $AB = \varnothing$，则 A,B 一定不独立

(2) 设 $P(A) = 0.8, P(B) = 0.7, P(A|B) = 0.8$，则下列结论正确的是_____.

A. 事件 A 与 B 互不相容　　　B. $A \subset B$

C. 事件 A 与 B 互相独立　　　D. $P(A+B) = P(A) + P(B)$

(3) 若每次试验的成功率为 p $(0 < p < 1)$，则独立地重复进行试验直到第 n 次才取得 r $(1 \leqslant r \leqslant n)$ 次成功的概率为_____.

A. $C_n^r \, p^r (1-p)^{n-r}$　　　B. $C_{n-1}^{r-1} \, p^r (1-p)^{n-r}$

C. $p^r (1-p)^{n-r}$　　　D. $C_{n-1}^{r-1} \, p^{r-1} (1-p)^{n-r}$

2. 填空题

(1) 电灯泡使用寿命在 $1\,000\ \text{h}$ 以上的概率为 0.2，则 3 个灯泡在使用 $1\,000\ \text{h}$ 以后，最多只有 1 个坏了的概率为_____.

(2) 某射手在 3 次射击中至少命中 1 次的概率为 0.875，则该射手在 1 次射击中命中的概率为_____.

3. 计算题

一条自动生产线上产品的一级品率为 0.6，现检查了 10 件，求至少有 2 件一级品的概率.

6.8　随机变量

1. 填空题

(1) 随机变量按其取值情况可分为两类,在随机试验中,如果随机变量的所有可能取值是有限个或是可列无限多个,这种随机变量叫做＿＿＿＿＿＿,否则叫做＿＿＿＿＿＿.

(2) 一般地,把表示随机事件结果的变量叫做＿＿＿＿＿＿.

2. 计算题

(1) 用随机变量来描述掷一枚硬币的试验结果.

(2) 若某射手射击中靶的环数为随机变量 X,说明"$X=0$""$X=6$""$P(X=2)$""$P(X<4)$"的意义.

6.9 离散型随机变量及其分布

1. 填空题

(1) 设 100 件产品中有 10 件次品,每次随机抽取 1 件,检验后放回去,连续抽 3 次,则最多取到 1 件次品的概率为＿＿＿＿＿.

(2) 某射手每次射击击中目标的概率为 p,连续向同一目标射击,直到某一次击中为止,则射击次数为 X 的概率＿＿＿＿＿.

2. 计算题

(1) 掷一枚均匀的骰子,试写出点数 X 的概率分布律,并求 $P(X>1)$,$P(2<X<5)$.

(2) 盒中装有某种产品 15 件,其中有 2 件次品,现在从中任取 3 件,试写出取出次品数 X 的分布律.

(3) 设随机变量 X 的分布律为

X	0	1	2	3	4
p	0.1	0.1	a	0.3	0.2

求常数 a.

6.10　连续型随机变量及其分布(一)

解答题

(1) 设随机变量 ξ 的概率密度为：$p(x) = \begin{cases} cx, & 0 \leqslant x \leqslant 1, \\ 0, & 其他. \end{cases}$

求：① 常数 c 的值；

② ξ 落在 $(0.3, 0.7)$ 内的概率；

③ ξ 落在区间 $(-\infty, t)(t \in \mathbf{R})$ 内的概率.

(2) 设连续型随机变量 ξ 的概率密度为 $p(x) = Be^{-|x|}, x \in (-\infty, +\infty)$.

① 试确定 B 的值；

② 求 ξ 的分布函数；

③ 求 $P(0 \leqslant \xi \leqslant 1)$.

(3) 设连续型随机变量 ξ 的概率密度为 $p(x) = \begin{cases} c+x, & -1 < x \leqslant 0, \\ c-x, & 0 < x \leqslant 1, \\ 0, & 其他. \end{cases}$

求：① 常数 c；② 分布函数；③ $P\left(-\dfrac{1}{2} < \xi \leqslant \dfrac{1}{2}\right)$.

6.11 连续型随机变量及其分布(二)

1. 选择题

已知标准正态分布函数为 $\Phi(x)$，则 $\Phi(-x)$ 的值等于_____.

A. $\Phi(x)$ B. $1-\Phi(x)$ C. $-\Phi(x)$ D. $\dfrac{1}{2}+\Phi(x)$

2. 解答题

(1) 设随机变量 $X\sim N(0,1)$，求 $P(X=1.23)$，$P(X<2.08)$，$P(2.15\leqslant X<5.12)$，$P(X\geqslant-0.09)$，$P(|X|<1.96)$.

(2) 设 $X\sim N(1,0.6^2)$，求 $P(X>0)$，$P(0.2<X<1.8)$.

(3) 设 $X\sim N(70,10^2)$，求 $P(X<62)$，$P(68<X<74)$，$P(X>72)$，$P(|X-70|<20)$.

(4) 据统计，某大学男生体重的分布为 $\mu=58$ kg，$\sigma=1$ kg 的正态分布，求男生体重在 $56\sim60$ kg 之间的概率.

6.12　随机变量的数字特征——数学期望

解答题

(1) 设随机变量 ξ 的概率分布为

ξ	-1	0	2
p	0.3	0.4	0.3

求 $E(\xi),E(\xi^2),E(2\xi^2-3)$.

(2) 一袋中有 5 只乒乓球,编号为 $1,2,3,4,5$,现从中任取 3 只乒乓球,求取出的 3 只乒乓球的最大编号的数学期望.

(3) 盒中有 6 个红球 4 个白球,任意摸出一球,记住颜色后再放入盒中,一共进行了 4 次,设 ξ 为红球出现的次数,求 $E(\xi)$.

(4) 某批产品的正品率为 $\dfrac{3}{4}$,现对其进行测试,以 ξ 表示首先测到正品时已进行的测试次数,则 ξ 的数学期望为多少?

(5) 某种电子元件的使用寿命 ξ 是个随机变量,其密度函数为 $p(x)=\begin{cases} \dfrac{1}{1\,000}e^{-\frac{x}{1\,000}}, & x>0, \\ 0, & x\leqslant 0, \end{cases}$ 求该电子元件的平均寿命.

6.13 随机变量的数字特征——方差

解答题

(1) 已知甲射手命中环数 ξ 的分布律为：

ξ	5	9	7
p	0.175	0.6	0.225

射手乙命中环数 η 的分布律为：

η	6	7	8
p	0.2	0.5	0.3

试据此对射手甲、乙的射击水平作出判断.

(2) 10 件产品中有 2 件次品，任取 1 件，取后不放回，设 ξ 为取得正品之前的次品数，试求 $E(\xi)$ 和 $D(\xi)$.

(3) 若 $E(\xi) = \mu$，$D(\xi) = \sigma^2$，则 $E(\xi^2)$ 是多少？

(4) 设 ξ 的密度函数为 $p(x) = \begin{cases} 2 - 2x, & 0 < x < 1, \\ 0, & \text{其他}, \end{cases}$ 求 $D(\xi)$，$D(-3\xi)$.

(5) 若随机变量 ξ 服从区间 $[2,4]$ 上的均匀分布，则数学期望和方差各是多少？

6.14　第6模块习题课

解答题

（1）某运动员参加三项比赛，用 A,B,C 分别表示"百米获胜"、"跳远获胜"、"三级跳远获胜"．请用 A,B,C 及其关系或运算表示下列事件：

① 只有百米获胜；

② 只有一项比赛获胜；

③ 恰有两项比赛获胜；

④ 至少有一项比赛获胜；

⑤ 至多有一项比赛获胜．

（2）某班有 50 名同学，求至少有 1 名同学的生日在 1 月 1 号的概率．

（3）在 $1,2,\cdots,100$ 中任取一数，求它能被 2 整除，或能被 5 整除的概率．

（4）市场供应的热水瓶中，1 厂产品占 50%，2 厂占 30%，3 厂占 20%，1 厂产品的合格率为 90%，2 厂产品的合格率为 85%，3 厂产品的合格率为 80%，求买到的热水瓶是合格品的概率．

(5) 设随机变量 $X \sim N(108, 3^2)$,求:(1) $P(101.1 < X < 114.9)$;(2) 常数 a 使 $P(X > a) = 0.10$.

(6) 设 ξ 是一个随机变量,其密度函数为 $p(x) = \begin{cases} 1+x, & -1 \leqslant x \leqslant 0, \\ 1-x, & 0 < x \leqslant 1, \\ 0, & \text{其他.} \end{cases}$ 试求 $D(\xi)$,

$D(2\xi - 1)$,$D(1 - 3\xi)$.